"十三五"国家重点出版物出版规划项目

卓越工程能力培养与工程教育专业认证系列规划教材

（电气工程及其自动化、自动化专业）

"十三五"江苏省高等学校重点教材（编号：2018-2-228）

并联机器人控制技术及工程项目化案例教程

主　编　黄家才

副主编　李　耀

参　编　徐庆宏　刘　燕　王宇奇

机械工业出版社

本书系统地介绍了并联机器人的基本概念、基本理论以及基本控制方法，是编者多年来从事并联机器人控制技术教学和科研工作的总结，同时融入了国内外科研工作者近年来所取得的新成果。全书共 8 章，包括绪论、并联机器人运动学、并联机器人动力学、并联机器人运动控制、并联机器人力控制、并联机器人视觉技术、基于 CANopen 的并联机器人控制系统、Delta 并联机器人的开发及工程应用。书中描述的运动学和动力学均是针对具体的并联机器人，即 Delta 机器人和 Stewart 机器人，讲解了运动学与动力学建模、奇异性分析、工作空间分析、运动规划、运动控制与力控制以及视觉定位技术等，并结合程序和案例进行了工程应用介绍。本书各部分内容既相互联系又相互独立，读者可根据需要选择相关内容来学习。本书兼顾科学性与前瞻性，注重理论与工程案例的结合，通过程序和实例帮助读者更好地掌握并联机器人控制技术。

本书可作为高等院校机器人、自动化、机械、智能制造等相关专业学生的教材，也可作为相关领域工程技术人员与科研工作者的参考书。

本书配有电子课件，欢迎选用本书作教材的老师登录 www.cmpedu.com 注册下载，或发邮件至 jinacmp@163.com 索取。

图书在版编目（CIP）数据

并联机器人控制技术及工程项目化案例教程/黄家才主编. —北京：机械工业出版社，2021.9（2023.7 重印）

"十三五"国家重点出版物出版规划项目　卓越工程能力培养与工程教育专业认证系列规划教材. 电气工程及其自动化、自动化专业

ISBN 978-7-111-69280-5

Ⅰ. ①并…　Ⅱ. ①黄…　Ⅲ. ①空间并联机构-机器人控制-高等学校-教材　Ⅳ. ①TP24

中国版本图书馆 CIP 数据核字（2021）第 203584 号

机械工业出版社（北京市百万庄大街 22 号　邮政编码 100037）
策划编辑：吉　玲　　　　　责任编辑：吉　玲　王海霞
责任校对：樊钟英　王　延　责任印制：郜　敏
北京富资园科技发展有限公司印刷
2023 年 7 月第 1 版第 2 次印刷
184mm×260mm · 16.25 印张 · 408 千字
标准书号：ISBN 978-7-111-69280-5
定价：49.80 元

电话服务　　　　　　　　　网络服务
客服电话：010-88361066　　机 工 官 网：www.cmpbook.com
　　　　　010-88379833　　机 工 官 博：weibo.com/cmp1952
　　　　　010-68326294　　金 书 网：www.golden-book.com
封底无防伪标均为盗版　机工教育服务网：www.cmpedu.com

前　言

对并联机器人的研究始于 20 世纪 70 年代。作为一种结构复杂、多变量、多自由度、多参数耦合的非线性系统，与串联机器人相比，并联机器人具有结构简单、刚度大、承载能力强、误差小等特点。历经 50 余年的发展，并联机器人已被广泛应用于工业、医疗、航空等领域，以及机床、飞行模拟器、光学调整、汽车装配线、医疗机械等方面。但是，由于并联机器人控制方法的研究极其复杂，早期对其控制方法的研究较少，而且通常都采用常规的PID 控制方法，把机器人的各个分支当作完全独立的系统，控制效果不太理想。

根据所利用的信息，并联机器人的控制方法通常分为关节空间控制和任务空间控制两大类。关节空间控制方法需要精确的并联机器人运动模型，当存在建模误差时，并联机器人的控制精度将会降低；任务空间控制方法对并联机器人运动学模型的依赖程度不高，因此能够获得较高的控制精度。两种控制方法是基于不同的设计条件和控制要求，因此是互为补充的关系。

随着并联机器人应用的推广以及控制理论的发展，新的控制方法不断涌现，如智能控制、鲁棒控制和自适应控制等。由于控制方法对保证并联机器人的操作精度具有关键作用，因此并联机器人控制技术的研究得到了迅速发展。近年来，国内外学者对并联机器人控制方法进行了较为广泛和深入的研究，取得了较好的研究成果。如何将所取得的研究成果集成起来，开发便于工业实现、计算效率高的并联机器人控制方法是未来的一个研究方向。

本书结合当前并联机器人的发展及其控制技术的研究现状编写而成，适合自动化、机械电子工程、机器人工程等专业的本科生参考学习。本书的编写主旨是通过对并联机器人的基础理论知识以及丰富应用案例的详细讲解，引导学生进行学习，从而解决在各领域中遇到的实际工程问题。与关于并联机器人控制的现有教材相比，本书最大的特点是将并联机器人控制理论与工程项目案例相结合，以达到提升学生理论知识水平与强化工程实践能力的目的。

此外，本书还具有以下特点：

1）结合近年来控制技术的研究现状，讲述了并联机器人的控制方法。书中的控制方法取材新颖、内容先进，具有很强的可读性。

2）介绍了并联机器人运动学和动力学的基本概念、基本理论、实例分析以及仿真分析，为读者掌握控制方法的设计奠定了理论基础和实践基础。

3）书中的各种控制方法以及所设计的控制律非常完整，控制结构图和控制原理图简单明了，便于读者理解，从而有利于读者进行自学和进一步开发。

4）从应用领域角度出发，突出理论联系实际，对广大工程技术人员来讲，具有很强的工程性和实用性。书中有大量的实例分析、仿真分析及其结果分析，为读者提供了借鉴。

　　本书由黄家才担任主编。具体编写分工如下：第1、2章由黄家才、李耀编写；第3、5章由李耀编写；第4章由徐庆宏、王宇奇编写；第6章由黄家才、王宇奇编写；第7章由黄家才编写；第8章由刘燕编写。最后，由黄家才对全书进行统一审核校对以及必要的修改完善。

　　本书的程序是基于MATLAB和Qt软件进行编写的，读者可以根据需要，安装相应的仿真软件来运行书中的程序并进行验证。

　　感谢机械工业出版社的吉玲编辑，在她的推动下，本书得以顺利完成和出版。本书的编写工作得到了"江苏省高等教育教改研究课题"（编号：2017JSJG555）和"江苏省重点教材建设立项"（编号：2018-2-228）的资助。感谢德国倍福自动化有限公司的技术支持，在工程师的帮助下对实践项目进行了完善。

　　由于编者水平有限，书中难免有不足和错误之处，敬请广大读者批评指正。

编　者

目　录

前言
第1章　绪论 …………………………… 1
1.1　并联机器人的定义 …………… 1
1.2　并联机器人的分类 …………… 1
1.3　并联机器人的发展与应用 …… 2
　1.3.1　并联机器人的发展 …… 2
　1.3.2　并联机器人的应用 …… 3
第2章　并联机器人运动学 ………… 6
2.1　引言 …………………………… 6
2.2　机器人基础理论 ……………… 6
　2.2.1　位置描述 ……………… 6
　2.2.2　姿态描述 ……………… 6
　2.2.3　位姿描述 ……………… 7
2.3　Delta 机器人 ………………… 7
　2.3.1　构型介绍 ……………… 8
　2.3.2　自由度分析 …………… 8
　2.3.3　坐标系建立 …………… 8
2.4　Delta 机器人位置分析与验证 … 9
　2.4.1　正运动学求解 ………… 9
　2.4.2　逆运动学求解 ………… 13
　2.4.3　Delta 机器人位置正逆解程序 …… 14
　2.4.4　Delta 机器人正逆解算法验证 …… 15
2.5　奇异位形分析 ………………… 18
　2.5.1　Delta 机器人雅可比矩阵 … 18
　2.5.2　Delta 机器人奇异位形分析 … 19
2.6　Delta 机器人工作空间分析 … 21
　2.6.1　工作空间类型 ………… 21
　2.6.2　工作空间求解 ………… 21
2.7　Delta 机器人运动规划 ……… 24
　2.7.1　典型轨迹 ……………… 24
　2.7.2　路径规划 ……………… 24
　2.7.3　轨迹规划 ……………… 24
　2.7.4　并联机器人轨迹验证 … 26

2.7.5　并联机器人运动规划 … 28
2.8　MATLAB 环境下并联机器人运动仿真分析 …… 28
第3章　并联机器人动力学 ………… 32
3.1　引言 …………………………… 32
3.2　Delta 机器人动力学分析 …… 32
　3.2.1　虚功原理方法 ………… 32
　3.2.2　刚体动力学模型 ……… 35
3.3　Stewart 并联机器人动力学分析 …… 37
　3.3.1　Stewart 构型介绍 …… 37
　3.3.2　凯恩方法 ……………… 38
　3.3.3　虚功原理方法 ………… 41
　3.3.4　牛顿-欧拉方法 ……… 42
3.4　实例分析与 ADAMS 仿真分析 … 45
　3.4.1　Stewart 运动模拟平台 … 45
　3.4.2　微位移并联平台 ……… 46
第4章　并联机器人运动控制 ……… 49
4.1　引言 …………………………… 49
4.2　并联机器人控制系统 ………… 51
　4.2.1　控制器 ………………… 51
　4.2.2　驱动器 ………………… 54
　4.2.3　传感器 ………………… 54
4.3　工作空间运动控制 …………… 56
　4.3.1　分散 PD 控制 ………… 56
　4.3.2　前馈控制 ……………… 57
　4.3.3　基于逆动力学模型控制 … 58
4.4　鲁棒控制和自适应控制 ……… 59
　4.4.1　基于逆动力学模型的鲁棒控制 … 60
　4.4.2　基于逆动力学模型的自适应控制 …… 62
4.5　关节空间运动控制 …………… 64
　4.5.1　分散 PD 控制 ………… 65
　4.5.2　前馈控制 ……………… 66

VI

4.6 MATLAB 环境下并联机器人运动控制
仿真分析 ………………………… 67
4.6.1 PID 控制方法 ………………… 67
4.6.2 逆系统控制方法 ……………… 69

第 5 章　并联机器人力控制 ………… 73
5.1 引言 …………………………… 73
5.2 阻抗/导纳控制 ………………… 73
5.2.1 基本概念 …………………… 74
5.2.2 鲁棒性分析 ………………… 75
5.2.3 阻抗/导纳控制仿真 ………… 76
5.3 力控制 ………………………… 78
5.3.1 包含位置回路的力控制 …… 79
5.3.2 包含速度回路的力控制 …… 80
5.3.3 力/位置混合控制 ………… 80

第 6 章　并联机器人视觉技术 ……… 82
6.1 引言 …………………………… 82
6.2 并联机器人的视觉系统 ……… 82
6.2.1 光学系统 …………………… 82
6.2.2 图像采集单元 ……………… 84
6.2.3 图像处理单元 ……………… 85
6.3 视觉系统标定 ………………… 85
6.3.1 相机成像模型 ……………… 85
6.3.2 相机标定方法 ……………… 89
6.3.3 机器人手眼标定 …………… 93
6.4 并联机器人视觉系统的集成与运用 … 94
6.4.1 视觉系统平台搭建 ………… 94
6.4.2 系统标定 …………………… 99
6.4.3 图像预处理 ………………… 102
6.4.4 图像匹配 …………………… 106
6.4.5 目标物体动态追踪 ………… 110
6.4.6 重复目标的剔除 …………… 110

第 7 章　基于 CANopen 的并联机器人
控制系统介绍 ……………… 112
7.1 引言 …………………………… 112
7.2 控制系统组成 ………………… 112
7.2.1 主站卡 ……………………… 114

7.2.2 驱动器 ……………………… 114
7.2.3 伺服电动机 ………………… 114
7.2.4 机械本体 …………………… 115
7.3 CANopen 主站卡及通信协议 … 115
7.3.1 CANopen 模型介绍 ………… 115
7.3.2 对象字典 …………………… 116
7.3.3 CANopen 设备子协议 DSP402 … 123
7.3.4 CANopen 主站卡扩展功能函数 … 126
7.4 案例流程 ……………………… 131
7.4.1 工程项目建立 ……………… 131
7.4.2 设备开启与关闭 …………… 143
7.4.3 控制模式配置 ……………… 146
7.4.4 单电动机运动控制 ………… 153
7.4.5 三电动机运动控制 ………… 158
7.4.6 并联机器人回零与急停 …… 162
7.4.7 并联机器人运动控制的实现 … 166

第 8 章　Delta 并联机器人的开发及
工程应用 …………………… 186
8.1 引言 …………………………… 186
8.2 Delta 并联机器人控制系统的设计 … 186
8.2.1 工业机器人控制系统 ……… 186
8.2.2 运动控制器设计 …………… 187
8.2.3 人机交互系统 ……………… 195
8.2.4 传感系统 …………………… 199
8.2.5 伺服系统 …………………… 205
8.3 机器人编程 …………………… 208
8.3.1 在线编程 …………………… 208
8.3.2 离线编程 …………………… 211
8.3.3 机器人编程语言 …………… 214
8.4 Delta 并联机器人运动控制 …… 217
8.4.1 运动控制系统硬件搭建 …… 217
8.4.2 运动控制系统软件开发 …… 218
8.4.3 Delta 机器人控制程序设计 … 222
8.4.4 Delta 机器人抓放功能设计 … 238

参考文献 ………………………… 249

第 1 章

绪　论

1.1　并联机器人的定义

随着人们对机器人本质认识的加深，机器人开始向各个领域渗透，将符合机器人定义的并联机构称为并联机器人（Parallel Mechanism，PM），它是指动平台和定平台（也称静平台）通过至少两个独立的运动链相连接，具有两个或两个以上自由度，且以并联方式驱动的一种闭环机构，如图 1-1 所示。

并联机器人的特点是所有分支机构可以同时接收驱动器输入，然后共同决定输出。并联机器人与串联机构相比刚度大、机构稳定，在位置求解上，正解困难但逆解却相对容易，加之并联机器人结构紧凑、承载能力大、微动精度高、运动负荷小，因此其应用越来越广泛。

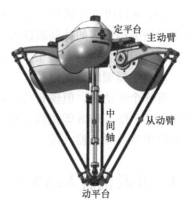

图 1-1　并联机器人结构图

1.2　并联机器人的分类

从运动形式来看，并联机器人可分为平面机器人和空间机器人，其中平面机器人又分为平面移动机器人和平面移动转动机器人；空间机器人又分为空间纯移动机器人、空间纯转动机器人和空间混合运动机器人。另外，并联机构还可按自由度数目分为以下几类：

（1）2 自由度并联机器人　如 5-R、3-R-2-P（R 表示转动副，P 表示移动副），平面 5 杆机构是最典型的 2 自由度并联机器人，这类机器人一般具有 2 个移动运动。

（2）3 自由度并联机器人　3 自由度并联机器人种类较多，结构较复杂，一般有以下形式：

1）平面 3 自由度并联机器人，如 3-RRR 机构、3-RPR 机构，它们具有 2 个移动运动和 1 个转动运动。

2）球面 3 自由度并联机器人，如 3-RRR 球面机构、3-UPS-1-S 球面机构（U 表示虎克铰，S 表示球副）球面机构。3-RRR 球面机构所有运动副的轴线汇交于空间一点，该点称为机构的中心；而 3-UPS-1-S 球面机构则以 S 的中心点为机构的中心，机构上所有点的运动都是绕该点的转动运动。

2

3）3 自由度纯移动机器人，如 Star Like 并联机构、Tsai 并联机构和 Delta 机构。这类机器人的运动学正反解都很简单，是一种应用很广泛的 3 自由度并联机器人。

4）空间 3 自由度并联机器人，如典型的 3-RPS 机构。这类机构属于欠自由度机器人，在工作空间内，不同点的运动形式不同是其最显著的特点，由于这种特殊的运动特性，阻碍了这类机器人在实际中的广泛应用。

5）增加辅助杆件和运动副的空间机器人，如德国汉诺威大学研制的并联机床采用的 3-UPS-1-PU 球坐标式 3 自由度并联机构。由于辅助杆件和运动副的制约，使得该机构的动平台具有 1 个移动运动和 2 个转动运动（也可以说是 3 个移动运动）。

（3）4 自由度并联机器人　4 自由度并联机器人大多不是完全并联机器人，如 2-UPS-1-RRRR 机构，其动平台通过 3 个支链与定平台相连，有 2 个运动链是相同的，各具有 1 个虎克铰 U 和 1 个移动副 P，其中 P 和 1 个 R 是驱动副，因此这种机器人不是完全并联机器人。

（4）5 自由度并联机器人　现有的 5 自由度并联机器人结构复杂，如韩国 Lee 的 5 自由度并联机构具有双层结构（2 个并联机构的结合）。

（5）6 自由度并联机器人　6 自由度并联机器人是并联机器人中的一大类，是目前国内外学者研究得最多的并联机器人，广泛应用在飞行模拟器、6 维力与力矩传感器和并联机床等领域。但这类机器人的很多关键性技术难题还没有或没有完全得到解决，如其运动学正解、动力学模型的建立以及并联机床的精度标定等。从完全并联的角度出发，这类机器人必须具有 6 个运动链，但现有的并联机器人中，也有拥有 3 个运动链的 6 自由度并联机器人，如 3-PRPS 和 3-URS 等机构，还有在 3 个分支的每个分支上附加 1 个 5 杆机构作为驱动机构的 6 自由度并联机器人等。

1.3　并联机器人的发展与应用

我国的机器人产业起步较晚，在并联机器人领域的研究还比较落后，自主研发的机器人存在通用化程度低、成本高等问题，在一定程度上制约了我国工业自动化的发展进程。因此，研究并联机器人一方面能推进我国机器人系统系列化、通用化的进程，另一方面对促进我国工业自动化的发展也有着现实意义。

1.3.1　并联机器人的发展

1965 年，德国 Stewart 发明了 6 自由度并联机构，并作为飞行模拟器用于训练飞行员。1978 年，Hunt 首次提出把 6 自由度并联机构作为机器人操作器，由此拉开了并联机器人研究的序幕。但由于多数并联机器人结构设计难、运动空间小以及正向求解困难等一系列问题，使得并联机器人的应用受到了极大的限制，发展进程缓慢。直到 1985 年 Delta 机器人的出现，才改变了并联机器人面临的困境。Delta 机器人因巧妙的结构设计而成功地克服了并联机器人的诸多缺点。Delta 机器人具有安装简便、动力学性能好、承载能力高、力控制容易等独特的优点，因此被广泛应用在工业生产中。

国内外学术界和工程界对研究与开发并联机床都非常重视。1994 年，在芝加哥国际机床博览会上首次展出了名为"六足虫"（Hexapod）和"变异型"（VARIAX）的数控机床与加工中心并引起了轰动。此后，各主要工业国家都投入了大量的人力和物力进行并联机床的研究与开发。例如，美国的 Ingersoll Milling 公司、Giddings&Lewis 公司、Hexal 公司和 SENA

Technologies 公司，英国的 Geodetic Technology 公司，俄罗斯的 Lapik 公司，德国的 Mikromat 公司、亚琛工业大学、汉诺威大学、斯图加特大学，挪威的 Multicraft 公司，瑞士的 ETZH 和 IFW 研究所，瑞典的 Neos 机器人公司，意大利的 Comau 机床公司，丹麦的 Braunschweig 公司，日本的丰田公司、日立公司、三菱公司等相继研制出不同结构形式的数控机床、激光加工和水射流机床、坐标测量机等基于并联机构的制造设备。并联机构所涉及的基本理论问题同样引起了许多研究单位的重视，美国国家科学基金会于 1998 年在意大利召开了第一届国际并联运动学机器专题研讨会，2000 年在美国召开了第二届国际并联运动学机器专题研讨会。我国已在"九五"国家科技攻关计划和国家高技术研究发展计划（863 计划）中对并联机构的研究与开发予以支持。中国科学院沈阳自动化研究所、清华大学、天津大学、哈尔滨工业大学、东北大学、河北工业大学等单位的研究人员也在积极从事并联机构领域的研究工作，并与相关企业合作研制了数台结构形式各异的样机。

1.3.2 并联机器人的应用

因为并联机构在构型上都是闭环支链结构，使其工作空间与同尺寸的串联机构相比要缩小很多，这在较大程度上限制了并联机构在各个领域的应用。因此，关于大工作空间并联机构的研究是并联机构领域的重要研究方向之一。目前，关于大工作空间并联机构的研究方向主要有：①设计新的具有大工作空间的并联机构构型；②针对已有的构型进行结构优化，扩大其有效工作空间。大工作空间并联机构同时具备并联机构和大工作空间的特点，将在更多领域发挥重要作用。

经过了几十年的研究，并联机器人虽然在理论上比较成熟，但这很大程度上是针对大学的实验室而言的，真正投入生产实践中的并联机器人极少。近年来，先进制造技术的发展对并联机器人的研究和发展起到了积极的促进作用，工业机器人已从当初的柔性上下料装置，逐渐转变为高度柔性、高效率和可重组的装配、制造及加工系统中的生产设备。应从组成敏捷生产系统的观点出发，来研究并联机器人的进一步发展。在面向先进制造环境的机器人柔性装配系统和机器人加工系统中，不仅有多机器人的集成，还有机器人与生产线、周边设备、生产管理以及人的集成。要想使并联机器人充分发挥其优势，适应市场的需求，需要对并联机器人进行模块化设计。并联机器人的模块化设计符合敏捷制造提出的策略，敏捷制造的基本思想是企业能迅速将其组织和装备重组，快速响应市场变化，生产出满足用户需求的个性化产品。并联机器人的模块化设计为并联机器人迅速走向市场奠定了良好的基础。

本书所介绍的 Delta 机器人由于具有运行速度快、重复定位精度高等特点，在学术界引起了巨大的轰动并在工业界得到了广泛的应用。

1987 年，瑞士 Demaurex 公司首先购买了 Delta 机器人的知识产权并将其产业化，主要用于食品包装流水线，如图 1-2 所示。2009 年，日本 FANUC 公司推出了其自主研发的第一代 Delta 机器人——M-1iA，如图 1-3a 所示，由于具有高速灵活的运动性能和较高的重复定位精度，该机器人很快在数码产品制造行业中得到应用。为了进一步优化其存在的缺陷，FANUC 公司在 2010 年和 2013 年又分别推出 M-2iA 和 M-3iA 系列并联机器人，如图 1-3b 和图 1-3c 所示，不仅将负载提高到 12kg，而且其末端执行器可以任意变换方向，具有较高的柔性；同时其搭载的 iRVision 视觉系统可以对流水线上的工件进行识别与定位，控制机器人快速、精准地抓取目标工件，提高了生产线的自动化与智能化程度。

图 1-2　Demaurex 公司的食品包装流水线

　　2009 年，美国 Adept 公司研制出 4 轴并联机器人——Quattro 系列，其主要应用于物料传输和食品包装生产线上。近年来，工业机器人有朝智能化和集成化发展的趋势，2015 年，Adept 公司又推出了 Adept Hornet565 型机器人，如图 1-3d 所示。其控制和驱动设备都集成在定平台中，这样可以在减少生产成本的同时提高空间利用率，并且机器人还集成了高速传送装置的跟踪和引导技术，一经发售就受到了各大生产企业的青睐。

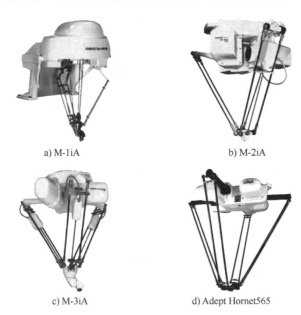

a) M-1iA　　　　　　　　　　　　　　b) M-2iA

c) M-3iA　　　　　　　　　　　　　　d) Adept Hornet565

图 1-3　国外 Delta 机器人产品

　　相对于国外研究机构对 Delta 机器人的研究，我国的研究起步较晚，但由于 Delta 机器人专利保护的解禁和工业需求的刺激，国内各大研究机构、高校以及企业也开始加大对并联机器人的研究步伐。1991 年，燕山大学黄真教授团队成功研制出 6 自由度并联机器人，开辟了国内研究并联机器人的先河。2003 年，天津大学自主研制的 2 自由度并联机器人——Diamond 机器人如图 1-4a 所示，现已成功在食品等领域中得到运用。与此同时，国内一些机器人公司也对并联机器人展开了研究，比如广州数控设备有限公司研发的 GSK C3-1100 和 GSK C4-1100 系列，如图 1-4b 所示；阿童木机器人公司生产的钻石（D2）系列以及金刚（D3）系列，如图 1-4c 和图 1-4d 所示；新松机器人自动化股份有限公司生产的 SRBD 系列，如图 1-4e 所示；泉州微柏工业机器人研究院有限公司生产的 MP-BL 系列，如图 1-4f 所示。

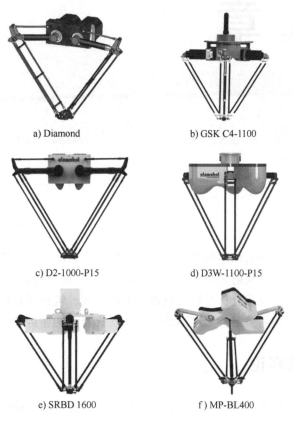

a) Diamond   b) GSK C4-1100

c) D2-1000-P15   d) D3W-1100-P15

e) SRBD 1600   f) MP-BL400

图 1-4 国内 Delta 机器人产品

通过对比国内外并联机器人的额定负载、最大负载、重复定位精度、工作范围、最大加工速度等关键参数，可以发现国内外的产品存在一定差距，同时国产并联机器人的产量和市场占有率都还比较低。目前，我国的 Delta 机器人市场长期被 ABB、FANUC、KUKA 等国际知名公司占据，因此对高速高精度、惯性小、刚性大、稳定性强的 Delta 机器人关键技术的研究亟待加强。

第 2 章

并联机器人运动学

2.1 引言

本章针对并联机器人的运动学展开研究。并联机器人运动学主要描述机器人驱动关节坐标和末端执行器位姿之间的映射关系，主要内容包括位置分析、机构分析、雅可比矩阵求解和工作空间分析等，其中位置分析是研究机器人工作空间、轨迹规划的基础。将末端执行器位姿与驱动关节坐标的映射关系称为逆运动学，并联机器人的逆运动学相对简单。

2.2 机器人基础理论

在进行并联机器人位置分析时，首先建立坐标系，确定机器人的绝对坐标系以及与机器人部件固连的体坐标系，然后通过坐标系之间的转换关系来描述并联机器人各构件之间的运动关系。

2.2.1 位置描述

并联机器人的坐标系确定后，可以采用某个位置向量描述该空间内任一点的位置。在笛卡儿直角坐标系中，空间任一点 P 的位置可以通过一个列向量 $^A\boldsymbol{P}$ 来表示，即

$$^A\boldsymbol{P} = \begin{bmatrix} P_x \\ P_y \\ P_z \end{bmatrix} \tag{2-1}$$

式中，P_x、P_y、P_z 为点 P 在坐标系 $\{A\}$ 中的三个坐标分量，式（2-1）中 $^A\boldsymbol{P}$ 的上标 "A" 代表参考坐标系 $\{A\}$，称 $^A\boldsymbol{P}$ 为位置向量，如图 2-1 所示。

2.2.2 姿态描述

机器人在工作过程中，不仅存在位置的变化，还存在姿态的调整，因此，需要对刚体的姿态进行描述。刚体的姿态可以通过某个固连于此刚体的坐标系转换进行描述。选取直角坐标系 $\{B\}$ 与刚体 B 固连。将直角坐标系 $\{B\}$ 三个单位主向量 $\boldsymbol{x}_B$、$\boldsymbol{y}_B$、$\boldsymbol{z}_B$ 相对于坐标系 $\{A\}$ 的方向余弦组成 3×3 矩阵

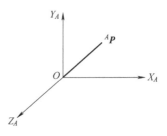

图 2-1 空间点的表示

$$_B^A\boldsymbol{R} = \begin{bmatrix} r_{11} & r_{12} & r_{13} \\ r_{21} & r_{22} & r_{23} \\ r_{31} & r_{32} & r_{33} \end{bmatrix} \tag{2-2}$$

$_B^A\boldsymbol{R}$ 通常称为旋转矩阵,表示刚体 B 相对于坐标系 $\{A\}$ 的姿态,其上标"A"代表参考坐标系 $\{A\}$,下标"B"代表被描述刚体的体坐标系 $\{B\}$。$_B^A\boldsymbol{R}$ 有 9 个元素,其中只有 3 个元素是独立的。因为$_B^A\boldsymbol{R}$ 的列向量$^A\boldsymbol{x}_B$、$^A\boldsymbol{y}_B$ 和$^A\boldsymbol{z}_B$ 都是单位主向量,且两两相互垂直,所以 9 个元素满足以下 6 个约束条件(正交条件)

$$^A\boldsymbol{x}_B \cdot {}^A\boldsymbol{x}_B = {}^A\boldsymbol{y}_B \cdot {}^A\boldsymbol{y}_B = {}^A\boldsymbol{z}_B \cdot {}^A\boldsymbol{z}_B = 1 \tag{2-3}$$

$$^A\boldsymbol{x}_B \cdot {}^A\boldsymbol{y}_B = {}^A\boldsymbol{y}_B \cdot {}^A\boldsymbol{z}_B = {}^A\boldsymbol{z}_B \cdot {}^A\boldsymbol{x}_B = 0 \tag{2-4}$$

因此,旋转矩阵$_B^A\boldsymbol{R}$ 是正交的,并且满足以下条件

$$\begin{cases} _B^A\boldsymbol{R}^{-1} = {}_B^A\boldsymbol{R}^{\mathrm{T}} \\ \left| {}_B^A\boldsymbol{R} \right| = 1 \end{cases} \tag{2-5}$$

式中,上标"T"表示矩阵的转置;$|\cdot|$是矩阵行列式的符号。可以得到刚体绕坐标系 x 轴、y 轴和 z 轴旋转角度 θ 的矩阵分别为

$$\boldsymbol{R}(\boldsymbol{x},\boldsymbol{0}) = \begin{bmatrix} 1 & 0 & 0 \\ 0 & \cos\theta & -\sin\theta \\ 0 & \sin\theta & \cos\theta \end{bmatrix} \tag{2-6}$$

$$\boldsymbol{R}(\boldsymbol{y},\boldsymbol{0}) = \begin{bmatrix} \cos\theta & 0 & \sin\theta \\ 0 & 1 & 0 \\ -\sin\theta & 0 & \cos\theta \end{bmatrix} \tag{2-7}$$

$$\boldsymbol{R}(\boldsymbol{z},\boldsymbol{0}) = \begin{bmatrix} \cos\theta & -\sin\theta & 0 \\ \sin\theta & \cos\theta & 0 \\ 0 & 0 & 1 \end{bmatrix} \tag{2-8}$$

2.2.3 位姿描述

为了清晰地描述刚体 B 的空间位姿,通常将刚体 B 与某一坐标系 $\{B\}$ 固连。通常选取刚体 B 的特征点作为坐标系原点,如刚体的质心或对称中心等。相对于参考坐标系 $\{A\}$,由位置向量$^A\boldsymbol{P}_{B_0}$和旋转矩阵$_B^A\boldsymbol{R}$ 分别描述坐标系 $\{B\}$ 的原点相对参考坐标系 $\{A\}$ 的位置以及坐标轴相对参考坐标系 $\{A\}$ 的姿态。因此,将刚体 B 的位姿通过坐标系 $\{B\}$ 描述为

$$\{B\} = {}_B^A\boldsymbol{R}\{A\} + {}^A\boldsymbol{P}_{B_0} \tag{2-9}$$

当仅表示位置时,式(2-9)中的旋转矩阵$_B^A\boldsymbol{R} = \boldsymbol{E}_{3\times3}$(单位矩阵);当仅表示姿态时,式(2-9)的位置向量$^A\boldsymbol{P}_{B_0} = \boldsymbol{0}$。

2.3 Delta 机器人

Delta 机器人凭借其结构简单、动力学性能好、承载能力强等优点,被广泛用于工业分拣等应用中。Delta 机器人在工业上的广泛应用也推动了国内外学者对并联机器人的深入研究,越来越多的并联机器人被应用到各行各业,本文以 Delta 机器人为例进行介绍。

2.3.1 构型介绍

如图 2-2 所示，Delta 机器人由静平台、三条主动臂、三个平行四边形组成的从动臂以及动平台等基础部件组成。驱动电动机固定在静平台上，电动机轴与主动臂通过转动副连接，电动机输出的转矩带动主动臂转动。主动臂与静平台由转动副连接，构成三条闭链，由伺服电动机驱动。主动臂与从动臂以及从动臂与动平台之间靠球铰连接，但通过约束限制了从动臂绕其轴线自转的自由度，使 Delta 机器人动平台仅存在 x、y、z 三个方向的平移运动。从动臂平行四边形的应用，可以确保动平台始终平行于静平台。Delta 机器人的工作原理是驱动电动机驱动三条主动臂转动，从动臂在主动臂的带动下，实现动平台在空间中的移动。动平台在空间中的位置也随电动机关节角度的变化而变化，具体的变化规律可以通过建立电动机关节转角与动平台末端位置的数学关系得到，为后续的并联机器人运动控制提供基础。

图 2-2　Delta 机器人

2.3.2 自由度分析

物体相对于坐标系可进行独立运动的数目称为自由度。在空间中，任意一个物体都具有 6 个自由度，分别为沿着坐标轴 O_x、O_y、O_z 三个方向的移动自由度和绕坐标轴 O_x、O_y、O_z 三个方向的转动自由度。机构的自由度是衡量其运动性能的重要指标。并联机构的自由度是指在满足工作要求的条件下，末端执行器相对运动所需要的最少独立自由度数，一般主要由运动副的数目和类型、构件数以及运动支链间的相互约束条件决定。为满足空间中的自由运动需求，机器人最少应具有 6 个自由度。但是，自由度数越多，机器人的计算和控制难度也越大。因此，在满足任务需求的情况下，应尽量选择较少的自由度数。通常情况下，并联机器人的自由度 F 可由式（2-10）计算求解，该式即为著名的 Kutzbach-Grübler 公式：

$$F=d(n-g-1)+\sum_{i=1}^{g} f_i \tag{2-10}$$

式中，F 为总自由度数；n 为构件总数；g 为运动副总数；f_i 为第 i 个运动副的自由度数；d 为机构阶数，空间机构 $d=6$，平面机构 $d=3$。

由式（2-10）可知，计算自由度的思路是用所有活动构件的总自由度数减去连接各构件的运动副产生的约束数。Delta 机器人具有静平台、动平台、三个主动臂和三个从动臂，构件总数 $n=8$；而等效的空间机构有 3 个转动副、6 个万向节副，即 $g=9$，每个转动副只有一个自由度，每个万向节副有两个自由度。将以上参数代入式（2-10）得

$$F=d(n-g-1)+\sum_{i=1}^{g} f_i=6\times(8-9-1)+3\times1+6\times2=3$$

2.3.3 坐标系建立

为便于推导机器人运动学方程，首先要在机器人的动平台和静平台上分别建立坐标系，基坐标系 $\{O\}$ 固结在机器人静平台上，以静平台顶点 A_1、A_2、A_3 组成的 $\triangle A_1A_2A_3$ 的外接圆圆心为坐标原点；令 X 轴的方向为由坐标原点 O 指向 A_1，Z 轴的方向为垂直于静平台且竖直向上；然后根据笛卡儿坐标系右手定则确定坐标轴 Y 的方向，如图 2-3 所示。在 Delta

机器人的动平台上固结体坐标系 $\{P\}$，以动平台顶点组成的 $\triangle B_1B_2B_3$ 的外接圆圆心为坐标原点，坐标轴的建立方法如上，在此不再赘述。

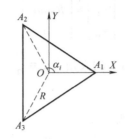

图 2-3　Delta 机器人静平台基坐标系示意图

2.4　Delta 机器人位置分析与验证

Delta 机器人的位置分析可以分为正解和逆解：正解是在已知 Delta 机器人三个驱动关节转角 $\theta_i(i=1,2,3)$ 的情况下，求解末端执行器中心点 P 的位置 (x,y,z)；逆解是在已知末端执行器中心点 P 位置 (x,y,z) 的情况下，求解 Delta 机器人三个驱动关节的转角 $\theta_i(i=1,2,3)$。与串联机器人运动学求解相反，并联机器人的正解较难，而逆解相对容易求得。

2.4.1　正运动学求解

1. 解析法

求解并联机器人运动学正解常用的方法是基于代数方程组的数值解法，但其存在推导过程复杂以及在求解过程中需要进行多解取舍的问题。本书采用几何解法求解并联机器人运动学正解，与数值解法相比，几何解法不仅推导过程简洁明了，而且可以避免多解取舍的问题。

总体求解思路如下：图 2-4 所示为 Delta 机器人简化模型示意图，为了便于观察和计算，将从动臂 $C_iB_i(i=1,2,3)$ 分别沿向量 $\overrightarrow{B_iP}(i=1,2,3)$ 平移，平移后的三个向量交于动平台外接圆的圆心 P 点，得到虚线 D_iP。静平台形成的 $\triangle A_1A_2A_3$ 是正三角形，且外接圆半径已知，根据空间向量的知识，易求得铰链点 $A_i(i=1,2,3)$ 在基坐标系 $\{O\}$ 中的坐标；同时，由于已知三条主动臂与静平台之间的转角 $\theta_i(i=1,2,3)$ 和主动臂的长度，可以求得 $C_i(i=1,2,3)$ 在基坐标系 $\{O\}$ 中的坐标；由于向量 $\overrightarrow{B_iP}$ 与向量 $\overrightarrow{C_iD_i}$ 平行且方向相同，可以将向量 $\overrightarrow{OC_i}(i=1,2,3)$ 与平移向量 $\overrightarrow{B_iP}(i=1,2,3)$ 相加，得到平移后 $D_i(i=1,2,3)$ 在基坐标系 $\{O\}$ 中的坐标；最后，将求解机器人末端动平台几何中心点的问题转换为求解三棱锥 $P\text{-}D_1D_2D_3$ 顶点 P 的坐标问题，在已知三棱锥 $P\text{-}D_1D_2D_3$ 底面 $\triangle D_1D_2D_3$ 顶点坐标以及所有边长的条件下，易求得顶点坐标 P 在基坐标系 $\{O\}$ 中的坐标。

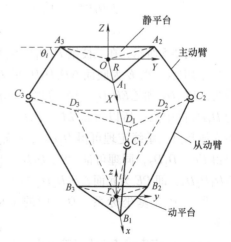

图 2-4　Delta 机器人简化模型示意图

静平台的铰点 $A_i(i=1,2,3)$ 呈 120°圆周对称，因此可以将铰点 $A_i(i=1,2,3)$ 的坐标表示为

$$\begin{bmatrix} x_{Ai} \\ y_{Ai} \\ z_{Ai} \end{bmatrix} = \begin{bmatrix} R\cos\alpha_i \\ R\sin\alpha_i \\ 0 \end{bmatrix} \tag{2-11}$$

式中，α_i 为 $OA_i(i=1,2,3)$ 与坐标轴 X 的夹角，$\alpha_i = \dfrac{2\pi}{3}i - \dfrac{2\pi}{3}(i=1,2,3)$；$R$ 为静平台铰点的外接圆半径。

向量 $\overrightarrow{A_iC_i}$ $(i=1,2,3)$ 可表示为

$$\overrightarrow{A_iC_i} = \begin{bmatrix} L_{AC}\cos\theta_i\cos\alpha_i \\ L_{AC}\cos\theta_i\sin\alpha_i \\ -L_{AC}\sin\theta_i \end{bmatrix} \tag{2-12}$$

式中，L_{AC} 为主动臂的长度；θ_i 为驱动关节的转角，均为已知量。

根据式（2-11）和式（2-12），主动臂端点 $C_i(i=1,2,3)$ 的坐标向量可表示为

$$\overrightarrow{OC_i} = \overrightarrow{OA_i} + \overrightarrow{A_iC_i} = \begin{bmatrix} (R+L_{AC}\cos\theta_i)\cos\alpha_i \\ (R+L_{AC}\cos\theta_i)\sin\alpha_i \\ -L_{AC}\sin\theta_i \end{bmatrix} \tag{2-13}$$

平移向量 $\overrightarrow{B_iP}(i=1,2,3)$ 可表示为

$$\overrightarrow{B_iP} = \begin{bmatrix} -r\cos\alpha_i \\ -r\sin\alpha_i \\ 0 \end{bmatrix} \tag{2-14}$$

式中，α_i 为 $B_iP(i=1,2,3)$ 与坐标轴 x 的夹角；$\alpha_i = \dfrac{2\pi}{3}i - \dfrac{2\pi}{3}(i=1,2,3)$；$r$ 为动平台铰点的外接圆半径。

因此，三棱锥 $P\text{-}D_1D_2D_3$ 底面三角形顶点 $D_i(i=1,2,3)$ 在基坐标系 $\{O\}$ 中的坐标可表示为

$$\overrightarrow{OD_i} = \overrightarrow{OC_i} + \overrightarrow{C_iD_i} = \overrightarrow{OC_i} + \overrightarrow{B_iP} = \begin{bmatrix} (R-r+L_{AC}\cos\theta_i)\cos\alpha_i \\ (R-r+L_{AC}\cos\theta_i)\sin\alpha_i \\ -L_{AC}\sin\theta_i \end{bmatrix} \tag{2-15}$$

如图 2-5 所示，在三棱锥 $P\text{-}D_1D_2D_3$ 中，点 F 为 D_1D_2 的中点，点 E 为底面 $\triangle D_1D_2D_3$ 的外接圆圆心。因为 $\triangle PD_1D_2$ 和 $\triangle ED_1D_2$ 均为等腰三角形，且点 F 为 D_1D_2 的中点，所以可得 $EF \perp D_1D_2$，$PF \perp D_1D_2$。由立体几何三垂线定理可得 $D_1D_2 \perp$ 平面 PEF，所以可得 $PE \perp D_1D_2$，同理可证 $PE \perp D_1D_3$，因此，$PE \perp \triangle D_1D_2D_3$，即 PE 为底面 $\triangle D_1D_2D_3$ 的垂线。

顶点 P 在基坐标系 $\{O\}$ 中的坐标向量可表示为

$$\overrightarrow{OP} = \overrightarrow{OE} + \overrightarrow{EP} = \overrightarrow{OF} + \overrightarrow{FE} + \overrightarrow{EP} \tag{2-16}$$

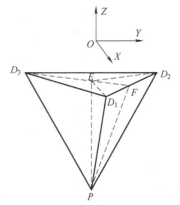

图 2-5　Delta 机器人等效运动学模型

式中，由于点 F 是边 D_1D_2 的中点，所以 $\overrightarrow{OF}=(\overrightarrow{OD_1}+\overrightarrow{OD_2})/2$。

向量 $\overrightarrow{FE}$ 可表示为

$$\overrightarrow{FE}=|\overrightarrow{FE}|\times e_{FE} \tag{2-17}$$

式中，$|\overrightarrow{FE}|$ 为向量 $\overrightarrow{FE}$ 的模，e_{FE} 为 $\overrightarrow{FE}$ 方向的单位向量。

将向量 $\overrightarrow{FE}$ 的模 $|\overrightarrow{FE}|$ 表示为

$$|\overrightarrow{FE}|=\sqrt{|\overrightarrow{D_1E}|^2-|\overrightarrow{D_1F}|^2} \tag{2-18}$$

式中，$|\overrightarrow{D_1E}|$ 为三棱锥 $P\text{-}D_1D_2D_3$ 底面 $\triangle D_1D_2D_3$ 的外接圆半径。

可以将外接圆半径 $|\overrightarrow{D_1E}|$ 表示为

$$\begin{cases} |\overrightarrow{D_1E}|=|\overrightarrow{D_1D_2}|\cdot|\overrightarrow{D_1D_3}|\cdot|\overrightarrow{D_2D_3}|/4S \\ S=\sqrt{p(p-|\overrightarrow{D_1D_2}|)(p-|\overrightarrow{D_1D_3}|)(p-|\overrightarrow{D_2D_3}|)} \\ p=(|\overrightarrow{D_1D_2}|+|\overrightarrow{D_1D_3}|+|\overrightarrow{D_2D_3}|)/2 \end{cases} \tag{2-19}$$

单位向量 e_{FE} 可表示为

$$e_{FE}=\frac{\overrightarrow{D_1D_2}\times\overrightarrow{D_2D_3}\times\overrightarrow{D_1D_2}}{|\overrightarrow{D_1D_2}\times\overrightarrow{D_2D_3}\times\overrightarrow{D_1D_2}|} \tag{2-20}$$

垂直向量 $\overrightarrow{EP}$ 可表示为

$$\overrightarrow{EP}=|\overrightarrow{EP}|\cdot e_{EP} \tag{2-21}$$

式中，$|\overrightarrow{EP}|$ 为向量 $\overrightarrow{EP}$ 的模；e_{EP} 为 $\overrightarrow{EP}$ 方向的单位向量。

向量 $\overrightarrow{EP}$ 的模 $|\overrightarrow{EP}|$ 可表示为

$$|\overrightarrow{EP}|=\sqrt{|\overrightarrow{D_1P}|^2-|\overrightarrow{D_1E}|^2} \tag{2-22}$$

单位向量 e_{EP} 可表示为

$$e_{EP}=\frac{\overrightarrow{D_1D_2}\times\overrightarrow{D_2D_3}}{|\overrightarrow{D_1D_2}\times\overrightarrow{D_2D_3}|} \tag{2-23}$$

至此，得到了 Delta 机器人运动学正解，即根据主动臂与静平台之间的转角 $\theta_i(i=1,2,3)$ 求得动平台中心的位姿。

2. 数值法

式（2-24）为 Delta 机器人关节转角与末端执行器位置坐标之间的关系式，该公式可以写成一个含有三个未知数、三个非线性方程的方程组。其中 α_i、R、r、L_{AC}、L_{BC} 都是已知量，从而可根据数值解法从式中解出三个未知量 x、y、z。本书采用的 1stOpt 软件是基于七维高科有限公司科研人员的研究成果——通用全局优化算法进行数值求解，该算法的最大特点是解决了目前在优化计算领域中采用迭代法时必须给出合适初始值的难题，即用户无须给定参数初始值，初值由 1stOpt 软件随机给出，通过通用全局优化算法进行计算求解，最终得到最优解。

$$[(R-r+L_{AC}\cos\theta_i)\cos\alpha_i-x]^2+[(R-r+L_{AC}\cos\theta_i)\sin\alpha_i-y]^2+(L_{AC}\sin\theta_i+z)^2=L_{BC}^2 \tag{2-24}$$

1stOpt 软件操作简单、计算速度快，且精确度高，具体操作步骤如下：

1）打开软件后单击菜单栏中的"File"按钮，在下拉菜单中单击"Add CodeBook"新建代码，如图 2-6 所示。

2）在弹出的代码输入界面中输入代码，如图 2-7 所示。

图 2-6　1stOpt 新建代码

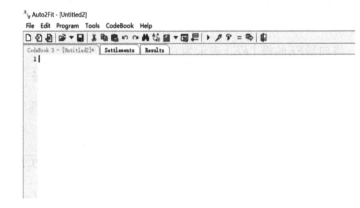

图 2-7　1stOpt 代码输入界面

3）式（2-24）为非线性方程组，α_i、R、r、L_{AC}、L_{BC} 都是已知量，代入方程组后由软件自动解出对应的坐标，方程组中的角度采用弧度制。代码如下：

```
1. Parameterx,y,z;
2. Function(306.61-55.79+326.45*cos(0.5)-x)^2+((306.61-55.79+326.45*sin(0.5))*
   0-y)^2+(326.45*sin(0.5)+z)^2=775.2^2;
3. ((306.61-55.79+326.45*cos(0.6))*(-0.5)-x)^2+((306.61-55.79+326.45*sin(0.6))*
   0.866-y)^2+(326.45*sin(0.6)+z)^2=775.2^2;
4. ((306.61-55.79+326.45*cos(0.4))*(-0.5)-x)^2+((306.61-55.79+326.45*sin(0.4))*
   (-0.866)-y)^2+(326.45*sin(0.4)+z)^2=775.2^2;
```

程序输入界面如图 2-8 所示。

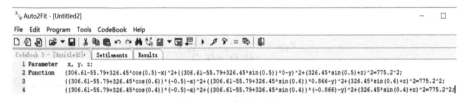

图 2-8　程序输入界面

4）程序输入完成后，按下"Run"按钮进行数值计算，如图 2-9 所示；将在软件的"Results"界面输出结果，如图 2-10 所示。

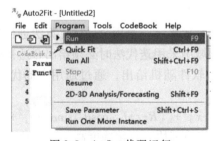

图 2-9　1stOpt 代码运行

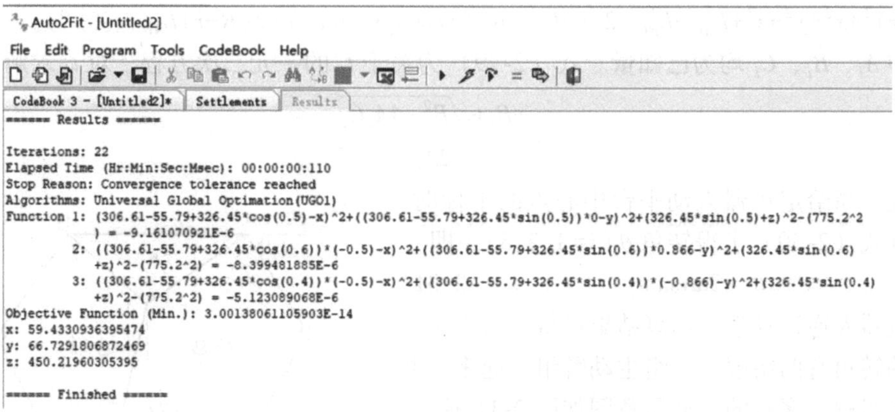

图 2-10 1stOpt 结果输出界面

2.4.2 逆运动学求解

机器人的运动学逆解是根据已知动平台中心点 P 的位置 (x, y, z)，求解 Delta 机器人三个驱动关节的转角。假设 Delta 机器人三个驱动关节的转角为 $\theta_i (i = 1, 2, 3)$，根据机器人运动学正解公式可求得主动臂端点 $C_i (i = 1, 2, 3)$ 在基坐标系 $\{O\}$ 中的坐标，同时，也可以求得从动臂端点 $B_i (i = 1, 2, 3)$ 在坐标系 $\{P\}$ 中的坐标。由于动平台中心点 P 的位置是已知量，因此可以求得点 $B_i (i = 1, 2, 3)$ 在基坐标系 $\{O\}$ 中的坐标，以从动臂杆长 L_{BC} 为约束条件，通过方程求解即可得到驱动关节的转角为 $\theta_i (i = 1, 2, 3)$。

C_i 点在基坐标系 $\{O\}$ 中的坐标可表示为

$$\begin{bmatrix} x_{Ci} \\ y_{Ci} \\ z_{Ci} \end{bmatrix} = \begin{bmatrix} (R + L_{AC}\cos\theta_i)\cos\alpha_i \\ (R + L_{AC}\cos\theta_i)\sin\alpha_i \\ -L_{AC}\sin\theta_i \end{bmatrix} \tag{2-25}$$

从动臂端点 $B_i (i = 1, 2, 3)$ 在坐标系 $\{P\}$ 中的坐标可表示为

$$\begin{bmatrix} P_{x_{Bi}} \\ P_{y_{Bi}} \\ P_{z_{Bi}} \end{bmatrix} = \begin{bmatrix} r\cos\alpha_i \\ r\sin\alpha_i \\ 0 \end{bmatrix} \tag{2-26}$$

动平台中心点 P 在基坐标系 $\{O\}$ 中的坐标为 $\begin{bmatrix} x & y & z \end{bmatrix}^T$，则点 $B_i (i = 1, 2, 3)$ 在基坐标系 $\{O\}$ 中的坐标可以表示为

$$\begin{bmatrix} x_{Bi} \\ y_{Bi} \\ z_{Bi} \end{bmatrix} = \begin{bmatrix} x + r\cos\alpha_i \\ y + r\sin\alpha_i \\ z \end{bmatrix} \tag{2-27}$$

由于 $|\overrightarrow{B_iC_i}| = L_{BC}$，因此可以得到

$$\left[(R - r + L_{AC}\cos\theta_i)\cos\alpha_i - x \right]^2 + \left[(R - r + L_{AC}\cos\theta_i)\sin\alpha_i - y \right]^2 + (L_{AC}\sin\theta_i + z)^2 = L_{BC}^2 \tag{2-28}$$

令 $\tan\dfrac{\theta_i}{2} = t$，可以将式（2-28）化简为以下形式

$$A_i t_i^2 + B_i t_i + C_i = 0 \tag{2-29}$$

式中，$A_i = (R - r)^2 + x^2 + y^2 + z^2 + L_{AC}^2 - L_{BC}^2 + 2(L_{AC} - R + r)(x\cos\alpha_i + y\sin\alpha_i) - 2(R - r)L_{AC}$；$B_i = 4zL_{AC}$；

$$C_i = (R-r)^2 + x^2 + y^2 + z^2 + L_{AC}^2 - L_{BC}^2 + 2(r - L_{AC} - R)(x\cos\alpha_i + y\sin\alpha_i) + 2(R-r)L_{AC}$$

其中 A_i、B_i、C_i 均为已知量。式（2-29）为关于 t_i 的一元二次方程，对 t_i 求解可得

$$t_i = \frac{-B_i \pm \sqrt{B_i^2 - 4A_iC_i}}{2A_i} \qquad (2\text{-}30)$$

因此，当给定机器人动平台中心点的坐标时，即可根据式（2-30）求得转角 $\theta_i (i=1,2,3)$，即

$$\theta_i = 2\arctan t_i \qquad (2\text{-}31)$$

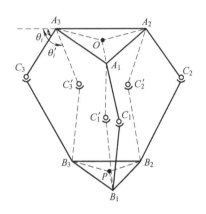

由机器人逆运动学的运算结果可得，每组主动臂对应的转角有两组解，三组主动臂组合起来一共会产生八组解，多解的几何示意图如图 2-11 所示。

当主动臂的位置处于静平台的内侧，即端点 A_i 处的转角 $\theta_i > 90°$ 时，机器人各杆件之间将发生干涉，会导致机构损坏。因此，在逆运动学产生多解时，应当选取主动臂均位于静平台外侧的一组解，即选取较小的那一组解。

图 2-11　Delta 机器人逆运动学多解示意图

2.4.3　Delta 机器人位置正逆解程序

为了验证得到的 Delta 机器人位置正逆解的正确性，为后续进行并联机器人轨迹规划和运动控制提供可靠的理论依据，通过 MATLAB 程序对推导出的正、逆解进行验证。

本书中 Delta 机器人的结构参数见表 2-1。首先在 MATLAB 中创建 Delta 运动学逆解的函数文件，该函数文件根据上述推导所得公式进行编写，其主要功能为给定动平台的末端位置坐标，求解对应驱动关节转角值。

表 2-1　Delta 机器人的结构参数

名　称	符　号	参　考　值
主动臂长度	L_{AC}	326.45mm
从动臂长度	L_{BC}	791.00mm
静平台铰点外接圆半径	R	280.00mm
动平台铰点外接圆半径	r	56.00mm
减速比	j	1∶30

1）定义以下函数名和相关变量。

```
1. function[position1]=Cal_Theta1(x,y,z)
2. R=280.00;r=56.00;La=326.45;Lb=791.00;
3. Alpha1=0;Alpha2=2*pi/3;Alpha3=4*pi/3;
```

2）函数中的（x,y,z）表示机器人的末端位置坐标，而 Alpha1、Alpha2、Alpha3 为静平台铰点与坐标系之间的角度，然后将关节转角代入公式，可以得到系数 A_i、B_i、C_i。

```
4. Ai=(R-r)^2+La^2+x^2+y^2+z^2-Lb^2+2*(La-R+r)*(x*cos(Alphai)+y*sin(Alphai))-
   2*(R-r)*La;
5. Bi=4*z*La;
```

6. Ci = (R-r)^2+La^2+x^2+y^2+z^2-Lb^2+2 * (r-La-R) * (x * cos(Alphai)+y * sin(Alphai))+
2 * (R-r) * La;

3）得到系数 A_i、B_i、C_i 后，需要判断式（2-30）是否有解，若有解，则代入式（2-30）得到 t_i，然后根据式（2-31），求出此时的驱动关节转角 θ_i；如果式（2-30）无解，则显示"所求点不在 Delta 的工作空间内"。相关程序如下：

```
7. judge1=B1^2-4 * A1 * C1;
8. judge2=B2^2-4 * A2 * C2;
9. judge3=B3^2-4 * A3 * C3;
10. if(judge1>=0&&judge2>=0&&judge3>=0)
11. t1=(-B1-sqrt(B1^2-4 * A1 * C1))/(2 * A1);
12. t2=(-B2-sqrt(B2^2-4 * A2 * C2))/(2 * A2);
13. t3=(-B3-sqrt(B3^2-4 * A3 * C3))/(2 * A3);
14. Theta1=2 * atan(t1);
15. Theta2=2 * atan(t2);
16. Theta3=2 * atan(t3);
17. position1=[Theta1 Theta2 Theta3];
18. else
19. disp('所求点不在 Delta 工作空间内');
20. return;
21. end
```

4）至此，编辑完成了 Delta 机器人的逆解程序，在 MATLAB 命令行窗口输入实参 Cal_Theta1(200,0,-670)，即可得到相应的位置逆解，如图 2-12 所示。

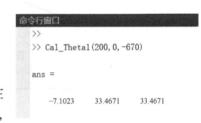

图 2-12　Delta 机器人位置逆解

2.4.4　Delta 机器人正逆解算法验证

为了验证所建立理论模型的正确性，通过动力学分析软件 ADAMS 搭建了 Delta 机器人的虚拟样机模型与理论结果进行对比分析。将 Delta 机器人的三维模型导入动力学分析软件 ADAMS 中，通过合并不产生相对运动的零部件对模型进行简化；然后在 ADAMS 中添加约束和驱动，得到图 2-13 所示的 Delta 虚拟样机模型。在三维建模软件里对平台的几何参数和物理参数进行辨识，得到 Delta 机器人的模型参数，见表 2-2。

$$\theta_1 = 5\pi t/180$$
$$\theta_2 = 8\pi t/180 \qquad (2\text{-}32)$$
$$\theta_3 = 10\pi t/180$$

对虚拟样机模型添加式（2-32）所示的关节驱动，将得到的 Delta 机器人动平台位置与相同驱动下的理论计算结果进行对比，如图 2-14 ~ 图 2-16 所示。

图 2-13　Delta 虚拟样机模型

表 2-2　Delta 机器人的模型参数

变　量	参　　数	值	单　位
R	静平台铰点外接圆半径	0.2	m
r	动平台铰点外接圆半径	0.045	m
l_1	主动臂长度	0.35	m
l_2	从动臂长度	0.8	m
$\boldsymbol{p}$	动平台质心位矢	$[0,0,-0.6204635]$	m

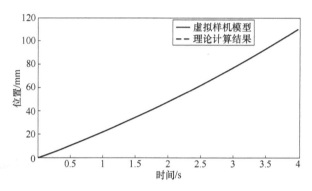

图 2-14　动平台 X 方向位置对比

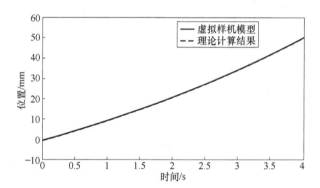

图 2-15　动平台 Y 方向位置对比

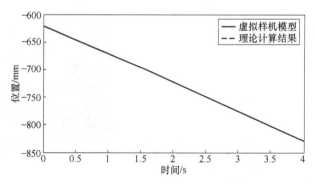

图 2-16　动平台 Z 方向位置对比

由图 2-14～图 2-16 可以发现，理论计算结果与虚拟样机模型的分析结果完全吻合，验证了所建位置正解模型的正确性和准确性。

在 Delta 机器人虚拟样机的动平台处添加三个方向的位置驱动［见式（2-33）］，需要说明的是，该驱动为相对于动平台坐标系 $O'\text{-}x'y'z'$ 的驱动，此时动平台质心在绝对坐标系中的位置见式（2-34）。

$$
\begin{aligned}
x_b &= 200 * \text{sind}(t) \\
y_b &= 200 * \text{cosd}(t) \\
z_b &= -20 * t
\end{aligned}
\tag{2-33}
$$

$$
\begin{aligned}
x &= 200 * \text{sind}(t) \\
y &= 200 * \text{cosd}(t) \\
z &= -620.46355 - 20 * t
\end{aligned}
\tag{2-34}
$$

式（2-34）中的 -620.46355 为关节角 $\begin{bmatrix} \theta_1 & \theta_2 & \theta_3 \end{bmatrix}^T = \begin{bmatrix} 0 & 0 & 0 \end{bmatrix}^T$ 时，动平台质心在绝对坐标系 $O\text{-}xyz$ 的初始位置处。

将 Delta 机器人虚拟样机在式（2-34）驱动下得到的主动臂关节转角与相同驱动下的理论计算结果进行对比分析，可以得到图 2-17～图 2-19 所示的结果。

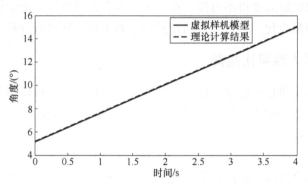

图 2-17 主动臂 1 的关节转角

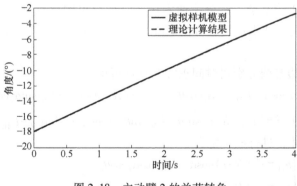

图 2-18 主动臂 2 的关节转角

由图 2-17～图 2-19 可以发现，理论计算结果与虚拟样机模型的分析结果完全吻合，验证了所建位置逆解模型的正确性和准确性。

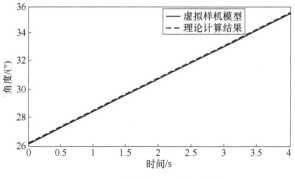

图 2-19　主动臂 3 的关节转角

2.5　奇异位形分析

Delta 机器人的奇异位形和工作空间研究是并联机器人轨迹规划及运动控制的基础，决定了机器人是否可以正常稳定地运行。当出现奇异位形时，并联机器人会出现自由度增加或者减少的情况，导致机器人变得不可控。在避免机器人出现奇异位形的情况下，还应尽量实现机器人的工作空间最大化。对机器人的奇异位形和工作空间进行分析至关重要。

2.5.1　Delta 机器人雅可比矩阵

雅可比矩阵是末端执行器速度与输入关节速度的线性变换，可以将其理解为末端执行器速度与驱动关节速度的传动比。Delta 机器人的雅可比矩阵描述的是动平台与主动臂关节速度之间的映射关系，即

$$\dot{\boldsymbol{p}} = \boldsymbol{J}\dot{\boldsymbol{\theta}} \tag{2-35}$$

式中，$\dot{\boldsymbol{p}}$ 为动平台的速度向量，$\dot{\boldsymbol{p}} = \begin{bmatrix} \dot{x}_0 & \dot{y}_0 & \dot{z}_0 \end{bmatrix}^{\mathrm{T}}$；$\dot{\boldsymbol{\theta}}$ 为机器人主动臂的角速度向量，$\dot{\boldsymbol{\theta}} = \begin{bmatrix} \dot{\theta}_1 & \dot{\theta}_2 & \dot{\theta}_3 \end{bmatrix}^{\mathrm{T}}$；$\boldsymbol{J}$ 为 Delta 机器人的雅可比矩阵。

雅可比矩阵的求解方法有向量积分法和微分变换法。向量积分法通常用于结构复杂的机械臂，其运动学方程比较复杂。微分法通常用于结构简单的机械臂，其运动学方程相对简单，可通过直接求导的方法求得其雅可比矩阵。本节采用微分变换法对 Delta 机器人运动学雅可比矩阵进行推导。

将式（2-28）两边参数分别对时间求导并移项可得

$$\begin{aligned} & [x - (R-r)\cos\alpha_i - L_{AC}\cos\alpha_i\cos\theta_i]\dot{x} + [y - (R-r)\sin\alpha_i - L_{AC}\sin\alpha_i\cos\theta_i]\dot{y} + \\ & (z + L_{AC}\sin\theta_i)\dot{z} = [L_{AC}(R-r)\sin\theta_i - L_{AC}\sin\theta_i(x\cos\alpha_i + y\sin\alpha_i) - L_{AC}z\cos\theta_i]\dot{\theta}_i \end{aligned} \tag{2-36}$$

为了便于后续描述，进行如下定义

$$\begin{cases} a_{i1} = x - (R-r)\cos\alpha_i - L_{AC}\cos\alpha_i\cos\theta_i \\ a_{i2} = y - (R-r)\sin\alpha_i - L_{AC}\sin\alpha_i\cos\theta_i \\ a_{i3} = z + L_{AC}\sin\theta_i \\ k_i = -a_{i1}L_{AC}\cos\alpha_i\sin\theta_i - a_{i2}L_{AC}\sin\alpha_i\sin\theta_i - a_{i3}L_{AC}\cos\theta_i \end{cases} \tag{2-37}$$

从而可以将式（2-36）以矩阵形式描述为

$$\begin{bmatrix} a_{11} & a_{12} & a_{13} \\ a_{21} & a_{22} & a_{23} \\ a_{31} & a_{32} & a_{33} \end{bmatrix} \begin{bmatrix} \dot{x}_0 & \dot{y}_0 & \dot{z}_0 \end{bmatrix}^T = \begin{bmatrix} k_1 & 0 & 0 \\ 0 & k_2 & 0 \\ 0 & 0 & k_3 \end{bmatrix} \begin{bmatrix} \dot{\theta}_1 & \dot{\theta}_2 & \dot{\theta}_3 \end{bmatrix}^T \qquad (2\text{-}38)$$

式中，$\begin{bmatrix} a_{11} & a_{12} & a_{13} \\ a_{21} & a_{22} & a_{23} \\ a_{31} & a_{32} & a_{33} \end{bmatrix}$ 为机器人正向运动学雅可比矩阵，用 $\boldsymbol{J}_x$ 表示；$\begin{bmatrix} k_1 & 0 & 0 \\ 0 & k_2 & 0 \\ 0 & 0 & k_3 \end{bmatrix}$ 为机器

人逆向运动学雅可比矩阵，用 $\boldsymbol{J}_\theta$ 表示。

当 $\det(\boldsymbol{J}_x) \neq 0$，即雅可比矩阵 $\boldsymbol{J}_x$ 可逆时，可以将式（2-38）化简为

$$\dot{\boldsymbol{p}} = \boldsymbol{J}_x^{-1} \boldsymbol{J}_\theta \dot{\boldsymbol{\theta}} \qquad (2\text{-}39)$$

式中，$\boldsymbol{J} = \boldsymbol{J}_x^{-1} \boldsymbol{J}_\theta$ 为 Delta 机器人的雅可比矩阵。

2.5.2　Delta 机器人奇异位形分析

奇异位形是指机构无法正常运行的一些特殊位置，当机器人处于奇异位形位置或其附近时，机器人的整体工作性能和控制性能会受到严重的影响，因此在实际运行时，应尽量规避机器人奇异位形的发生。

与串联机器人相比，Delta 机器人属于多支链结构，其奇异位形的情况更加复杂。当 Delta 机器人雅可比矩阵的行列式等于零时，机器人将出现奇异位形。由式（2-39）可知，当矩阵 $\boldsymbol{J}_x$ 或 $\boldsymbol{J}_\theta$ 奇异时，矩阵 $\boldsymbol{J}$ 奇异，即 Delta 机器人发生奇异。由此可知，Delta 机器人会出现三种奇异情况，即仅 $\boldsymbol{J}_x$ 奇异、仅 $\boldsymbol{J}_\theta$ 奇异以及 $\boldsymbol{J}_x$ 和 $\boldsymbol{J}_\theta$ 均奇异。

1. 正向运动学奇异分析

当正向雅可比矩阵 $\boldsymbol{J}_x$ 奇异时，并联机构将处于奇异位置，此时 $\det(\boldsymbol{J}_x) = 0$。矩阵 $\boldsymbol{J}_x$ 的每一个行向量分别对应机器人从动臂 $\overrightarrow{C_iB_i}\ (i=1,2,3)$ 在基坐标系 $\{O\}$ 中的空间向量，因此，可以将 $\boldsymbol{J}_x$ 表示为 $\boldsymbol{J}_x = \begin{bmatrix} \overrightarrow{C_1B_1} & \overrightarrow{C_2B_2} & \overrightarrow{C_3B_3} \end{bmatrix}^T$。通过机构的空间向量关系，分析正向运动学奇异位形有以下两种情况：

1）当向量 $\overrightarrow{C_1B_1}$、$\overrightarrow{C_2B_2}$、$\overrightarrow{C_3B_3}$ 处于同一个平面中，即机器人从动臂与动平台处于同一平面内且与静平台平行时，如图 2-20 所示。机构出现这种情况是因为主动臂和从动臂的长度不匹配，因此在设计机构时，只要保证 $d < |\overrightarrow{C_iB_i}| - |\overrightarrow{A_iC_i}|$ 的原则，即可避免该奇异位形的发生。本文中 Delta 机器人从动臂的长度远大于主动臂的长度，因此不存在这种奇异位形。

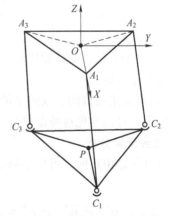

图 2-20　三组从动臂共面的奇异位形示意图

2）当 $\overrightarrow{C_1B_1}$、$\overrightarrow{C_2B_2}$、$\overrightarrow{C_3B_3}$ 中的任意两个或者三个向量相互平行，即任意两组或三组从动臂相互平行时，如图 2-21a 和图 2-21b 所示。对图 2-21a、图 2-21b 所示机构进行简化，相互平行的从动臂将重合，如图 2-21c、图 2-21d 所示。此时，机构的自由度会增加，使得机器人动平台的位置不确定。虽然这种奇异位形在结构设计中不可避免，但可以通过限制机器人主动臂转角来避免这种奇异位形的发生。

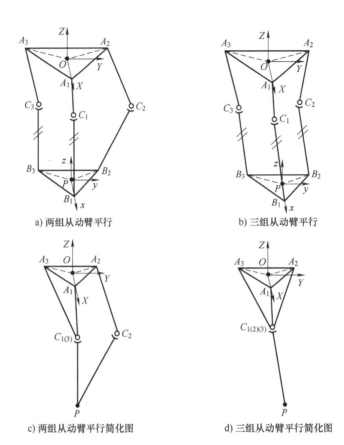

a) 两组从动臂平行

b) 三组从动臂平行

c) 两组从动臂平行简化图

d) 三组从动臂平行简化图

图 2-21　任意两组或三组从动臂平行的奇异位形示意图

2. 逆向运动学奇异分析

当逆向雅可比矩阵 $\boldsymbol{J}_\theta$ 奇异时，雅可比矩阵 $\boldsymbol{J}$ 也奇异。对式（2-39）两边取模，右边模的值为零，因此，动平台速度向量 $\dot{\boldsymbol{p}}$ 的模为零。由此可知，即使机器人主动臂转角速度向量 $\dot{\boldsymbol{\theta}}$ 不为零，机器人动平台的速度却为零，机器人处于有输入、无输出的状态。在这种情况下，机器人的自由度数会减少，某自由度将被锁死。

1）机构中连接主动臂和从动臂的球铰的工作角度为 90°时。但在实际情况中，这种奇异位形是不存在的。

2）机器人主动臂向上或向下的转角均为 90°时。在实际情况中，通过限制主动臂转角的输入范围，可以避免这种奇异位形的发生。

3. 组合奇异分析

组合奇异是由正向雅可比矩阵 $\boldsymbol{J}_x$ 和逆向雅可比矩阵 $\boldsymbol{J}_\theta$ 均奇异导致的，存在以下两种情况：

1）向量 $\overrightarrow{C_1B_1}$、$\overrightarrow{C_2B_2}$、$\overrightarrow{C_3B_3}$ 处于同一个平面内，且连接主动臂和从动臂的球铰的工作角度为 90°。由于机器人的结构以及实际情况中球铰工作角度的限制，这种奇异位形是不存在的。

2）静平台铰点的外接圆半径 R 与动平台铰点的外接圆半径 r 相等，主动臂和从动臂共线且垂直于静平台。此时，机器人将增加两个自由度，使其具有绕 X 和 Y 方向旋转的能力，机器人变得不可控。因此在进行机构设计时，动平台铰点的外接圆半径 r 应远小于静平台铰点的外接圆半径 R，以避免这种奇异位形的发生。

2.6 Delta 机器人工作空间分析

2.6.1 工作空间类型

根据 Delta 机器人末端执行器工作位姿的特点，可以将工作空间划分为可达工作空间和灵活工作空间。

可达工作空间是指末端执行器上某一参考点可以到达的所有点的集合，这种工作空间不考虑末端执行器的姿态。灵活工作空间是指末端执行器上某一参考点可以从任何方向到达的点的集合。

工作空间还可以划分为完全工作空间、定向工作空间和最大工作空间。完全工作空间是指动平台上执行器端点以任何位姿均可到达的点的集合。定向工作空间是指动平台在固定位姿时执行器端点可以到达的点的集合。最大工作空间是指动平台执行器端点可以到达的点的最大集合，并考虑其具体位姿。完全工作空间和定向工作空间是最大工作空间的子集。

2.6.2 工作空间求解

Delta 并联机器人的工作空间是末端执行器可以到达的所有位置的集合，是衡量机器人工作性能的重要指标，同时也是进行机器人路径规划的基础。影响机器人工作空间的因素主要包含机械结构的尺寸、运动副转角的限制、杆件的干涉和奇异位形等。

（1）机械结构的尺寸　由运动学正解公式可知，动平台铰点外接圆半径、主动臂长度、从动臂长度、静平台铰点外接圆半径等结构参数均会影响机器人的工作空间。

（2）运动副转角的限制　对于 Delta 机器人而言，运动副主要包括静平台与主动臂之间的转动副以及主动臂与从动臂之间的球副。转动副和球副的限制也是影响机器人工作空间的重要因素之一，但为了避免机构出现奇异位形并在一定范围内稳定运行，运动副转角的限制是必不可少的。

（3）杆件的干涉　根据运动学逆解公式，机器人工作空间中的每一个位置均对应多组主动臂转角的解，如果主动臂转角的解选择得不恰当，会造成机器人各杆件之间发生干涉，甚至会导致机器人卡顿或者损坏，影响机器人的运动学性能。因此，在求解机器人的工作空间时，应当选取最优解，避免发生杆件干涉的情况。

（4）奇异位形　奇异位形对机器人工作空间的影响在上节已经论述，在机器人工作空间的求解过程中，应当限制机器人主动臂转角的范围，避免奇异位形的发生，确保机器人能够正常稳定地运行。

通过位置求解，可以得到动平台位置与主动臂转角之间的对应关系。因此，综合考虑影响机器人工作空间的因素，给定合理的关节转角范围，可以得到有效的动平台运动范围。结合机器人机构尺寸参数与实际工况，将机器人三组主动臂的转角范围限制在 $-10°\sim90°$，将转角区间平分为 100 份，每组主动臂会产生 101 个转角，则三组主动臂产生 $101^3 = 1030301$ 组不同的角度。基于每组关节角度，通过运动学正解得到机器人末端位置，然后通过

MATLAB 软件将所有离散的位置集合绘制成工作空间的轮廓图，能够对 Delta 机器人工作空间范围有更直观的了解。

```
1. Position=zeros(1030301,3);
2. Theta1(101)=0;
3. Theta2(101)=0;
4. Theta3(101)=0;
5. n=1;
6. fori=1：101
7. forj=1：101
8. fork=1：101
9. Theta1(i)=-pi/18+pi*i/180;
10. Theta2(j)=-pi/18+pi*j/180;
11. Theta3(k)=-pi/18+pi*k/180;
12. Position(n,1：3)=Cal_XYZ1(Theta1(i),Theta2(j),Theta3(k));
13. n=n+1;
14. end
15. end
16. end
17. X=Position(:,1);
18. Y=Position(:,2);
19. Z=Position(:,3);
20. figure(1)
21. plot3(X,Y,Z,'r.','MarkerSize',0.5);
22. gridon;
23. figure(2)
24. plot(X,Z,'r.','MarkerSize',0.5);gridon;
25. figure(3)
26. plot(X,Y,'r.','MarkerSize',0.5);gridon;
27. figure(4)
28. plot(Y,Z,'r.','MarkerSize',0.5);gridon;
```

以上程序为 Delta 机器人工作空间绘制程序，首先定义一个 1030301×3 的零矩阵，用于保存三组主动臂产生的 1030301 组角度；然后定义三个 1×101 的矩阵 Theta1（101）、Theta2（101）、Theta3（101），分别用于保存三个电动机转角（被均分为 101 组角度值）。

将$-10°\sim90°$依次平分为 100 等份，每个电动机共 101 个角度值，这些角度值共有 1030301 组，然后通过逆运动学求解这些角度对应的末端位置坐标，可以得到 1030301 组位置坐标。例如，$n=1$ 表示将得到的值依次保存到矩阵 Position 第 1 行的第 1~3 列。

采用 MATLAB 画图函数，依次画出 Delta 机器人可达工作空间，如图 2-22 所示。

图 2-22a 所示 Delta 为机器人可达工作空间三维视图，图 2-22b 所示为在 YOZ 平面的工作空间投影，图 2-22c 所示为在 XOZ 平面的工作空间投影，图 2-22d 所示为在 XOY 平面的工作空间投影。通过分析生成的工作空间的轮廓图，Delta 机器人在 X 轴方向上可达的范围为$-520\sim520$mm，在 Y 轴方向上可达的范围为$-500\sim500$mm，在 Z 轴方向上可达的范围为$-1090\sim-550$mm。

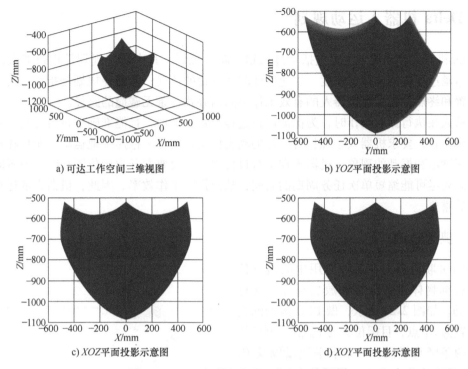

a) 可达工作空间三维视图   b) YOZ平面投影示意图

c) XOZ平面投影示意图   d) XOY平面投影示意图

图 2-22　Delta 机器人可达工作空间示意图

　　在实际工况中，Delta 机器人主要完成抓取→平移→放置的操作任务，其运动路径主要是在一个近似圆柱体的实际有效空间中，如图 2-23 所示。Delta 并联机器人的有效空间在 X 轴方向上的范围为 $-380 \sim 380$mm，在 Y 轴方向上的范围在 $-380 \sim 380$mm，在 Z 轴方向上的范围为 $-880 \sim -680$mm，构成一个直径 $D = 760$mm、高度 $h = 200$mm 的圆柱体，该有效工作空间能够满足 Delta 机器人在实际工程应用中的轨迹运行需求。

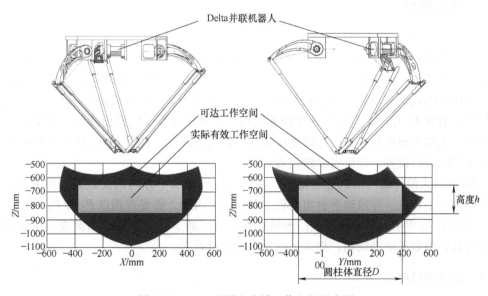

图 2-23　Delta 机器人有效工作空间示意图

2.7 Delta 机器人运动规划

Delta 机器人运动规划主要包括轨迹规划和路径规划，其中轨迹规划是指机器人动平台中心在运动过程中的位移、速度、加速度随时间变化的情况；而路径规划是指给定动平台的起始位置和终点位置，在机器人的有效工作空间内寻找一条无碰撞的路径。

机器人在执行抓取操作时，为保证运行过程平稳、迅速，且能准确地将目标物按规定放置到目标位置，要求机器人系统具有较好的动态性能，能够平稳连续地运动，避免在运行过程中出现冲击和振动的现象。机器人在运行过程中，不仅要避开起始位置和终点位置间的障碍，同时要尽可能缩短单次任务周期的时间，从而提升工作效率。因此，机器人的运动规划研究至关重要。

2.7.1 典型轨迹

Delta 并联机器人在工业应用中的典型任务是对目标物体进行分拣和放置操作，又称 PPO 运动。如图 2-24 所示，做 PPO 运动的物体原位置为 P_1 点，目标位置为 P_4 点，测试轨迹包括两条竖直线段、一条水平线段以及 P_2 和 P_3 位置处的两个直角。很显然，直角拐角位置导致了加速度的不连续，加速度的不连续会导致冲击和振荡的产生，从而影响末端轨迹的运行时间，甚至会对伺服电动机造成损害。因此，需要对并联机器人进行合理的路径规划。

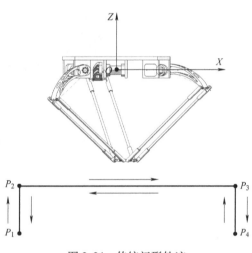

图 2-24 传统门形轨迹

2.7.2 路径规划

Delta 并联机器人通常用于分拣和放置应用中，理论上只需完成从抓取点到放置点的直线运动，但为了避开运动过程中的障碍物，在 Z 轴方向需要具有一定位移，因此，其运动路径多为门形轨迹，如图 2-24 所示。门形轨迹分为三段，P_1P_2 为机器人下抓阶段，P_2P_3 为平移阶段，P_3P_4 为末端执行器释放阶段。在实际应用中，操作者只需给定 P_1 点和 P_4 点的位置即可，通常 P_1 点可由机器人视觉技术识别工件坐标获得，P_4 点由操作者根据放置位置需求获得。机器人根据起点和终点的坐标规划得到门形路径，其中 P_1P_2 和 P_3P_4 的高度根据实际避障需求自行设置，即可完成路径规划。

Delta 机器人沿传统门形轨迹运动时，在竖直方向和水平方向的交汇处，即 P_2 点和 P_3 点处会出现突变现象，导致动平台出现较大的抖动。因此，需要在拐点 P_2 和 P_3 处引入过渡曲线，如图 2-25 所示。采用改进型门形轨迹不仅可以减少拐点处的运动突变，还缩短了动平台的行程，缩短运动周期，提高了机器人的运行效率。

2.7.3 轨迹规划

为了确保 Delta 机器人末端执行器对物体进行抓取、平移和放置的运动过程的平稳性，

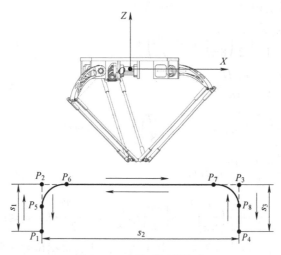

图 2-25　改进型门形轨迹

需要对其运动轨迹进行进一步优化。为了保证机器人运动过程中的高速、平稳、低能耗，进行轨迹规划时，应保证机器人在起点和终点位置的速度与加速度为零，并且在整个运动过程中，速度和加速度是连续的且加加速度连续。

为了保证机器人运动的高速、平稳、无冲击，结合修正梯形加速度曲线对门形轨迹进行优化，得到的轨迹如图 2-26 所示。修正梯形加速度曲线是结合 Delta 并联机器人运动轨迹的特点设计的一段加速度曲线函数。对于修正梯形加速度曲线函数，其加速度表达式为

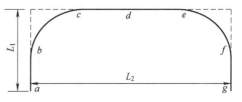

图 2-26　一种优化的 Delta 机器人门形轨迹

$$a_{\mathrm{m}} = \frac{h}{\left(\dfrac{23}{128} + \dfrac{3}{32\pi^2}\right)T^2} \qquad (2\text{-}40)$$

式中，h 为周期 T 内运动轨迹的位移量。如图 2-26 所示，将 L_1 段的运动时间设为 T，在总体运动时间 T 内，设定 $t_1 = 0.125T$，$t_2 = 0.375T$，$t_3 = 0.625T$，$t_4 = 0.875T$，对修正梯形加速度曲线进行不定积分求解。已知起始速度和终止速度均为零，并且在运行过程中速度连续，可以得到轨迹规划的速度函数为

$$v = \begin{cases} \dfrac{a_{\mathrm{m}}}{2}t - \dfrac{a_{\mathrm{m}}T}{16\pi}\sin\left(\dfrac{8\pi}{T}t\right) & 0 \leqslant t < \dfrac{T}{8} \\[3mm] a_{\mathrm{m}}t - \dfrac{1}{16}a_{\mathrm{m}}T & \dfrac{T}{8} \leqslant t < \dfrac{3T}{8} \\[3mm] \dfrac{a_{\mathrm{m}}T}{4\pi}\sin\left[\dfrac{4\pi}{T}\left(t - \dfrac{3T}{8}\right)\right] + \dfrac{5}{16}a_{\mathrm{m}}T & \dfrac{3T}{8} \leqslant t < \dfrac{5T}{8} \\[3mm] -a_{\mathrm{m}}t + \dfrac{15}{16}a_{\mathrm{m}}T & \dfrac{5T}{8} \leqslant t < \dfrac{7T}{8} \\[3mm] -\dfrac{a_{\mathrm{m}}}{2}t - \dfrac{a_{\mathrm{m}}T}{16\pi}\sin\left[\dfrac{8\pi}{T}\left(t - \dfrac{7T}{8}\right)\right] + \dfrac{a_{\mathrm{m}}T}{2} & \dfrac{7T}{8} \leqslant t \leqslant T \end{cases} \qquad (2\text{-}41)$$

对速度函数进行不定积分，求得位移函数为

$$s=\begin{cases} \dfrac{a_{m}t^{2}}{4}+\dfrac{a_{m}}{2}\left(\dfrac{T}{8\pi}\right)^{2}\cos\left(\dfrac{8\pi}{T}t\right)+A & 0\leqslant t<t_{1}\\[3mm] \dfrac{a_{m}t^{2}}{2}-\dfrac{a_{m}Tt}{16}+B & t_{1}\leqslant t<t_{2}\\[3mm] -\left(\dfrac{T}{4\pi}\right)^{2}a_{m}\cos\left[\dfrac{4\pi}{T}\left(t-\dfrac{3T}{8}\right)\right]+\dfrac{5}{16}a_{m}Tt+C & t_{2}\leqslant t<t_{3}\\[3mm] -\dfrac{a_{m}t^{2}}{2}+\dfrac{15}{16}a_{m}Tt+D & t_{3}\leqslant t<t_{4}\\[3mm] -\dfrac{a_{m}t^{2}}{4}+\dfrac{a_{m}}{2}\left(\dfrac{T}{8\pi}\right)^{2}\cos\left[\dfrac{8\pi}{T}\left(t-\dfrac{7T}{8}\right)\right]+\dfrac{a_{m}Tt}{2}+E & t_{4}\leqslant t\leqslant t_{5} \end{cases} \tag{2-42}$$

当 $t=0$、$s=0$ 时，可求得式（2-42）中 A 的值，然后根据位移函数的连续性求出 B、C、D 和 E 的值。

$$\begin{cases} A=-\dfrac{a_{m}T^{2}}{128\pi^{2}}\\[3mm] B=a_{m}T^{2}\left(\dfrac{1}{256}-\dfrac{1}{64\pi^{2}}\right)\\[3mm] C=a_{m}T^{2}\left(\dfrac{3}{64\pi^{2}}-\dfrac{17}{125}\right)\\[3mm] D=a_{m}T^{2}\left(\dfrac{7}{64\pi^{2}}-\dfrac{67}{256}\right)\\[3mm] E=a_{m}T^{2}\left(\dfrac{13}{128\pi^{2}}-\dfrac{9}{128}\right) \end{cases} \tag{2-43}$$

图 2-26 所示为一种优化的 Delta 机器人门形轨迹，在实际应用中，通常保持某一坐标轴上没有位移，在本书中，保持 Y 轴方向上没有位移。首先将 X 轴方向的运动分为三段：在 ab 段，X 轴的坐标不变，即 X 轴方向没有位移；在 bf 段，X 轴坐标开始变化，此时的轨迹需要通过优化得到，即通过位移曲线函数得到，bf 段的运行时间就是修正梯形位移曲线的周期 T；在 fg 段，X 坐标同样不发生变化。同理，可以将 Z 轴方向上的运动分为三段：ac 段轨迹采用位移曲线函数进行优化，其运行时间即为修正梯形位移曲线的周期 T；eg 段与 ac 段的处理相同；而 ce 段的 Z 坐标不变。

通过式（2-40）~式（2-42）可以得到曲线位移 s、速度 v、加速度 a 以及加加速度，如图 2-27 所示。

由图 2-27 可以看出，修正梯形轨迹规划引起的振荡趋近于极小值，且加加速度曲线连续，因此修正梯形轨迹规划满足要求。将其引入 Delta 并联机器人的轨迹规划中，能够有效地改善运动轨迹，提高动态性能。

2.7.4 并联机器人轨迹验证

并联机器人轨迹验证主要验证并联机器人的运动轨迹是否能有效避免冲击和振荡的产生。因此，机器人末端动平台在完成抓取操作的过程中至少应具备以下两个必要条件：

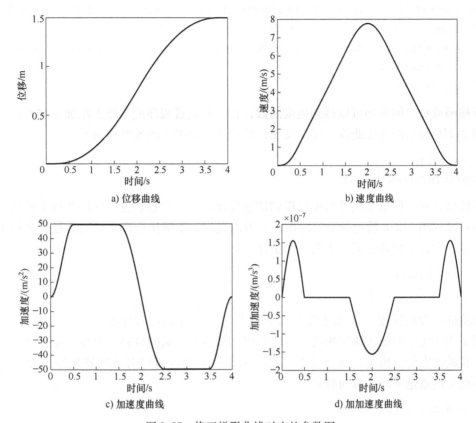

图 2-27　修正梯形曲线对应的参数图

1）运动起点和终点的速度、加速度均为零。

2）运动中间轨迹点的位移、速度、加速度曲线连续可导，且加加速度有界。

通过式（2-42）和式（2-43）可以计算得到曲线位移，为了验证并联机器人的轨迹是否满足条件，首先在 MATLAB 软件中定义式（2-40）中的变量 h，并将轨迹的运动周期 T 设置为 4s；根据式（2-42）和式（2-43）进行编程，其中"s 公式"为 MATLAB 分段函数的描述方式，通过画图函数"plot(t,s)"绘制图 2-27a 所示的位移曲线。为便于介绍，将此代码称为位移轨迹程序。

```
1. h=1.5;
2. T=4;
3. t=0:0.001:4;
4. am=h/((23/128+3/(32*pi^2))*T^2);
5. T1=T/8;T2=3*T/8;T3=5*T/8;T4=7*T/8;
6. A=-am*T^2/(128*pi^2);
7. B=(1/256-1/(64*pi^2))*am*T^2;
8. C=(-17/256+3/(64*pi^2))*am*T^2;
9. D=(-67/256+7/(64*pi^2))*am*T^2;
10. E=(-9/128+13/(128*pi^2))*am*T^2;
11. s=(am*(t.^2)/4+am*T^2*cos(8*pi*t/T)/(128*pi^2)+A).*(t>=0&t<t1)+
12. (am*(t.^2)/2-am*T*t/16+B).*(t>=t1&t<t2)+
```

13. `(-am*(T.^2)*cos(4*pi*(t-3*T/8)/T)/(16*pi^2)+5*am*t*T/16+C).*(t>=t2&t<t3)+`
14. `(-am*(t.^2)/2+15*am*T*t/16+D).*(t>=T3&t<T4)+`
15. `(-am*(t.^2)/4+am*(T)^2*cos(8*pi*(t-7*T/8)/T)/(128*pi^2)+am*T*t/2+E).*(t>=t4&t<=t5);`
16. `plot(t,s);`

位移函数对时间求导可以得到速度函数，在位移轨迹程序的基础上添加下列程序，即可得到图 2-27b 所示的速度曲线。可以发现，运动起点和终点的速度均为零。

1. `v=diff(s,1);`
2. `plot(t(1:end-1),v);`

位移函数对时间求二次导数可以得到加速度函数，在位移轨迹程序的基础上添加下列程序，即可得到图 2-27c 所示的加速度曲线。可以发现，末端执行器在运动的起点和终点加速度均为零，即证明该轨迹满足了第一个条件。

1. `a=diff(s,2);`
2. `plot(t(1:end-2),a);`

为验证函数的跃度（加加速度）是否有界，在位移轨迹程序的基础上添加下列程序，得到图 2-27d 所示的加加速度曲线。可以发现，机器人末端的位移、速度、加速度曲线连续可导，且跃度有界。因此，所设计的机器人末端运动轨迹可以有效地避免冲击和振荡的产生，从而能高效地实现抓取与放置应用。

1. `j=diff(S,3);`
2. `plot(t(1:end-3),j);`

2.7.5　并联机器人运动规划

本书中 Delta 并联机器人的路径采用圆角门形轨迹，为确保机器人在 Z 轴方向无碰撞，可以设定 Z 轴方向的高度大于 100mm。

将 Delta 机器人的轨迹规划与路径规划相结合，在工作空间内规划一条无碰撞的路径。根据轨迹规划结果并结合插补的方式，将路径分为 N 个点，规划路径上每个点的速度、加速度随时间的变化规律，以及点与点之间的位移变化关系，最终在工作空间内得到一条无碰撞、平滑、稳定的路径。

2.8　MATLAB 环境下并联机器人运动仿真分析

为方便其他程序调用，将位移轨迹程序以功能函数的形式改写为：

1. `function[s]=Disp(T,h,t)`
2. `am=h/((23/128+3/(32*pi^2))*T^2);`
3. `T1=T/8;T2=3*T/8;T3=5*T/8;T4=7*T/8;`
4. `A=-am*T^2/(128*pi^2);`
5. `B=(1/256-1/(64*pi^2))*am*T^2;`
6. `C=(-17/256+3/(64*pi^2))*am*T^2;`
7. `D=(-67/256+7/(64*pi^2))*am*T^2;`

```
8. E=(-9/128+13/(128*pi^2))*am*T^2;
9. s=(am*(t.^2)/4+am*T^2*cos(8*pi*t/T)/(128*pi^2)+A).*(t>=0&t<T1)+(am*
   (t.^2)/2-am*T*t/16+B).*(t>=T1&t<T2)+(-am*(T.^2)*cos(4*pi*(t-3*T/8)/
   T)/(16*pi^2)+5*am*t*T/16+C).*(t>=T2&t<T3)+(-am*(t.^2)/2+15*am*T*t/
   16+D).*(t>=T3&t<T4)+(-am*(t.^2)/4+am*(T)^2*cos(8*pi*(t-7*T/8)/T)/
   (128*pi^2)+am*T*t/2+E).*(t>=T4&t<=T);
10.end
```

至此，完成了 Delta 机器人末端轨迹位移曲线函数定义。在本次仿真中，将修正梯形轨迹运动时间设为 6s，设定起点为 $A(-200,0,-650)$，终点为 $B(200,0,-650)$，使 Delta 机器人末端在 6s 内完成从 A 点到 B 点的运动。从起点到终点过程中，某一时刻机器人末端坐标的计算程序如下：

```
1. function[Point_M3]=Multi_Surve3(t)
2. t0=0;
3. t1=1;
4. t2=2;
5. t3=3;
6. t4=4;
7. t5=5;
8. t6=6;
9. t=0;
10. X=(-200).*(t>=t0&t<t1)+(-200+Disp(4,300,t-t1)).*(t>=t1&t<t5)+(200).*
    (t>=t5&t<=t6);
11. Y=0;
12. Z=(-650+Disp(2,150,t)).*(t>=t0&t<t2)+(-500).*(t>=t2&t<t4)+(-500-Disp
    (2,150,t-t4)).*(t>=t4&t<=t6);
13. Point_M3=[X,Y,Z];
14. end
```

上述程序中的参数 t 表示时间，其中 t6 为 6s，表示计算机器人末端的终点坐标值。在主函数调用 Multi_Surve3(t) 函数时，t 由主函数给出，则函数的返回值根据 t 的不同而变化。

仿真中选择的运行时间为 6s，超过了曲线位移函数中的周期 T。如图 2-28 所示，将运动轨迹分为 $t_0 \sim t_6$ 时间段。

Delta 机器人末端在 t_0-t_1 时间段时，在 X 方向没有位移；而在 t_1-t_5 时间段内，则需要将时间 T 代入曲线位移函数，求解 X 轴方向的位移，即 t_1-t_5 的总时间为 4s，而曲线位移函数的参数 h 在此处为 L_2，可以得到此段时间内 X 轴方向的位移

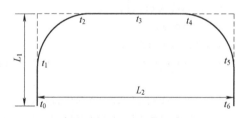

图 2-28　门形轨迹时间分段示意图

为 300mm；在 t_5-t_6 时间段内，X 坐标不发生变化，为终点坐标 200mm。在整个运动过程中，Y 坐标保持不变。函数中 Z 坐标的变化情况为，在 t_0-t_2 时间段，Z 坐标在原坐标的基础上按照曲线位移函数变化，曲线位移函数周期 T 为 2s，变化的总位移为 150mm；在 t_2-t_4 时间

段，Z 坐标固定为 -500mm；在 t_5-t_6 时间段，为机器人末端执行器下放过程，该阶段的位移为 150mm，T 为 2s。

将运行时间 6s 分为 6000 小段，每一段为 $t_i(i=1\sim6001)$，不同的 t_i 对应的曲线位移函数不同，6000 段 t_i 可以保证所得轨迹的平滑性。

```
1. Point=zeros(6001,3);
2. Theta_M=zeros(6001,3);
```

在 MATLAB 中，zeros(i,j) 表示创建 i 行、j 列的零矩阵。在插补部分创建两个 6001 行、3 列的矩阵，初始化为零。

```
3. t=linspace(0,6,6001);
4. for i=1:6001
5. Point(i,1:3)=Multi_Surve3(t(i));
6. end
```

运动一次的插补周期为 6s，将运动时间 6s 等分为 6000 个时间段，得到 6001 个时间点；然后对每个时间点依次调用 Multi_Surve3(t) 函数，函数的返回值为运动轨迹的 6001 个坐标点。

程序中的第 5 行代码表示由 Multi_Surve3(t) 产生的第 i 组坐标值分别存入 Point 矩阵的第 i 行、第 $1\sim3$ 列，因此进行 6001 次 for 循环后，Point 矩阵内为 6001 组坐标。

Point 矩阵中的第一列是所有 X 坐标，第二列是所有 Y 坐标，第三列是所有 Z 坐标，通过第 $7\sim9$ 行代码，依次取出代入反解程序，可以得到电动机的 6001 组角度值，然后根据这些角度生成电动机的转动曲线。通过第 17 行代码，可以绘制出图 2-29 所示的门型轨迹的三维图。

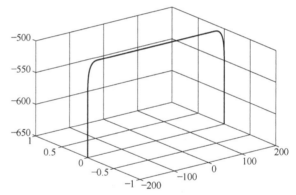

图 2-29　门形轨迹的三维图

```
7. X=Point(:,1);
8. Y=Point(:,2);
9. Z=Point(:,3);
10. grid on;
11. for i=1:6001
12. Theta_M(i,1:3)=Cal_Theta1(X(i),Y(i),Z(i));
13. end
14. Theta1=[t'-Theta_M(:,1)];
15. Theta2=[t'-Theta_M(:,2)];
16. Theta3=[t'-Theta_M(:,3)];
17. plot3(X,Y,Z),gridon;
```

采用下述代码绘制 Delta 机器人运动过程中主动臂转角曲线，如图 2-30 所示。可以发现，机器人各关节角度随时间变化呈现平滑且连续的状态，说明机器人在运动过程中，其各连杆间并没有发生干涉，机器人可以完成从起点到终点之间的抓取→放置操作，且机器人主动臂的转角流畅，无剧烈振荡，能够保持末端的平稳性，符合预期效果。

```
1. plot(t',-Theta_M(:,1),t',-Theta_M(:,2),t',-Theta_M(:,3))
```

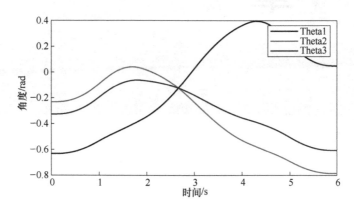

图 2-30　Delta 机器人主动臂转角曲线

第 **3** 章

并联机器人动力学

3.1 引言

机器人动力学在设计与控制中发挥着重要作用，尤其体现在高速、重载、高带宽的应用中。并联机器人动力学在其实时控制中起着重要作用，许多基于动力学模型设计的控制器得到了越来越广泛的应用。其中，动力学模型的求解精度与求解效率直接影响着此类控制器的控制效果。由于并联机器人含有多条闭环运动链，内部力耦合严重，导致其动力学模型十分复杂。因此，如何建立准确且能够高效求解的并联机器人动力学模型已成为当前的研究热点之一。

建立并联机器人动力学模型的常用方法包括牛顿-欧拉方法、旋量方法、拉格朗日方法、凯恩方法、虚功原理方法和哈密顿原理方法等。不同建模方法得到的动力学模型可能形式不同，但却具有相同的本质，即都是多刚体系统的力和运动之间关系的描述。

动力学方程的求解主要分为两类：第一类称为正向动力学求解，是指已知系统的驱动力，求解此驱动力对应的多刚体系统的运动状态，其本质是解微分方程组或微分代数混合方程组，所用的解法通常为数值积分方法或龙格-库塔方法；第二类称为反向动力学求解，是指已知多刚体系统的运动状态，求解对应的驱动力，其本质是解代数方程，多数情况下可根据矩阵运算直接求解。在多刚体系统的实时控制中，需要根据期望的运动状态求解对应的驱动力，因此，反向动力学求解在实时控制中是非常重要的。正向动力学常用于测试机器人的各种性能指标，以便在机构、结构和控制器设计阶段提供物理系统的仿真模型。反向动力学可以用于设计阶段驱动器等零部件的选型，也可以用于基于模型的控制系统。

3.2 Delta 机器人动力学分析

3.2.1 虚功原理方法

如图 3-1 所示，Delta 机器人由静平台、动平台和连接动、静平台的三组轴对称支链组成，静平台上安装有交流伺服电动机和减速器，每条支链分别由主动臂和含平行四边形结构的从动臂组成。主动臂通过转动副与安装在静平台上的减速器相连，利用与减速器配接的伺服电动机带动主动臂转动，从而实现动平台的 3 自由度平动。从动臂通过球铰链与主动臂和动平台连接，由于球铰链是一种可拆卸的开放式铰链，因此从动臂中的两条平行杆需通过拉簧固定以防止脱落。通常为了减小运动部件的质量，动平台和主动臂的材质为铝合金，从动臂的材质为碳纤维。

1. 位置逆解分析

位置逆解是指已知机械手末端的位置，求解主动臂的转角。其目的主要是为伺服控制和后续分析提供必要的数学模型。由于 Delta 机器人的动平台仅做平移运动，且平行四边形支链中两从动臂的运动完全相同，因此可将其简化为图 3-2 所示的等效机构。

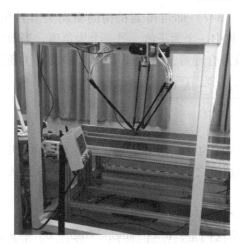

图 3-1　Delta 机器人

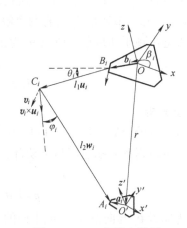

图 3-2　Delta 机器人简图

在静平台中点建立绝对坐标系 $O\text{-}xyz$，在动平台中点建立参考坐标系 $O'\text{-}x'y'z'$，在该坐标系下点 O' 的位置向量 $\boldsymbol{p}=\begin{bmatrix}x & y & z\end{bmatrix}^{\mathrm{T}}$ 可表示为

$$\boldsymbol{p}=\boldsymbol{b}_i-\boldsymbol{a}_i+l_1\boldsymbol{u}_i+l_2\boldsymbol{w}_i \quad (i=1,2,3) \tag{3-1}$$

式中，$\boldsymbol{b}_i=R\begin{bmatrix}\cos\beta_i & \sin\beta_i & 0\end{bmatrix}(i=1,2,3)$；$\boldsymbol{a}_i=r\begin{bmatrix}\cos\beta_i & \sin\beta_i & 0\end{bmatrix}(i=1,2,3)$。$\boldsymbol{b}_i$、$\boldsymbol{a}_i$ 分别表示静平台铰点 B_i、动平台铰点 A_i 在坐标系 $O\text{-}xyz$ 与 $O'\text{-}x'y'z'$ 中的位置向量。由于 Delta 机器人动平台不存在转动自由度，为便于后续描述，令 $d=R-r$ 表示动平台与静平台铰点的外接圆半径之差。β_i 为静平台铰点与坐标系 $O\text{-}xyz$ 中 x 轴的夹角，$\beta_i=2(i-1)\pi/3(i=1,2,3)$。$l_1$ 为 Delta 机器人主动臂的长度，三个主动臂的长度相同；$\boldsymbol{u}_i$ 为主动臂的方向向量。l_2 为机器人从动臂的长度，三个从动臂的长度也相同；$\boldsymbol{w}_i$ 为从动臂的方向向量。

$$\boldsymbol{u}_i=\begin{bmatrix}\cos\theta_i\cos\beta_i & \cos\theta_i\sin\beta_i & -\sin\theta_i\end{bmatrix}^{\mathrm{T}} \tag{3-2}$$

式中，θ_i 为三条主动臂 A_iB_i 与静平台 xy 平面的夹角。

将式（3-1）变形得到 $\boldsymbol{p}-\boldsymbol{d}_i-l_1\boldsymbol{u}_i=l_2\boldsymbol{w}_i$，对变形式两侧取模得到

$$(\boldsymbol{p}-\boldsymbol{d}_i-l_1\boldsymbol{u}_i)^{\mathrm{T}}(\boldsymbol{p}-\boldsymbol{d}_i-l_1\boldsymbol{u}_i)=l_2^2 \tag{3-3}$$

将式（3-2）代入式（3-3）中整理化简，并令 $t_i=\tan(\theta_i/2)$，可以得到一个关于 t_i 的一元二次方程

$$K_it_i^2+U_it_i+V_i=0 \tag{3-4}$$

式中

$$\begin{aligned}
K_i &= 2l_1(\boldsymbol{p}-\boldsymbol{d}_i)^{\mathrm{T}}\boldsymbol{e}_z \\
U_i &= -2l_1(\boldsymbol{p}-\boldsymbol{d}_i)^{\mathrm{T}}(\cos\beta_i\boldsymbol{e}_x+\sin\beta_i\boldsymbol{e}_y) \\
V_i &= (\boldsymbol{p}-\boldsymbol{d}_i)^{\mathrm{T}}(\boldsymbol{p}-\boldsymbol{d}_i)+l_1^2-l_2^2
\end{aligned} \tag{3-5}$$

式中，e_x、e_y、e_z 分别表示绝对坐标系 $O\text{-}xyz$ 中 x、y、z 轴的单位向量。

由式（3-4）与式（3-5）可得

$$t_i = \frac{-U_i \pm \sqrt{U_i^2 - 4K_i V_i}}{2K_i} \tag{3-6}$$

由三角函数关系可得，Delta 机器人的主动臂关节转角为

$$\theta_i = 2\arctan t_i \tag{3-7}$$

当末端位置 (x, y, z) 确定时，通过式（3-7）即可得到机构的驱动关节转角。然而，由式（3-6）可知关节转角 θ_i 具有两个解，其中一个为正值，另一个为负值，当解中有负值时，机器人会出现干涉现象，所以 θ_i 为正值是合理解，此时式（3-6）中的 t_i 为负值，即

$$t_i = \frac{-U_i - \sqrt{U_i^2 - 4K_i V_i}}{2K_i} \tag{3-8}$$

2. 速度分析

在进行位置分析后，得到了 Delta 机器人的位置正解和逆解，继续对 Delta 机器人进行速度分析，可以得到末端速度与主动臂驱动速度之间的映射关系。对式（3-1）关于时间求导可得

$$\dot{\boldsymbol{p}} = l_1 \dot{\theta}_i (\boldsymbol{v}_i \times \boldsymbol{u}_i) + l_2 \boldsymbol{\omega}_i \times \boldsymbol{w}_i \tag{3-9}$$

式中，$\boldsymbol{v}_i$ 为向量 $\boldsymbol{b}_i$ 与向量 $\boldsymbol{u}_i$ 张成平面的单位法向量，$\boldsymbol{v}_i = \begin{bmatrix} -\sin\beta_i & \cos\beta_i & 0 \end{bmatrix}^T$；$\dot{\boldsymbol{p}}$ 为动平台中心点 O' 的速度向量；$\dot{\theta}_i$ 为主动臂的角速度；$\boldsymbol{u}_i$ 为主动臂的单位方向向量；$\boldsymbol{\omega}_i$ 为从动臂的角速度向量；$\boldsymbol{w}_i$ 为从动臂的单位方向向量。

将式（3-9）两端同时点乘 $\boldsymbol{w}_i^T$，并进行化简可得

$$\boldsymbol{w}_i^T \dot{\boldsymbol{p}} = l_1 \boldsymbol{v}_i^T (\boldsymbol{u}_i \times \boldsymbol{w}_i) \dot{\theta}_i \tag{3-10}$$

将式（3-10）以矩阵形式表示为

$$\boldsymbol{J}_q \dot{\boldsymbol{\theta}} = \boldsymbol{J}_p \dot{\boldsymbol{p}} \tag{3-11}$$

式中，$\boldsymbol{J}_q = \mathrm{diag}[l_1 \boldsymbol{v}_i^T (\boldsymbol{u}_i \times \boldsymbol{w}_i)]_3$ 为直接雅可比矩阵；$\boldsymbol{J}_p = \begin{bmatrix} \boldsymbol{w}_1 & \boldsymbol{w}_2 & \boldsymbol{w}_3 \end{bmatrix}^T$ 为间接雅可比矩阵。当 $\det(\boldsymbol{J}_q) \neq 0$，即直接雅可比矩阵 $\boldsymbol{J}_q$ 可逆时，可以得到机器人的雅可比矩阵为

$$\boldsymbol{J} = \boldsymbol{J}_q^{-1} \boldsymbol{J}_p$$

$$= \begin{bmatrix} \dfrac{\boldsymbol{w}_1^T}{l_1 \boldsymbol{v}_1^T (\boldsymbol{u}_1 \times \boldsymbol{w}_1)} & & \\ & \dfrac{\boldsymbol{w}_2^T}{l_1 \boldsymbol{v}_2^T (\boldsymbol{u}_2 \times \boldsymbol{w}_2)} & \\ & & \dfrac{\boldsymbol{w}_3^T}{l_1 \boldsymbol{v}_3^T (\boldsymbol{u}_3 \times \boldsymbol{w}_3)} \end{bmatrix} \tag{3-12}$$

将式（3-9）左叉乘 $\boldsymbol{w}_i$，可得

$$\boldsymbol{w}_i \times \dot{\boldsymbol{p}} = l_1 \dot{\theta}_i \boldsymbol{w}_i \times (\boldsymbol{v}_i \times \boldsymbol{u}_i) + l_2 \boldsymbol{w}_i \times (\boldsymbol{\omega}_i \times \boldsymbol{w}_i) \tag{3-13}$$

联立式（3-10）与式（3-13）可得机器人第 i 条支链中从动臂的角速度为

$$\boldsymbol{\omega}_i = \frac{1}{l_2} \left([\boldsymbol{w}_i] + \boldsymbol{w}_i \times (\boldsymbol{v}_i \times \boldsymbol{u}_i) \frac{\boldsymbol{w}_i^T}{\boldsymbol{v}_i^T (\boldsymbol{u}_i \times \boldsymbol{w}_i)} \right) \dot{\boldsymbol{p}} = \boldsymbol{J}_2 \dot{\boldsymbol{p}} \tag{3-14}$$

考虑到各支链中从动臂各杆均为等截面刚性均质杆,因此,可以将从动臂的质心速度描述为

$$v_{bi} = l_1 \dot{\theta}_i (v_i \times u_i) + \frac{1}{2} [\dot{p} - l_1 \dot{\theta}_i (v_i \times u_i)] \qquad (3\text{-}15)$$

联立式(3-10)与式(3-15)可得机器人第 i 条支链中从动臂的速度为

$$v_{bi} = \frac{1}{2} \left[E_3 + (v_i \times u_i) \frac{w_i^T}{v_i^T (u_i \times w_i)} \right] \dot{p} = J_1 \dot{p} \qquad (3\text{-}16)$$

3. 加速度分析

进行加速度分析的目的是建立 Delta 机器人末端加速度与主动臂角加速度之间的映射关系,其分析过程与速度分析类似。首先对式(3-9)两边关于时间求导,可得

$$\ddot{p} = l_1 \ddot{\theta}_i (v_i \times u_i) + l_1 \dot{\theta}_i^2 [v_i \times (v_i \times u_i)] + l_2 \dot{\omega}_i \times w_i + l_2 \omega_i \times (\omega_i \times w_i) \qquad (3\text{-}17)$$

式中,$\ddot{p}$ 为动平台中心点 O' 的加速度向量;$\ddot{\theta}_i$ 为第 i 条支链中主动臂的角加速度;$\dot{\omega}_i$ 为第 i 条支链中从动臂的角加速度向量。

将速度分析的结果代入式(3-17)中并化简得

$$\ddot{\theta} = J\ddot{p} + c(\dot{p}) \qquad (3\text{-}18)$$

$$c(\dot{p}) = [c_1(\dot{p}) \quad c_2(\dot{p}) \quad c_3(\dot{p})]^T \qquad (3\text{-}19)$$

$$c_i(\dot{p}) = \frac{\dot{p}^T}{l_1^2} \left\{ \frac{(v_i \times u_i)^T (v_i \times w_i) w_i w_i^T}{(w_i^T (v_i \times u_i))^3} + \frac{l_1}{l_2 w_i^T (v_i \times u_i)} \left[E_3 - 2 \frac{(v_i \times u_i) w_i^T}{w_i^T (v_i \times u_i)} + \frac{w_i w_i^T}{(w_i^T (v_i \times u_i))^2} \right]^T \right\} \dot{p}$$
$$(3\text{-}20)$$

将式(3-17)两端左乘 w_i,可以得到第 i 条支链中从动臂的角加速度为

$$\dot{\omega}_i = \left\{ J_2 \ddot{p} - \frac{c_i(\dot{p})}{l_1} [w_i \times (v_i \times u_i)] - \frac{w_i \times u_i}{l_1^3} \left[\frac{w_i^T \dot{p}}{v_i^T (u_i \times w_i)} \right]^2 \right\} / l_2 \qquad (3\text{-}21)$$

从而可以得到第 i 条支链中从动臂的质心加速度为

$$a_{bi} = J_1 \ddot{p} - \frac{c_i(\dot{p})(v_i \times u_i)}{2l_1} - \left[\frac{w_i^T \dot{p}}{l_1 v_i^T (u_i \times w_i)} \right]^2 [v_i \times (v_i \times u_i)] \qquad (3\text{-}22)$$

3.2.2 刚体动力学模型

由于并联机器人的多运动链结构和闭链约束,推导其动力学模型是比较复杂的。Sokolov 等人将并联机器人动力学建模的主要方法归结为牛顿-欧拉方法、拉格朗日方法和虚功原理方法。尽管这三种方法对机器人动力学的描述在本质上是一致的,但其求解思路、复杂程度和方程结构均不同,通过合理选择方法可以简化计算。

牛顿-欧拉方程描述了刚体的平移和转动组合的动力学问题。通常,牛顿-欧拉方程使用列向量和矩阵,将欧拉的两个关于刚体的运动方程放在一个方程里。这些方程描述了刚体重心的运动与作用在刚体上的力和力矩的和之间的关系。牛顿-欧拉方法通过相对简单的平衡方程来求解,建模思路简单,所以对于结构简单的机器人来说是一种较好的建模方法。但采用这种方法需要计算每根连杆的运动方程,方程数量巨大,导致计算效率较低。Delta 机器人结构较复杂,采用牛顿-欧拉方法进行动力学建模时计算效率较低,当使用动力学模型进行控制时,很难保证控制的实时性。拉格朗日方法是并联机器人建模的常用方法,但采用这种方法时需要对质量矩阵求导,这会影响计算的效率。因此,本书采用虚功原理方法建立动

力学模型，并通过适当的简化，使其可以应用于机器人的实时控制中。

1. 精确的动力学模型

在得到从动臂支链的速度和加速度模型的基础上，可以在第 i 条支链的从动臂连杆上建立从动臂的体坐标系 O_{bi}-$x_{bi}y_{bi}z_{bi}$，坐标系原点 O_{bi} 位于从动臂的质心处，z_{bi} 轴沿连杆轴向指向静平台，x_{bi} 轴垂直于 z_{bi} 轴，并处于向量 $\boldsymbol{w}_i$ 与 $\boldsymbol{v}_i \times \boldsymbol{u}_i$ 张成的平面中，y_{bi} 轴的方向通过右手定则确定。基于虚功原理对 Delta 机器人的动力学方程进行推导得

$$\delta\dot{\boldsymbol{\theta}}^{\mathrm{T}}\boldsymbol{\tau} = \delta\dot{\boldsymbol{\theta}}^{\mathrm{T}}(\boldsymbol{I}'_a\ddot{\boldsymbol{\theta}}+\boldsymbol{\tau}'_{ag}) + \sum_{i=1}^{3}(\delta\boldsymbol{\omega}_i^{\mathrm{T}}\boldsymbol{m}_{bi}+\delta\dot{\boldsymbol{p}}_i^{\mathrm{T}}\boldsymbol{f}_{bi}) + \delta\dot{\boldsymbol{p}}^{\mathrm{T}}(m'_B\ddot{\boldsymbol{p}}+m'_B g\boldsymbol{e}_z) \tag{3-23}$$

式中，$\boldsymbol{\tau}$ 为主动臂的关节转矩，$\boldsymbol{\tau}=\begin{bmatrix}\tau_1 & \tau_2 & \tau_3\end{bmatrix}^{\mathrm{T}}$；$\boldsymbol{I}'_a$ 为主动臂等效到其他转轴的转动惯量，$\boldsymbol{I}'_a = \boldsymbol{I}_a + j^2\boldsymbol{I}_g$，其中 $\boldsymbol{I}_a$ 为支链中主动臂对转轴的转动惯量，$\boldsymbol{I}_g$ 为减速器的转动惯量，j 为所选减速器的减速比；$\boldsymbol{\tau}'_{ag}$ 为主动臂对转轴的重力矩，$\boldsymbol{\tau}'_{ag} = m_a g l_1 \begin{bmatrix}\cos\theta_1 & \cos\theta_2 & \cos\theta_3\end{bmatrix}^{\mathrm{T}}/2$，其中 m_a 为主动臂的质量；$\boldsymbol{f}_{bi}$ 为从动臂连杆的惯性力与重力之和，$\boldsymbol{f}_{bi} = 2m_b\boldsymbol{a}_{bi}+2m_b g\boldsymbol{e}_z$，其中 m_b 为从动臂连杆的质量；$\boldsymbol{m}_{bi}$ 为从动臂连杆的惯性力矩，$\boldsymbol{m}_{bi} = 2\boldsymbol{I}_{bi}\dot{\boldsymbol{\omega}}_i$，其中 $\boldsymbol{I}_{bi} = \boldsymbol{R}_b\boldsymbol{I}_b\boldsymbol{R}_b^{\mathrm{T}}$，$\boldsymbol{I}_b$ 为从动臂连杆相对于主轴坐标系的惯性张量，$\boldsymbol{R}_b$ 为从动臂连杆的体坐标系 O_{bi}-$x_{bi}y_{bi}z_{bi}$ 相对于绝对坐标系 O-xyz 的旋转矩阵，而 $\boldsymbol{I}_{bi}$ 为支链 i 中从动臂连杆相对于绝对坐标系 O-xyz 的惯性张量；m'_B 为动平台的总质量，其中包括动平台和负载的质量。

将变分 $\delta\dot{\boldsymbol{\theta}}$ 和 $\delta\boldsymbol{\omega}_i^{\mathrm{T}}$ 与 $\delta\dot{\boldsymbol{p}}^{\mathrm{T}}$ 的关系代入式（3-23）化简得

$$\boldsymbol{\tau} = (\boldsymbol{I}'_a\ddot{\boldsymbol{\theta}}+\boldsymbol{\tau}'_{ag}) + l_1\boldsymbol{J}^{-\mathrm{T}}\left[\sum_{i=1}^{3}(\boldsymbol{J}_2^{\mathrm{T}}\boldsymbol{m}_{bi}+\boldsymbol{J}_1^{\mathrm{T}}\boldsymbol{f}_{bi}) + (m'_B\ddot{\boldsymbol{p}}+m'_B g\boldsymbol{e}_z)\right] \tag{3-24}$$

2. 简化的动力学模型

前文在考虑从动臂转动惯量等参数的条件下，对 Delta 机器人进行了刚体动力学建模，得到了相对精确的动力学模型，但是，模型的复杂性对计算能力也提出了相应要求。为了兼顾模型的精度和计算效率，需要对动力学进行简化。建立简化的刚体动力学模型时，做以下假设：

1）运动副全部为理想约束，即无摩擦、无间隙，不会引起的能量耗散和装配误差。

2）将动平台质量、末端执行器质量以及负载质量等的重力作用点定为 O' 点。

3）Delta 机器人的从动臂采用轻质细杆，忽略其转动惯量，将其质量按静力等效原则以 1:1 的比例简化到主动臂和动平台两端。此时，机器人的主动关节力矩大小由惯性项、速度项以及重力项决定。

通过虚功原理，可以得到机器人的动力学方程为

$$(-m\ddot{\boldsymbol{p}}-mg\boldsymbol{e}_z)^{\mathrm{T}}\delta\boldsymbol{p} + (\boldsymbol{\tau}-\boldsymbol{I}_A\ddot{\boldsymbol{\theta}}-\boldsymbol{\tau}_{ag})^{\mathrm{T}}\delta\boldsymbol{\theta} = 0 \tag{3-25}$$

由式（3-11）可得 $\delta\boldsymbol{\theta}=\boldsymbol{J}\delta\boldsymbol{p}$，代入式（3-25）可得系统的动力学模型为

$$\boldsymbol{\tau} = \boldsymbol{I}_A\ddot{\boldsymbol{\theta}} + m\ddot{\boldsymbol{p}}\boldsymbol{J}^{-\mathrm{T}} + mg\boldsymbol{J}^{-\mathrm{T}}\boldsymbol{e}_z + \boldsymbol{\tau}_{ag} \tag{3-26}$$

将式（3-18）代入式（3-26）可得

$$\boldsymbol{\tau} = \boldsymbol{I}_A\boldsymbol{J}\ddot{\boldsymbol{p}} + m\ddot{\boldsymbol{p}}\boldsymbol{J}^{-\mathrm{T}} + \boldsymbol{I}_A\boldsymbol{c}(\dot{\boldsymbol{p}}) + mg\boldsymbol{J}^{-\mathrm{T}}\boldsymbol{e}_z + \boldsymbol{\tau}_{ag} \tag{3-27}$$

式中，$\boldsymbol{I}_A\boldsymbol{J}\ddot{\boldsymbol{p}}+m\ddot{\boldsymbol{p}}\boldsymbol{J}^{-\mathrm{T}}$ 为驱动力矩中的惯性项，$\boldsymbol{I}_A\boldsymbol{c}(\dot{\boldsymbol{p}})$ 为速度项，$mg\boldsymbol{J}^{-\mathrm{T}}\boldsymbol{e}_z+\boldsymbol{\tau}_{ag}$ 为重力项；$\boldsymbol{I}_A$ 为主动臂对转轴的转动惯量，$\boldsymbol{I}_A = \boldsymbol{I}_a + j^2\boldsymbol{I}_g + m_b l_1^2$；$m$ 为动平台的等效质量，包括动平台的质量、末端执行器的质量、负载的质量以及从动臂等效到动平台上的质量，$m = m'_B + 3m_b$；$\boldsymbol{\tau}_{ag}$ 为主动臂对转动轴的重力矩，包括从动臂等效到主动臂上的质量，$\boldsymbol{\tau}_{ag} = (m_a g l_1 + 2m_b g l_1)\begin{bmatrix}\cos\theta_1 & \cos\theta_2 & \cos\theta_3\end{bmatrix}^{\mathrm{T}}/2$。

3.3　Stewart 并联机器人动力学分析

3.3.1　Stewart 构型介绍

Stewart 并联机器人是一种常见的 6 自由度并联机器人，其基本构件为上、下平台和 6 条支腿，如图 3-3 所示。通常其下平台为固定不动的基座；上平台为连接末端执行器的动平台，6 条支腿作为驱动器，通过铰链连接上平台和下平台，并驱动上平台运动。

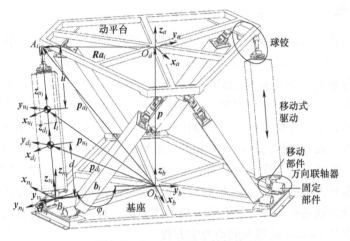

图 3-3　Stewart 机器人结构简图

A_i 是支腿与上平台的连接铰点；B_i 是支腿与下平台的连接铰点；O_a 为上平台的中心，该点是 Stewart 机器人运动控制的主要对象；O_b 是下平台的中心。为了便于分析，在 O_a 点建立与上平台固结的体坐标系 $\{O_a\}$，在 O_b 点建立作为参考的惯性坐标系 $\{O_b\}$，在初始状态时，$\{O_a\}$ 和 $\{O_b\}$ 的姿态相同。$\boldsymbol{R}$ 表示坐标系 $\{O_a\}$ 相对于 $\{O_b\}$ 的旋转矩阵。上、下平台铰点所在圆的半径分别为 R_a 和 R_b，上、下平台铰点短边对应的圆心角分别为 θ_a 和 θ_b，如图 3-4 所示。

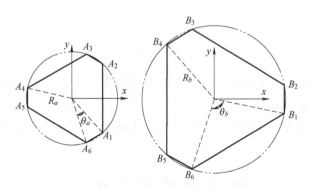

图 3-4　平台铰点配置

图 3-3 中的向量 $\boldsymbol{a}_i = \begin{bmatrix} a_{ix} & a_{iy} & a_{iz} \end{bmatrix}^\mathrm{T}$ 描述上平台连接铰点 A_i 在体坐标系 $\{O_a\}$ 中的位置坐标；向量 $\boldsymbol{b}_i = \begin{bmatrix} b_{ix} & b_{iy} & b_{iz} \end{bmatrix}^\mathrm{T}$ 描述下平台连接铰点 B_i 在惯性参考坐标系 $\{O_b\}$ 中的位

置坐标。具体数学描述如下

$$\boldsymbol{a}_i = \begin{bmatrix} a_{ix} \\ a_{iy} \\ a_{iz} \end{bmatrix} = \begin{bmatrix} R_a\cos\alpha_i \\ R_a\sin\alpha_i \\ 0 \end{bmatrix}, \quad \boldsymbol{b}_i = \begin{bmatrix} b_{ix} \\ b_{iy} \\ b_{iz} \end{bmatrix} = \begin{bmatrix} R_b\cos\beta_i \\ R_b\sin\beta_i \\ 0 \end{bmatrix} \tag{3-28}$$

其中

$$\begin{cases} \alpha_i = \dfrac{i\pi}{3} - \dfrac{\theta_a}{2}, \quad \beta_i = \dfrac{i\pi}{3} - \dfrac{\theta_b}{2} \quad (i=1,3,5) \\ \alpha_i = \alpha_{i-1} + \theta_a, \quad \beta_i = \beta_{i-1} + \theta_b \quad (i=2,4,6) \end{cases} \tag{3-29}$$

3.3.2 凯恩方法

机器人动力学建模的数学本质是建立平台系统的运动微分方程，采用不同的建模方法时，求解效率也是不同的。采用牛顿-欧拉方法分析简单刚体的动力学时，形式简单且求解效率较高。但在分析复杂得多刚体系统时，由于需要对每个构件列出运动微分方程，引入了大量的关节约束力，会导致未知数增多，从而使求解过程繁杂，计算效率不高。拉格朗日方法采用能量的概念，将所有构件作为一个整体进行分析，在理想约束的条件下可以消除约束力，运动微分方程个数和机构的自由度数相等，然后根据主动力即可计算出运动规律。但是该方法涉及动能，需要进行二次求导运算，导致计算过程较为冗长。凯恩方法兼顾了牛顿-欧拉方法和拉格朗日方法的优点，它通过广义坐标与伪速度对系统进行分析，对变量的选取更加灵活，通过合理地选择变量，能够使方程形式简洁，提高了编程计算的效率。因此，这里采用凯恩方法推导 Stewart 机器人的动力学方程。

考虑 N 个刚体所构成的系统，其受到一部分完整约束，可以用 n 个广义坐标 $q_1, q_2, \cdots, q_n$ 描述质点系。假设该系统受到 m 个非完整约束（对广义速度 $\dot{\boldsymbol{q}}_i$ 的约束，且不可积分），则独立的广义速度 $\dot{\boldsymbol{q}}_i$ 仅有 $n-m$ 个，即该质点系的自由度为 $n-m$。这时定义 $n-m$ 个相互独立的变量 u_r，每个 u_r 都是 $\dot{\boldsymbol{q}}_i$ 的线性组合。一般来说，u_r 不可积分，因此命名为伪速度。为了描述方便，在表述上依然存在伪坐标 $\boldsymbol{\pi}_r$ 与 u_r 对应，即

$$\dot{\boldsymbol{\pi}}_r = u_r \quad (r=1,2,\cdots,n-m) \tag{3-30}$$

每个质点的位置向量对时间求导，得到每个质点的速度 $\boldsymbol{v}_i$ 用 $n-m$ 个伪速度 u_r 的线性组合描述

$$\boldsymbol{v}_i = \sum_{r=1}^{n-m} \boldsymbol{v}_i^{(r)} u_r + \boldsymbol{v}_i^{(t)} \quad (i=1,2,\cdots,N) \tag{3-31}$$

式中，$\boldsymbol{v}_i^{(r)}$ 为质点 i 位置向量的偏变化率，称为偏速度，一般用基向量线性组合的形式表示；$\boldsymbol{v}_i^{(t)}$ 为广义坐标 $\boldsymbol{q}_i$ 与时间 t 的函数。

根据动力学普遍方程（达朗贝尔原理）与虚功原理，各个质点所做虚功的总和 δW 为 0，则

$$\delta W = \sum_{i}^{N} (\boldsymbol{F}_i + \boldsymbol{F}_i^c + \boldsymbol{F}_i^*) \cdot \delta \boldsymbol{r}_i = 0 \tag{3-32}$$

式中，$\boldsymbol{F}_i$ 为作用在刚体 i 上的主动力；$\boldsymbol{F}_i^c$ 为刚体 i 上的约束力；$\boldsymbol{F}_i^*$ 为刚体 i 上的惯性力；$\delta \boldsymbol{r}_i$ 为刚体 i 的虚位移。考虑到约束力的虚功为零，可知 $\boldsymbol{F}_i^c \cdot \delta \boldsymbol{r}_i = 0$。因此，可以将式（3-32）改写为

$$\delta W = \sum_{i}^{N} (F_i + F_i^*) \cdot \delta r_i = 0 \tag{3-33}$$

同时，根据变分原理，由式（3-31）得到

$$\delta r_i = \sum_{r=1}^{n-m} v_i^{(r)} \delta \pi_r \quad (i = 1, 2, \cdots, N) \tag{3-34}$$

将式（3-34）代入式（3-33）得

$$\sum_{r=1}^{n-m} \left(\sum_{i=1}^{N} F_i \cdot v_i^{(r)} + \sum_{i=1}^{N} F_i^* \cdot v_i^{(r)} \right) \delta \pi_r = 0 \tag{3-35}$$

由于 $\delta \pi_r$ 相互独立，所以式（3-35）可以写为

$$\sum_{i=1}^{N} F_i \cdot v_i^{(r)} + \sum_{i=1}^{N} F_i^* \cdot v_i^{(r)} = 0 \quad (r = 1, 2, \cdots, n-m) \tag{3-36}$$

定义广义主动力 $F^{(r)}$ 和广义惯性力 $F^{*(r)}$ 如下

$$F^{(r)} = \sum_{i=1}^{N} F_i \cdot v_i^{(r)}, \quad F^{*(r)} = \sum_{i=1}^{N} F_i^* \cdot v_i^{(r)} \quad (r = 1, 2, \cdots, n-m) \tag{3-37}$$

则式（3-37）可以简化为

$$F^{(r)} + F^{*(r)} = 0 \quad (r = 1, 2, \cdots, n-m) \tag{3-38}$$

式（3-38）即为系统的凯恩动力学模型。

对于系统中存在刚体的情况，每个刚体的角速度可写成

$$\omega_i = \sum_{r=1}^{n-m} \omega_i^{(r)} u_r + \omega_i^{(t)} \quad (i = 1, 2, \cdots, N) \tag{3-39}$$

式中，$\omega_i^{(r)}$ 称为偏角速度。这时，广义主动力 $F^{(r)}$ 和广义惯性力 $F^{*(r)}$ 分别定义如下

$$\begin{cases} F^{(r)} = \sum_{i=1}^{N} F_i \cdot v_i^{(r)} + T_i \cdot \omega_i^{(r)} \\ F^{*(r)} = \sum_{i=1}^{N} F_i^* \cdot v_i^{(r)} + T_i^* \cdot \omega_i^{(r)} \end{cases} \quad (r = 1, 2, \cdots, n-m) \tag{3-40}$$

式中，T_i 为刚体 i 所受的主动力矩；T_i^* 为刚体 i 的惯性力矩。

采用凯恩方法进行动力学建模的主要步骤如下：

1）合理选择伪速度，其个数为系统的自由度数。

2）根据每个刚体的速度与伪速度的关系，求出每个刚体相对于每个伪速度的偏速度。

3）分别计算广义主动力和广义惯性力，通过两者的关系得到凯恩动力学方程。

由此可见，凯恩方法不包括求偏导数的过程，而且根据各构件的速度便可写出对应的偏速度，计算简洁，因此更适用于工程应用。

1. 偏速度计算

在对 Stewart 并联机器人进行凯恩动力学分析计算时，选择上平台的速度和角速度 $\begin{bmatrix} v_p & \omega_p \end{bmatrix}^T = \begin{bmatrix} v_1 & v_2 & v_3 & \omega_1 & \omega_2 & \omega_3 \end{bmatrix}^T$ 作为伪速度，则根据式（3-41）可以得到上平台的偏速度和偏角速度为

$$v_p = \begin{bmatrix} v_1 \\ v_2 \\ v_3 \end{bmatrix} = \begin{bmatrix} 1 \\ 0 \\ 0 \end{bmatrix} v_1 + \begin{bmatrix} 0 \\ 1 \\ 0 \end{bmatrix} v_2 + \begin{bmatrix} 0 \\ 0 \\ 1 \end{bmatrix} v_3 + \begin{bmatrix} 0 \\ 0 \\ 0 \end{bmatrix} \omega_1 + \begin{bmatrix} 0 \\ 0 \\ 0 \end{bmatrix} \omega_2 + \begin{bmatrix} 0 \\ 0 \\ 0 \end{bmatrix} \omega_3 \tag{3-41}$$

每个伪速度的系数为上平台对应伪速度的偏速度，为了描述清晰，将式（3-41）用矩阵表示为

$$v_p = \begin{bmatrix} E_3 & O \end{bmatrix} \begin{bmatrix} v_p \\ \omega_p \end{bmatrix} \tag{3-42}$$

式中，E_3 为单位矩阵；O 为 3×3 的 0 矩阵。上平台的偏速度矩阵为

$$U_{vp} = \begin{bmatrix} E_3 & O \end{bmatrix} \tag{3-43}$$

偏速度矩阵中的每一列表示该构件相对于相应伪速度的偏速度。

同理，求得上平台的偏角速度矩阵为

$$U_{\omega p} = \begin{bmatrix} O & E_3 \end{bmatrix} \tag{3-44}$$

对式 $\dot{L}_i = \dot{l}_i \cdot e_i = (v_p + \omega_p + a'_i) \cdot e_i$ 点乘支腿轴向单位向量 e_i 可得支腿 i 伸缩速度的向量形式，根据关系式 $(ab)c = (ca)b$ 整理得

$$\dot{L}_i e_i = \begin{bmatrix} e_i e_i & e_i(a'_i \times e_i) \end{bmatrix} \begin{bmatrix} v_p \\ \omega_p \end{bmatrix} \quad (i=1,\cdots,6) \tag{3-45}$$

式中，$e_i e_i$ 和 $e_i(a'_i \times e_i)$ 表示向量的并矢，其运算规则为 $ab = ab^T$。则支腿 i 伸缩运动产生的偏速度矩阵为

$$U_{vi} = \begin{bmatrix} e_i e_i & e_i(a'_i \times e_i) \end{bmatrix} \quad (i=1,\cdots,6) \tag{3-46}$$

得到支腿 i 的偏角速度矩阵为

$$U_{\omega i} = \begin{bmatrix} \tilde{e}_i & -\tilde{e}_i \tilde{a}'_i \end{bmatrix} \quad (i=1,\cdots,6) \tag{3-47}$$

式中，$\tilde{e}_i$ 和 $\tilde{a}'_i$ 分别为 e_i 和 a'_i 的叉乘矩阵。若向量 $a = \begin{bmatrix} a_1 & a_2 & a_3 \end{bmatrix}^T$，则其叉乘矩阵定义为

$$\tilde{a} = \begin{bmatrix} 0 & -a_3 & a_2 \\ a_3 & 0 & -a_1 \\ -a_2 & a_1 & 0 \end{bmatrix} \tag{3-48}$$

可以得到机器人下支腿 i 的偏速度矩阵为

$$U_{di} = L_{di} \begin{bmatrix} -\tilde{e}_i \tilde{e}_i & \tilde{e}_i \tilde{e}_i \tilde{a}'_i \end{bmatrix} \quad (i=1,\cdots,6) \tag{3-49}$$

同理可得机器人上支腿 i 的偏速度矩阵为

$$U_{ui} = \begin{bmatrix} -(L_i - L_{ui})\tilde{e}_i \tilde{e}_i + e_i e_i & (L_i - L_{ui})\tilde{e}_i \tilde{e}_i \tilde{a}'_i + e_i(a'_i \times e_i) \end{bmatrix} \quad (i=1,\cdots,6) \tag{3-50}$$

2. 广义主动力和广义惯性力计算

下面计算所有主动力相对于各伪速度 $\{v_1, v_2, v_3, \omega_1, \omega_2, \omega_3\}$ 的广义主动力和广义惯性力。同样，将相对于各伪速度的广义主动力与广义惯性力通过矩阵形式进行描述。

平台受到的主动力包括支腿驱动力 f，上平台的重力 G_p 和上、下支腿的重力 G_u、G_d，以及受到的外力 F_p 和外力矩 T_p（不考虑摩擦力）。

由于选择的伪速度为平台的广义速度 $\begin{bmatrix} v_p \omega_p \end{bmatrix}^T$，因此将支腿驱动力 $f = \begin{bmatrix} f_1 & f_2 & \cdots & f_6 \end{bmatrix}^T$ 通过力雅可比映射到平台末端的操作空间，可以得到支腿驱动力的广义主动力为 $J^T f$。

根据式（3-40）和得到的偏速度矩阵，可得平台的广义主动力 $F^{(r)}$ 为

$$F^{(r)} = \begin{bmatrix} R_1 \\ R_2 \\ \vdots \\ R_6 \end{bmatrix} = F_1^{(r)} + F_2^{(r)} + F_3^{(r)} \tag{3-51}$$

式中，$F_1^{(r)}$ 为支腿驱动力的广义主动力，$F_1^{(r)}=J^T f$；$F_2^{(r)}$ 为外力和外力矩的广义主动力，

$F_2^{(r)}=U_{vp}^T \cdot F_p + U_{\omega p}^T \cdot T_p$；$F_3^{(r)}$ 为重力的广义主动力，$F_3^{(r)}=\sum\limits_{i=1}^6 (U_{di}^T \cdot G_d + U_{ui}^T \cdot G_u) + U_{vp}^T \cdot G_p$。

平台的惯性力主要包括上平台和上、下支腿的惯性力与惯性力矩。根据上文求得的偏速度矩阵，平台的广义惯性力 $F^{*(r)}$ 为

$$F^{*(r)} = F_1^{*(r)} + F_2^{*(r)} \tag{3-52}$$

式中
$$F_1^{*(r)} = -U_{vp}^T \cdot m_p a_p - U_{\omega p}^T \cdot (I_p \varepsilon_p + \tilde{\omega}_p I_p \omega_p) \tag{3-53}$$

$$F_2^{*(r)} = -\sum_{i=1}^6 \left[U_{di}^T \cdot m_{di} a_{di} + U_{ui}^T \cdot m_{ui} a_{ui} + U_{\omega i}^T \cdot (I_{di} \varepsilon_i + \tilde{\omega}_i I_{di} \omega_i + I_{ui} \varepsilon_i + \tilde{\omega}_i I_{ui} \omega_i) \right] \tag{3-54}$$

式中，$F_1^{*(r)}$ 为上平台的惯性力和惯性力矩；$F_2^{*(r)}$ 为上、下支腿对应的广义惯性力；a_p、a_{di} 和 a_{ui} 分别为上平台、下支腿、上支腿的加速度；I_p、I_{di} 和 I_{ui} 分别为上平台、下支腿、上支腿的惯性张量在惯性参考坐标系中的表示。

3. 支腿驱动力计算

根据式（3-38），广义主动力与广义惯性力的和为零，即

$$F_1^{(r)} + F_2^{(r)} + F_3^{(r)} + F_1^{*(r)} + F_2^{*(r)} = 0 \tag{3-55}$$

式中，$F_1^{(r)}=J^T f$ 中的 f 为需要求解的支腿驱动力。整理式（3-55），得到支腿驱动力 f 为

$$f = \begin{bmatrix} f_1 \\ f_2 \\ \vdots \\ f_6 \end{bmatrix} = -J^{-T} \left[F_2^{(r)} + F_3^{(r)} + F_1^{*(r)} + F_2^{*(r)} \right] \tag{3-56}$$

当平台在工作空间内不存在奇异位置时，J^{-T} 一定存在，因此根据给定的运动规律，可以求得所需的支腿驱动力。

3.3.3　虚功原理方法

由于 Stewart 并联机器人有多个闭环运动链，当采用基于向量力学的建模方法时，计算将十分复杂。而采用分析力学的方法建立 Stewart 并联机器人的动力学模型则具有一些优势。其中虚功原理是动力学普遍方程的一种变形。可以将多刚体系统基于虚功原理的动力学方程描述为

$$\sum_{k=1}^n \left[(m_k \ddot{p}_k - F_k) \cdot \delta \dot{p}_k + (I_k \dot{\omega}_k + \omega_k \times I_k \omega_k - M_k) \cdot \delta \omega_k \right] = 0 \tag{3-57}$$

式中，n 为刚体数目；m_k 和 I_k 分别为第 k 个刚体的质量与惯性张量；p_k 和 ω_k 分别为第 k 个刚体质心的位置向量与角速度向量；F_k 和 M_k 分别为第 k 个刚体所受主动力的主矢与对质心的主矩。由于 Stewart 并联机器人各部件仅受重力和 6 条支腿上驱动力的作用，对式（3-57）进行简化，得到驱动力所做的虚功为

$$\tau \cdot l = \tau \cdot (J\delta \dot{p}) = \delta \dot{p}^T J^T \tau \tag{3-58}$$

式中，l 为各支腿的位移向量；J 为 Stewart 平台的速度雅可比矩阵。

将各刚体质心的速度和角速度以广义速度的线性组合形式描述为

$$\delta v_k = J_{vk}\delta\dot{q}$$

$$\delta\omega_k = J_{\omega k}\delta\dot{q}$$

$$(3\text{-}59)$$

将式（3-58）和式（3-59）代入动力学方程式（3-57）中可得

$$\sum_{k=1}^{n}\left[J_{vk}^{\mathrm{T}}(m_k\ddot{p}_k - m_k g) + J_{\omega k}^{\mathrm{T}}(I_k\dot{\omega}_k + \omega_k \times I_k\omega_k)\right] - J^{\mathrm{T}}\tau = 0 \qquad (3\text{-}60)$$

求出式（3-60）中各项的表达式，便可得到 Stewart 并联机器人的完整动力学方程。

3.3.4 牛顿-欧拉方法

Stewart 并联机器人的结构与受力分析如图 3-5 所示，其中 A_i 表示动平台与支腿连接的铰点，B_i 表示基座（静平台）与支腿连接的铰点，$i(i = 1, 2, \cdots, 6)$ 为各支腿的序号。O_b 表示基座的中心位置，O_a 表示动平台的中心位置。动平台中心相对于基座的位移用 p 表示，动平台重心相对于其中心的位置用 c_p 表示，铰点 A_i 相对于动平台中心的位置用 a_i 表示。M_{ai} 为第 i 条支腿上铰点处沿支腿方向的约束力矩，M_{ci} 为下支腿对上支腿的作用力矩。f_{bi} 为第 i 条支腿下铰点处的约束力，f_{ai} 为第 i 条支腿上铰点处的约束力，f_{ci} 为下支腿对上支腿的作用力。m_{ui}、m_{di} 分别为上支腿和下支腿的质量，c_{ui}、c_{di} 分别为上支腿和下支腿的质心。将向量 a_i 和 c_p 在坐标系 $\{O_b\}$ 中的表示形式分别记为 q_i 和 c，则 $q_i = ab_i$ 和 $c = Rc_p$，其中 R 表示由 $\{O_a\}$ 到 $\{O_b\}$ 的旋转矩阵。

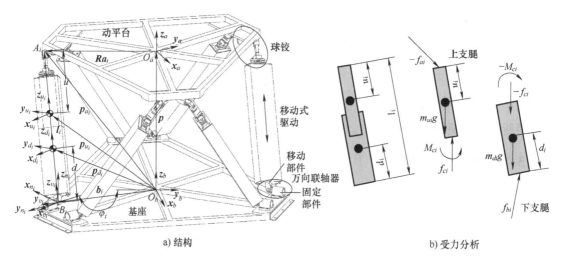

a) 结构   b) 受力分析

图 3-5　Stewart 并联机器人结构与受力分析

采用牛顿-欧拉方法对并联机器人上、下支腿进行动力学分析，得到整个支腿的欧拉方程为

$$M_{ai}l_i + l_i l_i \times f_{ai} = -\left[m_{di}d_i l_i + m_{ui}(l_i - d_i)l_i\right] \times g +$$
$$(^{B_{0i}}I_{Bui} + {}^{B_{0i}}I_{Bdi})\dot{\omega}_i + \omega_i \times ({}^{B_{0i}}I_{Bui} + {}^{A_{0i}}I_{Bdi})\omega_i \qquad (3\text{-}61)$$

式中，l_i 为第 i 条支腿上由 B_i 指向 A_i 的单位向量；l_i 为第 i 条支腿的长度；ω_i、$\dot{\omega}_i$ 分别为第 i 条支腿的角速度和角加速度；$^{B_{0i}}I_{Bui}$、$^{B_{0i}}I_{Bdi}$ 分别为上支腿和下支腿在定坐标系 $\{B_{0i}\}$ 中以 B_i 为参考点的惯性张量，其中 $\{B_{0i}\}$ 是以支腿下铰点为原点建立的定坐标系，各轴的方向与 $\{O_b\}$ 中各轴完全平行，$\{B_i\}$ 是以 B_i 为原点附着在第 i 条支腿上的动坐标系。令

$$\boldsymbol{C}_i = -[\,m_{di}d_i\boldsymbol{l}_i + m_{ui}(l_i - d_i)\,\boldsymbol{l}_i\,] \times \boldsymbol{g} + (\,^{B_{0i}}\boldsymbol{I}_{Bui} + {}^{B_{0i}}\boldsymbol{I}_{Bdi})\,\dot{\boldsymbol{\omega}}_i + \boldsymbol{\omega}_i \times (\,^{B_{0i}}\boldsymbol{I}_{Bui} + {}^{B_{0i}}\boldsymbol{I}_{Bdi})\,\boldsymbol{\omega}_i \tag{3-62}$$

将式（3-62）代入式（3-61）可得

$$M_{ai}\boldsymbol{l}_i + l_i\boldsymbol{l}_i \times \boldsymbol{f}_{ai} = \boldsymbol{C}_i \tag{3-63}$$

为了提取动力学参数，需要进行以下变换

$$\boldsymbol{I}\boldsymbol{\omega} = \overline{\boldsymbol{\omega}}\,\overline{\boldsymbol{I}} \tag{3-64}$$

$$\boldsymbol{\omega} \times (\boldsymbol{I}\boldsymbol{\omega}) = \widetilde{\boldsymbol{\omega}}\,\overline{\boldsymbol{\omega}}\,\overline{\boldsymbol{I}} \tag{3-65}$$

其中

$$\overline{\boldsymbol{\omega}} = \begin{bmatrix} \omega_x & \omega_y & \omega_z & 0 & 0 & 0 \\ 0 & \omega_x & 0 & \omega_y & \omega_z & 0 \\ 0 & 0 & \omega_x & 0 & \omega_y & \omega_z \end{bmatrix} \tag{3-66}$$

$$\overline{\boldsymbol{I}} = \begin{bmatrix} I_{11} & I_{12} & I_{13} & I_{22} & I_{23} & I_{33} \end{bmatrix}^{\mathrm{T}} \tag{3-67}$$

$$\widetilde{\boldsymbol{\omega}} = \begin{bmatrix} 0 & -\omega_z & \omega_y \\ \omega_z & 0 & -\omega_x \\ -\omega_y & \omega_x & 0 \end{bmatrix} \tag{3-68}$$

通过上述等式和惯性张量的平行轴定理，将 $\boldsymbol{C}_i$ 写为如下形式

$$\boldsymbol{C}_i = \begin{bmatrix} \boldsymbol{\Omega}_i & \boldsymbol{\Theta}_i & \boldsymbol{\Lambda}_i \end{bmatrix} \begin{bmatrix} m_{di}d_i^2 + m_{ui}(l_i - d_i)^2 \\ m_{di}d_i + m_{ui}(l_i - d_i) \\ {}^{Bi}\boldsymbol{I}_{ui} + {}^{Bi}\boldsymbol{I}_{di} \end{bmatrix} \tag{3-69}$$

其中

$$\boldsymbol{\Theta}_i = -\widetilde{\boldsymbol{l}}_i\boldsymbol{g} \tag{3-70}$$

$$\boldsymbol{\Lambda}_i = {}^{B_{0i}}\boldsymbol{R}_{Bi}\overline{{}^{B_{0i}}\boldsymbol{R}_{Bi}^{\mathrm{T}}\dot{\boldsymbol{\omega}}_i} + \widetilde{\boldsymbol{\omega}}_i\,{}^{B_{0i}}\boldsymbol{R}_{Bi}\overline{{}^{B_{0i}}\boldsymbol{R}_{Bi}^{\mathrm{T}}\boldsymbol{\omega}_i} \tag{3-71}$$

$$\boldsymbol{\Omega}_i = \boldsymbol{\Lambda}_i\overline{\boldsymbol{I}}_0 \tag{3-72}$$

式中，${}^{B_{0i}}\boldsymbol{R}_{Bi}$ 是 $\{B_i\}$ 相对于 $\{B_{0i}\}$ 的旋转矩阵；$\boldsymbol{I}_0 = \mathrm{diag}\begin{bmatrix} 1 & 1 & 0 \end{bmatrix}$；${}^{Bi}\boldsymbol{I}_{ui}$、${}^{Bi}\boldsymbol{I}_{di}$ 分别为上支腿和下支腿以其质心为参考点投射到 $\{B_i\}$ 中的惯性张量。假设支腿结构对称，即质心位于支腿中轴线上，则 ${}^{Bi}\boldsymbol{I}_{ui}$、${}^{Bi}\boldsymbol{I}_{di}$ 可以分别记为

$$^{Bi}\boldsymbol{I}_{ui} = \mathrm{diag}\begin{bmatrix} I_{uxi} & I_{uyi} & I_{uzi} \end{bmatrix} \tag{3-73}$$

$$^{Bi}\boldsymbol{I}_{di} = \mathrm{diag}\begin{bmatrix} I_{dxi} & I_{dyi} & I_{dzi} \end{bmatrix} \tag{3-74}$$

因为支腿不存在 $\boldsymbol{l}_i$ 方向的转动，所以 $\boldsymbol{C}_i$ 可进一步简化为

$$\boldsymbol{C}_i = \boldsymbol{C}_{\xi i}\boldsymbol{\xi}_{li} \tag{3-75}$$

其中

$$\boldsymbol{C}_{\xi i} = \begin{bmatrix} \boldsymbol{\Theta}_i & -\boldsymbol{\Theta}_i - 2l_i\boldsymbol{\Omega}_i & l_i\boldsymbol{\Theta}_i + l_i^2\boldsymbol{\Omega}_i & \boldsymbol{\Omega}_i \end{bmatrix} \tag{3-76}$$

$$\boldsymbol{\xi}_{li} = \begin{bmatrix} m_{di}d_i & m_{ui}u_i & m_{ui} & I_{li} \end{bmatrix}^{\mathrm{T}} \tag{3-77}$$

$\boldsymbol{\xi}_{li}$ 各项即为各支腿的惯性参数，其中

$$I_{li} = (I_{dxi} + m_{di}d_i^2) + (I_{uxi} + m_{ui}u_i^2) \tag{3-78}$$

将式（3-63）两端叉乘 $\boldsymbol{l}_i$ 消去 M_{ai}，得到第 i 条支腿上铰点处的约束力为

$$\boldsymbol{f}_{ai} = f_{li}\boldsymbol{l}_i + \boldsymbol{K}_i \tag{3-79}$$

其中

$$f_{li} = \boldsymbol{l}_i \cdot \boldsymbol{f}_{ai} \tag{3-80}$$

$$\boldsymbol{K}_i = -\frac{\boldsymbol{l}_i \times \boldsymbol{C}_i}{l_i} = -\frac{\widetilde{\boldsymbol{l}}_i\boldsymbol{C}_{\xi i}\boldsymbol{\xi}_{li}}{l_i} \tag{3-81}$$

f_{li} 为第 i 条支腿上铰点处的约束力 f_{ai} 沿支腿方向的分量。通过对上支腿做受力分析，可以得到支腿的驱动力为

$$\tau_i = f_{si} - f_{li} \tag{3-82}$$

式中，f_{si} 为一个已知标量，$f_{si} = m_{ui} l_i (a_{ui} - g)$，其中 a_{ui} 是上支腿质心加速度。Stewart 并联机器人具有 6 条支腿共 6 个未知量，对动平台进行动力学分析，可完成 6 个未知量的求解。动平台质量为 m_p，以 O_a 为参考点投射到坐标系 $\{A\}$ 中的惯性张量为 $^A\boldsymbol{I}_p$，将其投射到基坐标系 $\{B\}$ 中的张量表示为 $\boldsymbol{I}_p$，动平台质心处的角速度和角加速度分别为 $\boldsymbol{\omega}$、$\dot{\boldsymbol{\omega}}$。通过逆运动学，可以得到动平台质心处的加速度为 a 为

$$a = \dot{\boldsymbol{\omega}} \times c + \boldsymbol{\omega} \times (\boldsymbol{\omega} \times c) + \ddot{\boldsymbol{p}} \tag{3-83}$$

不考虑系统所受外力 $\boldsymbol{F}_d$ 和外力矩 $\boldsymbol{n}_d$，且忽略铰点与驱动之间的摩擦力，则动平台仅受到各铰点约束力 f_{ai} 和自身重力 $m_p g$。动平台的牛顿方程为

$$F_p - \sum_{i=1}^{6} f_{ai} = 0 \tag{3-84}$$

其中

$$F_p = -m_p a + m_p g = \boldsymbol{\Phi}_{Fp} \boldsymbol{\xi}_p \tag{3-85}$$

$$\boldsymbol{\Phi}_{Fp} = \begin{bmatrix} \boldsymbol{0} & -(\tilde{\dot{\boldsymbol{\omega}}} + \tilde{\boldsymbol{\omega}}\tilde{\boldsymbol{\omega}})R & g - \ddot{\boldsymbol{p}} \end{bmatrix} \tag{3-86}$$

$$\boldsymbol{\xi}_p = \begin{bmatrix} ^B\bar{\boldsymbol{I}}_p^{\mathrm{T}} & m_p \boldsymbol{c}_p^{\mathrm{T}} & m_p \end{bmatrix}^{\mathrm{T}} \tag{3-87}$$

$\boldsymbol{0}$ 为 3×1 的零矩阵，$\boldsymbol{\xi}_p$ 各项为动平台的惯性参数。将式（3-79）和式（3-80）代入式（3-84）可得

$$\sum_{i=1}^{6} f_{li} l_i = F_p - \sum_{i=1}^{6} K_i \tag{3-88}$$

动平台的欧拉方程为

$$N_p - \sum_{i=1}^{6} (q_i \times f_{ai}) = 0 \tag{3-89}$$

其中

$$N_p = m_p c \times g - I_p \dot{\boldsymbol{\omega}} - \boldsymbol{\omega} \times (I_p \boldsymbol{\omega}) = \boldsymbol{\Phi}_{Np} \boldsymbol{\xi}_p \tag{3-90}$$

$$\boldsymbol{\Phi}_{Np} = \begin{bmatrix} -R\overline{R^{\mathrm{T}}\dot{\boldsymbol{\omega}}} - \tilde{\boldsymbol{\omega}}R\overline{R^{\mathrm{T}}\boldsymbol{\omega}} & -\tilde{g}R & \boldsymbol{0} \end{bmatrix} \tag{3-91}$$

同理，将式（3-79）和式（3-80）代入式（3-89）可得

$$\sum_{i=1}^{6} (f_{li} q_i \times l_i) = N_p - \sum_{i=1}^{6} (q_i \times K_i) \tag{3-92}$$

联立式（3-88）和式（3-92）得到

$$\boldsymbol{J}^{\mathrm{T}} f_l = F \tag{3-93}$$

其中

$$f_l = \begin{bmatrix} f_{l1} & f_{l2} & f_{l3} & f_{l4} & f_{l5} & f_{l6} \end{bmatrix}^{\mathrm{T}} \tag{3-94}$$

$$F = \begin{bmatrix} F_p - \sum_{i=1}^{6} K_i \\[2mm] N_p - \sum_{i=1}^{6} (q_i \times K_i) \end{bmatrix} = \begin{bmatrix} \boldsymbol{\Phi}_{Fp} \boldsymbol{\xi}_P + \sum_{i=1}^{6} \dfrac{\tilde{l}_i}{l_i} C_{\xi i} \boldsymbol{\xi}_{li} \\[4mm] \boldsymbol{\Phi}_{Np} \boldsymbol{\xi}_P + \sum_{i=1}^{6} \tilde{q}_i \dfrac{\tilde{l}_i}{l_i} C_{\xi i} \boldsymbol{\xi}_{li} \end{bmatrix} \tag{3-95}$$

$\boldsymbol{J}^{\mathrm{T}}$ 为并联机器人的力雅可比矩阵，是速度雅可比矩阵 $\boldsymbol{J}$ 的转置。因为并联机器人不存在奇异位置，即 $\boldsymbol{J}^{\mathrm{T}}$ 可逆，所以由式（3-93）可以求得 f_l。结合式（3-82）得到支腿的驱动力为

$$\boldsymbol{\tau}=\boldsymbol{f}_s-\boldsymbol{f}_l \tag{3-96}$$

其中
$$\boldsymbol{f}_s = \begin{bmatrix} f_{s1} & f_{s2} & \cdots & f_{s6} \end{bmatrix}^{\mathrm{T}} \tag{3-97}$$

$$\boldsymbol{\tau} = \begin{bmatrix} \tau_1 & \tau_2 & \cdots & \tau_6 \end{bmatrix}^{\mathrm{T}} \tag{3-98}$$

3.4　实例分析与 ADAMS 仿真分析

3.4.1　Stewart 运动模拟平台

为了验证所建立并联机构动力学模型的正确性，通过 ADAMS 软件建立 Stewart 平台的虚拟样机模型进行对比分析，以图 3-6 所示的运动模拟平台为例进行动力学模型验证。将运动模拟平台的三维模型导入动力学分析软件 ADAMS 中，对模型进行简化，合并不会产生相对运动的零部件。然后在 ADAMS 软件中添加约束和驱动，得到图 3-7 所示的虚拟样机模型。在 CAD 软件里对平台的几何参数和物理参数进行辨识，得到 Stewart 平台模型参数，见表 3-1。

图 3-6　运动模拟平台

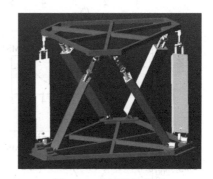

图 3-7　虚拟样机模型

表 3-1　Stewart 平台模型参数

变　　量	参　　数	值	单　　位
R_a，R_b	动、静平台外接圆半径	0.849	m
θ_a，θ_b	平台短边圆心角	16.915	(°)
l_0	初始支腿长度	1.110	m
$l_{\min}$	支腿长度最小值	1.110	m
$l_{\max}$	支腿长度最大值	1.585	m
m	动平台质量	70.396	kg
m_{di}	下支腿质量	40.184	kg
m_{ui}	上支腿质量	9.949	kg
${}^{A}\boldsymbol{I}_p$	动平台惯性张量	diag(171.4,171.4,341.8)	kg·m²
${}^{Bi}\boldsymbol{I}_{di}$	下支腿惯性张量	diag(0.140,2.884,2.884)	kg·m²
${}^{Bi}\boldsymbol{I}_{ui}$	上支腿惯性张量	diag(0.016,0.451,0.451)	kg·m²
${}^{A}\boldsymbol{c}_p$	动平台质心位置向量	$[0,0,0.4694]$	m
d_i	下支腿质心位置	0.4774	m
u_i	上支腿质心位置	0.3879	m

在虚拟样机末端添加运动轨迹［见式（3-99）］，其中 $x(t)$，$y(t)$，$z(t)$ 分别为机构末端位置坐标值，$\alpha(t)$，$\beta(t)$，$\gamma(t)$ 分别为机构末端欧拉角。观测出每条支腿的运动情况，将虚拟样机结果与动力学模型的计算结果进行对比，得到图 3-8 所示各曲线。可以验证所建立动力学模型的正确性和准确性。

$$\begin{cases} x(t) = 0.2\cos(\pi t/2) \\ y(t) = 0.2\sin(\pi t) \\ z(t) = 0.1\sin(\pi t/2) + 1.1179 \\ \alpha(t) = 0.2\sin(\pi t/2) \\ \beta(t) = 0.1\sin(\pi t/2) \\ \gamma(t) = 0.1\sin(\pi t/2) \end{cases} \tag{3-99}$$

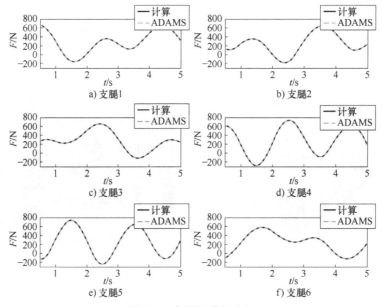

a) 支腿1   b) 支腿2

c) 支腿3   d) 支腿4

e) 支腿5   f) 支腿6

图 3-8　支腿驱动力对比

3.4.2　微位移并联平台

采用与建立 Stewart 运动模拟平台相同的方法，建立微位移并联平台的虚拟样机模型，如图 3-9 所示。微位移平台的几何参数和物理参数见表 3-2。

为了验证上述理论模型的正确性，分别向所建立的理论模型与 ADAMS 虚拟样机模型输入相同的作动器位移，对比两者输出的各支腿输出力 f 和上平台广义加速度。假设作动器的输入位移分别为：

$$l_1 = 1\times10^{-6}\sin(2\pi\times5t)\,\text{m},$$
$$l_2 = 2\times10^{-6}\sin(2\pi\times10t+\pi/3)\,\text{m},$$
$$l_3 = 3\times10^{-6}\sin(2\pi\times15t+2\pi/3)\,\text{m},$$
$$l_4 = 4\times10^{-6}\sin(2\pi\times20t+\pi)\,\text{m},$$
$$l_5 = 5\times10^{-6}\sin(2\pi\times25t+4\pi/3)\,\text{m},$$
$$l_6 = 6\times10^{-6}\sin(2\pi\times30t+5\pi/3)\,\text{m}$$

图 3-9　微位移并联平台的虚拟样机模型

表 3-2 微位移平台的几何参数与物理参数 （单位：SI）

项 目	值
上平台铰点位置	$a_1^{\lfloor P\rfloor}=(0.1829\quad 0.06039\quad -0.03515)^{\mathrm{T}}$, $a_2^{\lfloor P\rfloor}=(-0.03916\quad 0.1886\quad -0.03515)^{\mathrm{T}}$, $a_3^{\lfloor P\rfloor}=(-0.1438\quad 0.1282\quad -0.03515)^{\mathrm{T}}$, $a_4^{\lfloor P\rfloor}=-(0.1436\quad 0.1282\quad 0.03515)^{\mathrm{T}}$, $a_5^{\lfloor P\rfloor}=-(0.03916\quad 0.1886\quad 0.03515)^{\mathrm{T}}$, $a_6^{\lfloor P\rfloor}=(0.1829\quad -0.06039\quad -0.03515)^{\mathrm{T}}$
下平台铰点位置	$b_1=(0.02771\quad 0.1906\quad 0.03515)^{\mathrm{T}}$, $b_2=(0.1512\quad 0.1193\quad 0.03515)^{\mathrm{T}}$, $b_3=(-0.1789\quad -0.07131\quad 0.03515)^{\mathrm{T}}$, $b_4=(-0.1789\quad 0.07131\quad 0.03515)^{\mathrm{T}}$, $b_5=(0.1512\quad -0.1193\quad 0.03515)^{\mathrm{T}}$, $b_6=(0.02771\quad -0.1906\quad 0.03515)^{\mathrm{T}}$
上平台质量	$m_p=6.5377$
上平台惯量	$I_p=\mathrm{diag}(0.08949\quad 0.08949\quad 0.1785)$
作动器刚度与阻尼	$k=6\times10^5,\ c=20$

47

虚拟样机模型和理论模型的各支腿输出力 f 的结果如图 3-10 所示，上平台广义加速度的结果如图 3-11 所示。

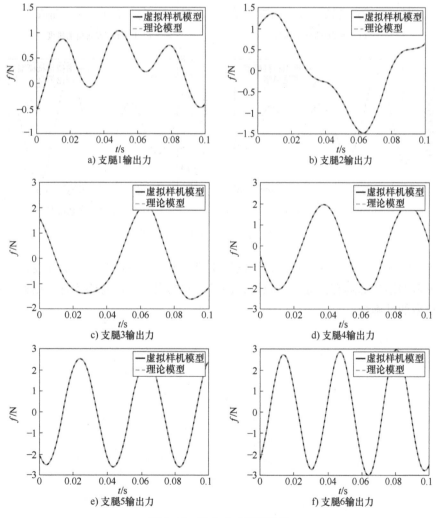

a) 支腿1输出力
b) 支腿2输出力
c) 支腿3输出力
d) 支腿4输出力
e) 支腿5输出力
f) 支腿6输出力

图 3-10 输出力 f 验证结果

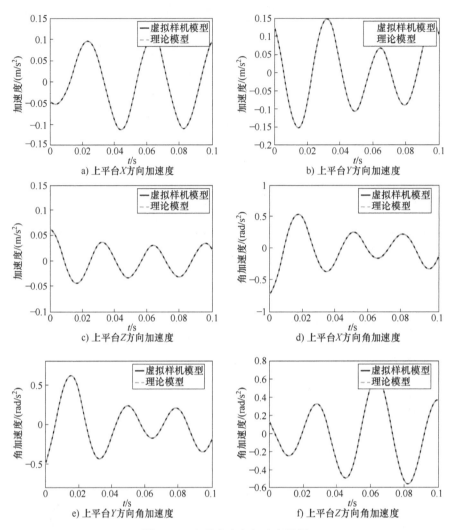

图 3-11 上平台广义加速度结果

从图 3-10 和图 3-11 中可以看出，不论是支腿输出力 f 还是上平台加速度，理论模型与虚拟样机模型的结果都具有良好的一致性，两者之间的误差可以忽略不计，由此可以证明所建立理论模型的准确性。

第 **4** 章

并联机器人运动控制

4.1　引言

在并联机器人的研究中，动力学分析是机器人性能分析、控制器设计的基础。机器人动力学包括正动力学和逆动力学。逆动力学是给定机器人末端执行器的期望轨迹、速度和加速度，研究驱动关节需要提供的驱动力或驱动力矩；而正运动学则是在给定关节力或力矩的情况下，研究机器人末端执行器的轨迹、速度和加速度的变化情况。正动力学是实现机器人控制的前提，而逆动力学是机器人动力学建模、控制与仿真的基础。

在机器人领域的研究和应用过程中出现过形形色色的控制问题，诸多学者提出了各种解决策略，机器人控制中常用的控制策略如下。

1. PID 控制

PID 控制算法是最早用于机器人控制领域的算法。与其他控制器相比，其优点是结构简单、鲁棒性好、控制律简单、不依赖模型。这种方法的控制思想是将机器人的各分支当作完全独立的系统进行研究，基于积分环节、微分环节、比例环节的调节获得良好的控制效果。但是，对于非线性、强耦合的机器人控制系统，PID 控制算法难以保证其良好的动态和静态特性。多名学者对其他控制手段与 PID 控制结合进行了研究，提出一系列新的 PID 控制策略，如模糊 PID 控制、自适应 PID 控制等。Takeyaki 等人利用重力项对机器人的非线性项进行补偿，并提出一种新型前馈控制方法，由于重力项可以提前计算得到，减少了在线计算的麻烦，提高了控制器的计算效率。焦晓红等人针对 PID 控制初始状态存在的力矩过大情况提出了自适应鲁棒 PID 控制方法，新的控制方法可以根据系统误差大小自动调节控制，以避免力矩过大，确保了系统的良好性能。Jose 等人利用降阶的观测器估计机器人的所有非线性项，再通过误差补偿思想对非线性的反馈进行补偿，设计出一种新型的 PID 控制结构。

2. 计算力矩控制

计算力矩控制是并联机器人控制中常用且有效的一种方法，它是基于机器人的动力学模型，减少非线性的影响，改善控制系统的性能。这种控制方法的思想是通过获取机器人的实时控制参数信息，对非线性项进行完全补偿，建立一个关于机器人跟踪误差的线性等式，运用线性理论知识进行控制性能的分析。但是，此方法对动力性模型的精确度要求很高。刘欢欢、杨犇等人提出在计算力矩控制的基础上，增加模糊补偿的方案，提高了机械臂跟踪精度。郭晓彬等人采用简化动力学模型方法，按计算力矩解耦控制策略使全局渐近稳定。

3. 自适应控制

自适应控制是一种可以自动调整自身控制器的参数，以获取最优或次优工作状态和性能的控制方法。其具体工作流程是：当出现外部扰动时，控制器会比较期望性能指标与实际系统性能指标之间的误差，及时修正自己的特性以适应控制对象和外部扰动的动态特性变化，使整个控制系统始终获得满足要求的性能。这种方法的缺点是在线计算复杂，在一些对实时性要求严格、实现比较复杂，特别是存在非参数不确定性的场合，难以保证系统稳定和达到一定的控制性能指标。自适应控制主要分为两类：模型参考自适应控制（Model Reference Adeptive Control，MRAC）和自校正控制（Self-Turning Control，STC）。模型参考自适应控制是采用参数估计值来代替未知参数，从而表示出系统的输入输出关系，这种方法设计原理简单易行，还可以辅助其他控制算法，故应用广泛。自校正控制建立在统计学的基础上，本质上是一种最优控制，适用于系统结构已知的被控对象。梁娟等人针对 6 自由度液压驱动并联机器人的精确控制问题，提出结合自适应神经模糊推理系统和 PID 的方法。C. C. Nguyen 提出模型参考自适应控制方法，用来控制 6-DOF 并联机器人。

4. 神经网络控制和模糊控制

神经网络控制和模糊控制为解决复杂的非线性、不确定及不确知系统的控制问题提供了新的参考方法。在机器人控制中，因其具有高度的非线性逼近映射能力，可以通过对机器人动力学方程中未知部分的在线精确逼近，来实现在线建模和前馈补偿，达到机器人的高精度跟踪效果。神经网络是一种类似于人脑神经网络的技术，它具有自主学习、自适应性等优点，用在机器人的控制中不需要精确的动力学模型，因此引起了人们的广泛关注。在研究过程中，部分学者在建立简化模型的基础上，利用小脑模型关节控制器（Cerebellar Model Articulation Controller，CMAC）神经网络的特点，结合其他控制方法改善控制效果，减少耦合，提高精度；有些学者则利用径向基函数（Radical Basis Function，RBF）神经网络进行控制，因为它可以以任何精度逼近任何非线性函数，具有非常强的泛化能力，可以用于机器人的控制。例如：彭志文结合 RBF 神经网络和计算力矩控制法，提高了系统的稳定性和抗干扰性；孙立宁等人设计出基于 Takagi 型模糊推理方法的模糊 CMAC 神经网络的并联机器人自适应控制器，并通过仿真验证了该控制器的可行性；Tarik Uzunovic 等人和 Tomizuka 等人分别提出了基于运动学模型的神经网络控制方法，并建立了 MATLAB 仿真模型，用螺旋线验证了该方法可以使跟踪精度显著提高。模糊控制不需要建立精确的数学模型，而是依靠经验和模糊语言来控制复杂的、不确定的非线性系统，基本过程分为输入模糊化、模糊推理以及输出模糊化三个部分。但是，这种方法用于机器人控制时，需要与其他控制算法相结合，因为对并联机器人建立完善的模糊规则有一定的难度，只有和其他控制策略相结合才能弥补自身的缺点，从而获得令人满意的控制效果。例如：董超君在 2-DOF 并联机器人控制中应用了模糊控制和滑模变结构控制；曹沁婕等人为了提高机构抓取轨迹的精确度，将传统的比例积分控制器（Proportional Integral Controller，PIC）控制与模糊控制相结合。

5. 鲁棒控制

鲁棒性是控制系统的一项性能指标，表示控制系统在一定的参数摄动下，能够维持稳定的性能。鲁棒控制优于自适应控制之处，在于其无须在线调节控制器参数，即可保证在系统动态性能发生波动时仍能维持较好的控制效果，且控制器设计相对简单，仅需知道限制不确定性的最大可能值的边界即可。鲁棒控制适用于将稳定性和可靠性作为首要目标的场合，动态特性已知且所有不确定因素的变化范围是可以预估的。Rachedi 等人首次将鲁棒控制应用于 Delta 机器人的控制研究中。梁旺等人采用鲁棒非线性控制，并引入神经网络，增强了系统的鲁棒性。梁超等人通过构建李雅普诺夫函数来设计鲁棒补偿控制器，消除由不确定性建模引起的误差。朱龙英等人基于李雅普诺夫方法得到鲁棒控制率，提出鲁棒轨迹跟踪器，此方法与自适应控制相结合，非常适用于多自由度并联机器人的控制。

6. 滑模变结构控制

20 世纪 50 年代，苏联研究人员首次提出了变结构的概念，滑模变结构控制因其独特的鲁棒性和抗干扰性，引起了人们的注意，逐渐发展成现代控制理论的一个代表，与其他传统的控制方法相比，其本质上是一种不连续的非线性控制。这种控制方法最早是在研究继电器的过程中发现的，与其他不连续的继电特性相似，表现为从一个状态阶跃到另一个状态，最后到达目的切换面。正是因为滑模变结构的继电特性，使得转态轨迹在到达滑模面后，在滑模面两侧来回穿越而产生颤动，称之为抖振。抖振问题是滑模变结构控制应用到实际工程中的一道障碍，然而系统的能量是有限的，控制作用的切换必然存在滞后，抖振不可能完全消除，只能削弱。因此，削弱抖振成为变结构控制实际应用研究的一个重点。国内外学者对此也做了许多研究，从不同角度出发，提出了不少削弱抖振的方法，并取得了一定的成效。20 世纪 80 年代是变结构控制工程应用的开端，J. J. Lotine 等首次融合了"准滑动模态"和"边界层"的概念，实现了在边界层外正常进行滑模控制，在边界层内运用饱和函数代替切换函数来进行反馈控制，这样的滑模有效地避免或削弱了抖振。高为炳院士首先提出趋近律的概念，这种方法无须添加装置与措施，只需调节合适的参数就可以有效地控制系统到达滑模面的速度，从而削弱控制信号的高频抖动。崔亚龙等人提出一种基于滑模边界层模糊的自适应控制方法，在边界层外采用正切趋近律的准滑动模态控制，在边界层内运用饱和函数代替切换函数来设计控制律，用模糊逻辑对边界层参数进行自动调节，从而达到减少抖振的目的。滑模变结构控制的优缺点都很明显，其缺点是抖振会影响控制的精确性，严重时甚至会影响电动机的性能；但滑模变结构具有对参数变化及扰动不敏感、无须专门解耦、快速响应可用于实时控制等特性，非常适合解决机器人等的强耦合、非线性问题，这也是国内外研究者将其视为机器人控制领域研究重点的原因。

4.2 并联机器人控制系统

4.2.1 控制器

机器人控制器作为工业机器人最为核心的零部件之一，对机器人的性能有着决定性的影响，在一定程度上影响着机器人的发展。在并联机械臂的运动控制中，控制器计算使机器人沿给定轨迹运动时执行器所需的力或力矩。将运动变量作为运动平台的广义坐标，定义 $\boldsymbol{X} = [x_p \quad \theta]^T$，其中线性运动表示为 $\boldsymbol{x}_p = [x_p \quad y_p \quad z_p]^T$；而运动平台的朝向表示为螺旋坐标，即 $\boldsymbol{\theta} = \theta[s_x \quad s_y \quad s_z]^T = [\theta_x \quad \theta_y \quad \theta_z]^T$。相比于欧拉角，螺旋坐标 $\boldsymbol{\theta}$ 是一个向量，其微分是运动平台的速度向量，$\dot{\boldsymbol{\theta}} = \boldsymbol{\omega}$。因此，$\boldsymbol{X} = [v_p \quad \boldsymbol{\omega}]^T$ 表示运动平台的运动速度。

并联机器人的闭合动态方程为

$$M(x)\ddot{x} + C(x, \dot{x})\dot{x} + G(x) = F \qquad (4-1)$$

式中，$M(x)$ 为质量矩阵，可以利用机械臂的动能计算得到；$C(x, \dot{x})$ 为科氏力和离心力矩阵；$G(x)$ 为重力向量；F 为施加在运动平台质心上的广义力。如果没有外部力施加到运动平台上，机器人将做自由运动，可以利用雅可比转置将执行器的力映射到运动平台来计算广义力。但是，如果有外部力施加到运动平台上，如干扰力 $\boldsymbol{F}_d$，则通过任务空间中的合力 $\boldsymbol{F} = \boldsymbol{J}^T\boldsymbol{\tau}+\boldsymbol{F}_d$ 来计算广义力。

为了设计并联机械臂的运动控制器，有必要先介绍这种任务可能的控制器架构，再根据这些架构介绍不同的控制器设计方法。控制器架构是指控制系统的结构，用来根据测量值经过预处理和后处理得到执行器的力或力矩。

对于机械臂的运动控制任务，控制器需要计算出使运动平台沿期望轨迹运动所需的力或力矩。一般地，在并联机械臂的运动控制中，运动平台的最终状态是最受关注的。理想的测量系统能够以所需精度直接测量运动参数 x，在这种测量系统中，运动平台的最终位置和姿态信息也被测量。这种测量系统一般包括两个子系统：一个子系统使用精密的加速器或定位系统计算出运动平台上某一点的位置；另一个子系统则使用惯性或激光陀螺仪计算运动平台的姿态。

虽然有很多技术可以测量空间中运动平台的位置和姿态，但这些技术还有待进一步发展，而且商用化的精确测量系统目前仍然较少且价格昂贵，这类设备一般用于输出测量精度和完整性都十分重要的场合。

图 4-1 所示为将直接测量的运动参数 $\boldsymbol{X}(t)$ 作为闭环系统中反馈的运动控制器的一般架构。在这种架构中，将测量得到的机械臂位置和姿态与期望值进行对比，得到运动误差 $\boldsymbol{e}_x$。控制器使用误差信号产生适当的执行器指令，从而使跟踪误差最小化。虽然这种控制架构在反馈控制中非常典型，但这里的反馈测量值是向量形式，而且控制器是多输入多输出（MIMO）结构的。

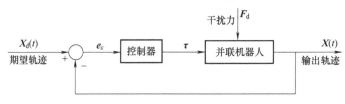

图 4-1　末端位置控制

如果利用正运动学通过测量关节角 $\boldsymbol{q}$ 计算出 $\boldsymbol{X}(t)$，则可使用图 4-2 所示的控制架构。在反馈中使用关节角的测量值 $\boldsymbol{q}$，并将其作为正运动学模型的输入，进而得到运动平台的运动坐标 $\boldsymbol{X}(t)$。与图 4-1 所示的控制架构类似，根据反馈和设定值得到工作空间的运动误差 $\boldsymbol{e}_x$，并将其作为 MIMO 的控制输入得到执行器的力或力矩。

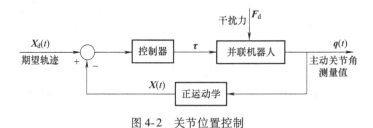

图 4-2　关节位置控制

在上述架构中，需要分析机械臂的正运动学模型。由于并联机械臂的正运动学分析比较复杂，因此该方法的实现比较困难。而逆运动学分析则比较简单。为了解决上述控制架构难以实现的问题，可以采用另一种控制架构。

如图 4-3 所示，首先利用机器人的逆运动学模型，根据机器人的期望轨迹 X_d 计算出期望的关节角 q_d。控制器基于关节空间误差 e_q 进行设计，并且完全在关节空间中实现。因此，这种控制架构的结构和特性与上述两种控制架构完全不同。在这种架构中，控制器的输入是关节空间的运动误差 e_q，输出是关节空间中执行器的力或力矩 τ。而在上述两种架构中，控制器的输入是工作空间的运动误差 e_x，输出是在关节空间中。因此，对于图 4-3 所示的控制架构，关节独立控制器是可能实现的；而对于图 4-1 与图 4-2 所示架构，关节独立控制器是无法实现的。

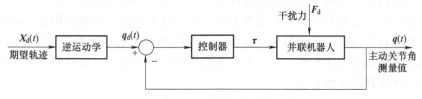

图 4-3　基于逆运动学的关节位置控制

为了在工作空间中得到直接的输入输出关系，可采用图 4-4 所示的控制架构。该架构的核心与图 4-1 所示架构类似，但控制器的输出是工作空间中的力 F，并且架构中增加了"力分布"模块，将工作空间中的力 F 映射为执行器的力或力矩 τ。对于完整约束的并联机械臂，如 SGP，执行器的数量与自由度的数量相等。这种映射关系可以通过机械臂雅可比模型建立，即 $F = J^T \tau$。因此，对于完整约束的并联机械臂，在雅可比矩阵非奇异的情况下，执行器的力可以通过 $\tau = J^{-T} F$ 得到。

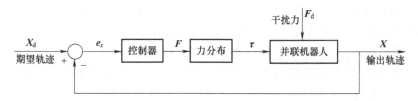

图 4-4　工作空间中末端位置反馈控制的一般架构

在工业应用中，工业机器人控制系统的主要任务是控制机器人在工作空间中的运动位置、姿态和轨迹、操作顺序及动作时间等。要求控制系统编程简单、使用方便，具有软件菜单操作、友好的人机交互界面、在线操作提示等功能。

工业机器人控制系统中的控制器、软件与机器人本体一样，一般由机器人生产厂家自主设计研发。目前，国外主流机器人厂商的控制器均为在通用的多轴运动控制器平台的基础上进行自主研发，各品牌机器人均有自己的控制系统与之匹配。因此，控制器的市场份额基本和机器人保持一致。国内机器人企业的控制器尚未形成市场竞争优势。

近年来，国内运动控制（包括 CNC）技术有了较快的发展。一些生产传统数控设备的厂家开始研制具有运动控制特征的产品。为了提高机械设备的生产效率和产品质量，越来越多的机械设备制造厂商开始使用并且逐渐熟悉通用运动控制系统，使得通用运动控制产品在很多原来运用不多的领域开始扩展开来。

同时，部分数控设备生产厂家进行了机器人专用运动控制产品的开发和行业应用的推广，并逐渐走向成熟和产业化。这类企业以广州数控、广泰数控、埃斯顿等为代表，它们不只开发出了机器人专用的控制系统，还借此进入了机器人行业，并成为国产机器人企业的代表。

随着我国制造业市场的全球化，对制造业的技术和装备提出了更高的要求，这给运动控制技术的推广和高水平应用带来了契机。在此背景下，国内逐步成长了一批专业的运动控制企业，它们开始逐步向市场提供机器人专用控制器。这类企业以固高科技、卡诺普、众为兴等为代表，其中固高科技是国内较早实现6轴机器人控制系统产业化的企业之一，目前主要向机器人集成商提供控制系统平台；而卡诺普和众为兴的控制系统则在自己的机器人上获得了较好的应用经验。与此同时，不少国内机器人企业也陆续开发出自己的控制系统。经过多年的沉淀，国内机器人控制器所采用的硬件平台和国外产品相比已没有太大差距，差距主要体现在控制算法和二次开发平台的易用性方面。随着技术和应用经验的积累，国内企业机器人控制器产品已较为成熟，是机器人产品中与国外产品差距最小的关键零部件。未来几年，我国国产机器人将得到快速发展，国产机器人控制器应用市场面临较好的发展契机，尤其是在运动控制领域深耕多年的企业。

4.2.2 驱动器

驱动器是使机器人发出动作的动力机构，它可将电能、液压能和气压能转化为机器人的动力。

常见的机器人驱动器按动力源主要分为以下几种：电动驱动器，包括直流伺服电动机、步进电动机和交流伺服电动机；液压驱动器，包括电液步进马达和液压缸；气动驱动器，包括气缸和气动马达；特种驱动器，包括压电电动机、超声波电动机、橡胶驱动器和形状记忆合金驱动器等。其中液压、气动和电动驱动器是最常见的三种驱动器，也可以根据需要将这三种基本类型组合成复合式驱动系统。这三种驱动系统的特点如下：

（1）液压驱动系统　液压技术是一种比较成熟的技术，液压驱动系统具有动力大、力（或力矩）与惯量比大、快速响应性好、易于实现直接驱动等特点，适用于承载能力大、惯量大以及在防爆环境中工作的机器人。但液压系统需要进行能量转换（电能转换成液压能），速度控制多数情况下采用节流调速，效率比电动驱动系统低。另外，液压系统的液体泄漏会对环境产生污染，工作噪声也较大。因为这些缺点，近年来，在负荷为100kg以下的机器人中，液压驱动系统往往被电动驱动系统所取代。

（2）气动驱动系统　具有速度快、系统结构简单、维修方便、价格低等特点，适用于中、小负荷的机器人。但因难以实现伺服控制，多用于程序控制的机械人中，如在上下料和冲压机器人中应用较多。

（3）电动驱动系统　由于低惯量、大转矩交、直流伺服电动机及与其配套的伺服驱动器（交流变频器、直流脉冲宽度调制器）的广泛采用，电动驱动系统在机器人中被大量采用。这类系统无须进行能量转换，其使用方便、控制灵活。虽然大多数电动机后面需要安装精密的传动机构，直流有刷电动机不能直接用于要求防爆的环境中，成本也比前两种驱动系统要高。但由于电动驱动系统的优点比较突出，因此在机器人中被广泛使用。

4.2.3 传感器

机器人是由计算机控制的复杂机器，它具有类似人的肢体及感官功能，动作程序灵活，有一定程度的智能，在工作时可以不依赖人的操纵。传感器在机器人的控制中起着非常重要的作用，正因为有了传感器，机器人才具备了类似人类的知觉功能和反应能力。

根据检测对象的不同，传感器可分为内部传感器和外部传感器。内部传感器是检测机器人本身状态（如手臂间角度）的传感器，多为检测位置和角度的传感器。外部传感器是检测机器人所处环境（如是什么物体，离物体的距离有多远等）及状况（如抓取的物体是否滑落）的传感器，如物体识别传感器、物体探伤传感器、接近觉传感器、距离传感器、力觉传感器、听觉传感器等。

（1）明暗觉传感器

检测内容：是否有光，亮度大小。

应用目的：判断有无对象，并得到定量结果。

传感器件：光敏管、光电断续器。

（2）色觉传感器

检测内容：对象的色彩及浓度。

应用目的：利用颜色识别对象。

传感器件：彩色摄像机、滤波器、彩色电荷耦合元件（Charge-Coupled Device，CCD）。

（3）位置觉传感器

检测内容：物体的位置、角度和距离。

应用目的：确定物体空间位置，判断物体移动。

传感器件：光敏阵列、CCD 等。

（4）形状觉传感器

检测内容：物体的外形。

应用目的：提取物体轮廓及固有特征，识别物体。

传感器件：光敏阵列、CCD 等。

（5）接触觉传感器

检测内容：与对象是否接触、接触的位置。

应用目的：确定对象位置，识别对象形态，控制速度，安全保障，异常停止，寻径。

传感器件：光电传感器、微动开关、柔性触觉传感器、触觉传感器阵列、仿生皮肤。

（6）压觉传感器

检测内容：对物体的压力、握力，压力分布。

应用目的：控制握力，识别握持物，测量物体弹性。

传感器件：压电元件、导电橡胶、压敏高分子材料。

（7）力觉传感器

检测内容：机器人有关部件（如手指）所受外力及转矩。

应用目的：控制手腕移动，伺服控制，正解完成作业。

传感器件：应变片、导电橡胶。

（8）接近觉传感器

检测内容：对象物是否接近、接近距离，对象面的倾斜度。

应用目的：控制位置，寻径，安全保障，异常停止。

传感器件：光传感器、气压传感器、超声波传感器、电涡流传感器、霍尔传感器。

（9）滑觉传感器

检测内容：物体在垂直于握持面方向的位移、重力引起的变形。

应用目的：修正握力，防止打滑，判断物体质量及表面状态。

传感器件：球形接点式传感器、光电转速传感器、角编码器、振动检测器。

4.3 工作空间运动控制

4.3.1 分散 PD 控制

首先介绍的控制策略由最简单的反馈控制组成，如图 4-5 所示，这种控制架构是对误差向量中的每一个元素都使用独立的线性 PD 控制器进行控制。将任务的跟踪误差向量定义为 e_x，对于 SGP 等 6 自由度机器人，误差向量由 6 个元素组成，即 $e_x = [\, e_x \quad e_y \quad e_z \quad e_{\theta x} \quad e_{\theta y} \quad e_{\theta z}\,]^{\mathrm{T}}$，因此，分散控制器由 6 个独立的线性控制器组成，如 PD 控制器，这 6 个线性控制器分别对应每一个误差元素。在图 4-5 中，PD 控制器表示为 $K_d s + K_p$ 模块，其中 K_d 和 K_p 都是 6×6 的对角矩阵，分别表示微分和比例增益。增益矩阵对角线上的元素组成了每一个误差元素的控制器增益。

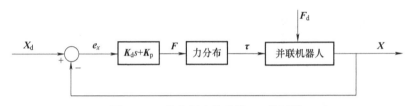

图 4-5 工作空间中的分散 PD 控制器

因此，在上述架构中，每一个跟踪误差元素都通过一个独立的 PD 控制器单独处理。控制器的输出为 F，表现为工作空间中的扭力。因此，对于 6 自由度机器人，扭力包括 6 个元素：$F = [\, F_x \quad F_y \quad F_z \quad \tau_x \quad \tau_y \quad \tau_z \,]^{\mathrm{T}}$。控制器的输出定义在工作区间，每一个扭力元素都直接操纵对应的跟踪误差元素，所以如果选择大的控制增益，则机械臂的跟踪效果良好。

在实际应用中，控制器输出的扭力通过"力分布"模块映射为执行器的力，并施加到机械臂上。完整约束的并联机械臂没有冗余自由度，此映射可以通过机械臂雅可比矩阵转置的逆 $\tau = J^{-1} F$ 得到。在此控制架构中，除了 PD 控制器之外，还可以使用其他的线性控制器。但 PD 控制器是保证机械臂性能稳定和跟踪性能良好的最简形式。

分散 PD 控制器在形式上非常简单，从而易于实现。这种控制器的设计既不需要详细的机械臂动态模型，也不需要动态参数。其计算复杂度也很低，在实际中计算速度主要受限于计算合适的力分布。但是，这种控制器的跟踪性能相对较差，而且跟踪时可能出现稳态误差。另一方面，由于控制器采用高增益，驱动时的能耗较大，而且闭环系统的性能依赖于机械臂的状态。

PD 控制器的增益需要基于系统的物理实现通过尝试在试验中进行整定，因此最终的控制器增益往往是不同状态下暂态响应和稳态误差的折中。由于并联机械臂的动态方程具有非线性特性，是依赖于系统状态的。因此，要使控制器增益在所有状态下都具有良好的效果是很难的。一般地，设计者会选择在机械臂正常工作条件下跟踪误差良好的控制器增益，这造成了在其他没有经过整定的工作点进行控制时控制效果不一定好。在实际中，这种控制器应对测量噪声和外部干扰的能力较差。

为了改进上述不足，针对这种控制架构提出了一系列的改进方案，包括前馈控制和逆动力学模型控制。但是，本节中提出的控制方案可以作为闭环系统试验的第一次尝试。

4.3.2　前馈控制

如前所述，工作空间中简单的 PD 控制器的跟踪性能在不同系统状态下是不同的，特别是在存在测量噪声或外部干扰时。为了补偿这些影响，可以在控制架构中增加前馈扭力 F_{ff}，如图 4-6 所示。根据机械臂在工作空间中的动态模型来设计 F_{ff}

$$F_{ff} = \hat{M}(x_d)\ddot{x}_d + \hat{C}(x_d,\dot{x}_d)\dot{x}_d + \hat{G}(x_d) \tag{4-2}$$

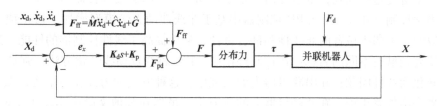

图 4-6　增加前馈扭力的工作空间分散 PID 控制

如图 4-6 所示，将工作空间中的期望轨迹 x_d 及其微分 $\dot{x}_d$、$\ddot{x}_d$ 作为前馈模块的输入。之所以将其作为前馈，是因为不需要根据系统的实际运动轨迹计算 x_d。需要注意的是，前馈的计算需要已知机器人的动态模型及其运动学和动力学参数。但在实际中，动态矩阵是不能精确已知的，因此一般使用这些矩阵的估计值。$\hat{M}$、$\hat{C}$、$\hat{G}$ 分别表示对机械臂质量矩阵、科氏力和离心力以及重力向量的估计。

构造前馈扭力 F_{ff} 的信息一般是提前已知的，而且在这种情况下，针对给定轨迹的前馈项是可以预先离线计算出来的，而分散反馈项则需要在线计算。将机械臂的闭环动态方程写为

$$M(x)\ddot{x} + C(x,\dot{x})\dot{x} + G(x) = F + F_d = F_{pd} + F_{ff} + F_d \tag{4-3}$$
$$= K_d\dot{e}_x + K_p e_x + F_d + \hat{M}\ddot{x}_d + \hat{C}\dot{x}_d + \hat{G}$$

如果完全已知动态矩阵的信息，那么假设 $\hat{M} = M$、$\hat{C} = C$、$\hat{G} = G$。另外，假设控制器性能良好并且运动平台的轨迹跟踪较为准确，从而得到 $x(t) \approx x_d(t)$，$\dot{x}(t) \approx \dot{x}_d(t)$。在此情况下，将闭环动态方程简化为如下形式

$$M(\ddot{x}_d - \ddot{x}) + K_d\dot{e}_x + K_p e_x + F_d = 0 \tag{4-4}$$
$$M\ddot{e}_x + K_d\dot{e}_x + K_p e_x + F_d = 0 \tag{4-5}$$

由式（4-5）可以看出，如果上述假设成立，则误差的动态特性在有噪声的情况下表现为二阶系统。因此，通过选择合适的 PD 控制器参数，可以使暂态响应和稳态跟踪误差满足要求。如果干扰扭力为零或随时间衰减到零，则闭环系统的稳态误差也趋近于零。另外，除了质量矩阵之外，其他的动态矩阵项是与系统状态无关的，因此更加容易通过整定控制器参数使其能够适用于机器人的整个工作空间。

但是，这种方法在应用中面临一系列的限制。最主要的限制在于需要完全已知动态矩阵，而在实际中这些矩阵是难以获得的。因此，在实际中，式（4-3）更能表示误差的动态性能。

在此情况下，动态矩阵的实际值与估计值之间的误差将作为附加扭力施加给误差系统，因此，闭环系统肯定会出现稳态误差。另外，即使完全已知动态矩阵，但运动平台的实际运动与期望轨迹是不同的，即 $x(t) \neq x_d(t)$，$\dot{x}(t) \neq \dot{x}_d(t)$，这可以作为更大的干扰扭力施加给误差系统，从而导致更大的跟踪误差。

最后，如果式（4-4）和式（4-5）中所有的假设都成立，因为质量矩阵依赖于机器人的状态，所以误差的动态方程不能完全地解耦。这意味着对其中一个误差元素的修正对于其他元素可能是干扰项，为了避免这些问题，下文将提出基于逆动力学模型的控制方法。

4.3.3 基于逆动力学模型控制

由前文可知，分散 PD 控制器的跟踪性能在不同的工作点是不同的，尤其是当存在测量噪声和外部干扰时。为了补偿这些误差，在控制架构中增加了前馈扭力，从而部分地修正了反馈控制器的缺点。但是，系统的闭环性能同样存在一系列的问题，不能通过控制器的前馈项消除。为了避免这些问题，本节提出了基于逆动力学模型的反馈控制器策略。

逆动力学控制（IDC）是在 PD 控制器中基于非线性动力学模型增加了修正项。采用这种方法可以明显削弱机械臂的非线性和耦合特性，从而提高了线性控制器的性能。这种方法在不同的研究领域有不同的名称：在控制理论中，IDC 称为反馈线性化方法，强调将非线性问题动态转化为线性问题；在串联机器人的研究中，这种方法称为计算力矩法，强调在关节空间控制器中增加修正项；在并联机器人的研究中，虽然在其他文献中出现了不同的名称，但这种方法一般称为逆动力学控制。注意：IDC 是针对机器人系统的一种普遍而有效的思想，因此可视为设计其他先进控制器的基础。

图 4-7 所示为并联机械臂 IDC 控制器的架构，在闭环系统中，通过反馈增加了修正的扭力 F_{fl}，此修正项可以通过机械臂动力学模型中的科氏力和离心力矩阵以及重力向量计算得到。另外，除了期望轨迹的加速度 $\ddot{x}_d$ 之外，质量矩阵也增加到前馈系统中。为了得到逆动力学控制量，机器人的动力学模型及其运动学和动力学参数都要已知。但在实际中，动态矩阵是无法精确已知的，因此使用这些矩阵的估计值，$\hat{M}$、$\hat{C}$、$\hat{G}$ 分别表示对机械臂质量矩阵、科氏力和离心力矩阵以及重力向量的估计值。

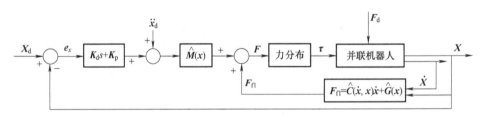

图 4-7　基于逆动力学模型控制

因此，施加到机械臂的控制器输出扭力可以表示为

$$F = \hat{M}(x)\alpha + F_{fl} \tag{4-6}$$

具体表示为

$$F = \hat{M}(x)\alpha + \hat{C}(x,\dot{x}) + \hat{G}(x) \tag{4-7}$$

$$\alpha = \ddot{x}_d + K_d \dot{e}_x + K_p e_x \tag{4-8}$$

对于 6 自由度机械臂，α 是 6×1 的向量，与运动加速度具有同样的维数。将机械臂的闭环动态方程写成如下形式

$$
\begin{aligned}
M(x)\ddot{x} + C(x,\dot{x})\dot{x} + G(x) &= F + F_d \\
&= \hat{M}(x)\alpha + \hat{C}(x,\dot{x}) + \hat{G}(x) + F_d \\
&= \hat{M}(x)(\ddot{x}_d + K_d \dot{e}_x + K_p e_x) + \hat{C}(x,\dot{x}) + \hat{G}(x) + F_d
\end{aligned}
\tag{4-9}
$$

如果动态矩阵完全已知，假设 $\hat{M}=M$、$\hat{C}=C$、$\hat{G}=G$。在这种情况下，可以将闭环动态方程简化为如下形式

$$\hat{M}(x)(\ddot{e}_x+K_{\mathrm{d}}\dot{e}_x+K_{\mathrm{p}}e_x)+F_{\mathrm{d}}=0 \tag{4-10}$$

从式（4-10）中可以看出，如果动态矩阵完全已知，则误差的动态特性在有噪声的情况下表现为二阶系统。假设机械臂在空间中自由运动且不存在干扰力，由于机械臂质量矩阵在所有系统状态下都是正定的，因此在这种情况下，误差动态方程可以简化为

$$\ddot{e}_x+K_{\mathrm{d}}\dot{e}_x+K_{\mathrm{p}}e_x=0 \tag{4-11}$$

可见，通过选择合适的 PD 控制器增益，轨迹跟踪系统可以具有更快的暂态响应和更小的稳态误差。

这种控制策略在实际中的应用很广泛，因为这种方法可以对闭环误差动态项进行线性化和解耦。另外，误差动态项对于所有系统状态都是独立的，因此更容易整定 PD 控制器的增益，使其适用于整个机器人工作空间。但是，如果要求有较好的性能，就需要已知系统的精确模型，并且整个过程对模型不确定性的鲁棒性较差。另外，就闭环系统中的在线计算需求而言，这种方法的计算量较大。为此，研究人员进一步对这种方法做了改进，称为部分IDC，在减少计算量的同时，也保持了这种方法的重要特性。

考虑一般的情况，即动态矩阵是不完全已知的，$\hat{M} \neq M$、$\hat{C} \neq C$、$\hat{G} \neq G$，而且施加给机器人的干扰扭力不为零，即 $F_{\mathrm{d}} \neq 0$。在这种情况下，可将误差的动力学方程写成以下形式

$$\ddot{e}_x+K_{\mathrm{d}}\dot{e}_x+K_{\mathrm{p}}e_x=\hat{M}^{-1}\left[(M-\hat{M})\ddot{x}+(C-\hat{C})\dot{x}+(G-\hat{G})-F_{\mathrm{d}}\right] \tag{4-12}$$

式（4-12）的右侧一般不为零，但是可以将其作为施加给误差系统的干扰扭力，其影响可以通过高增益的 PD 控制器有效地削弱，也可以使用如自适应或鲁棒控制等先进控制方法。

4.4 鲁棒控制和自适应控制

逆运动学模型控制为了获得良好的性能需要已知系统的精确模型，而且其控制过程对建模误差的鲁棒性较差。另外，这种方法在闭环控制架构中的在线计算量很大。局部线性化瞬时频偏控制（Instantaneous Deviation Control，IDC）方法作为一种改进的逆动力学控制方法，通过动态方程的局部线性化大大减少了计算量，并且保证了对恒定期望轨迹的渐近跟踪。虽然这种改进方法在计算时间上有一定优势，但是对于闭环系统的暂态响应性能表现不够好，尤其是对于时变的参考轨迹。

另外一种改进方法是使用完全线性化，但假设不完全已知动态方程矩阵信息。为了补偿位置信息，可以使用两种先进的控制方法，即鲁棒控制和自适应控制。在鲁棒控制中，通过对不同状态下模型误差的定量分析，可以得到式（4-12）右侧项的上限值。然后使用基于李雅普诺夫的鲁棒控制方法为 PD 控制器的输出增加修正项，从而保证在模型不确定性和干扰的情况最坏时误差系统的渐近稳定性。在自适应控制中，对动态矩阵的估计进行在线更新，从而使其与实际值之间的偏差收敛于零。采用这种方法，机械臂的静态误差系统收敛于式（4-10）中的二阶系统。

虽然鲁棒控制和自适应控制的目的都是保证当存在模型不确定性和外部干扰时机械臂的闭环系统，但是两者实现的方式不同。在鲁棒控制中，设计了一个固定的控制器，使其满足在最坏可能性（即模型误差和外部干扰最大）下的控制目标。而在自适应控制中，使用在

线的参数辨识整定控制器参数。因此，在鲁棒控制器的设计中，需要考虑模型不确定性的一般形式，包括参数误差和未建模动态，并且为了在最坏情况下补偿这些不确定性，往往需要使用大的控制增益。而在自适应控制中，模型的结构是已知的，只需要对参数进行在线辨识。因此，控制器的增益是时变的，随着参数估计值收敛于真实值，控制量逐渐变小。但是，自适应控制在存在未建模动态和外部干扰时的性能较差。在实际中，需要在这两种方法之间进行折衷。近年来，结合这两种方法提出了鲁棒自适应控制（Robust Adaptive Control，RAC）方法，它保留了这两种方法的优点，但是计算量较大。

4.4.1　基于逆动力学模型的鲁棒控制

逆动力学模型控制通过反馈对非线性系统状态方程进行完全线性化，这在实际中可能无法实现，从而限制了其在工业机器人中的应用。首先，获得并联机械臂的动力学模型比较困难；另外，将此方程写成封闭的形式导出解析的动态矩阵同样很困难。为了实现 IDC 架构中的完整反馈线性化以及所有的动态项，不仅需要已知这些矩阵的结构和元素，而且需要对机械臂的所有运动学和动力学参数进行辨识与标定。这个过程需要设计精确的试验，并使用精确的标定设备，这在很多场合是不允许的。因此，机械臂的动力学模型中含有一系列的不确定项来源，如未建模动态、未知参数、标定误差、未知噪声以及负载变化等。

考虑模型的不确定性建立控制器，回顾机械臂动力学方程，并将逆动力学控制输入 F 改为

$$F = \hat{M}(x) a_r + \hat{C}(x, \dot{x}) \dot{x} + \hat{G}(x) \tag{4-13}$$

$$a_r = \ddot{x}_d + K_d \dot{e}_x + K_p e_x + \delta_a \tag{4-14}$$

式中，a_r 是鲁棒化的控制输入。相比于一般的 IDC 控制律，在式（4-14）中加入了鲁棒项 δ_a 来补偿模型不确定性。如前所述，标识 $\hat{\bullet}$ 表示对 $\bullet$ 的估计值，$\tilde{\bullet}$ 表示估计值与真实值之间的误差，$\tilde{\bullet} = \hat{\bullet} - \bullet$。因此，将式（4-13）中的鲁棒 IDC 控制量 F 代入机械臂的闭环动态模型，通过一些运算可以得到

$$\ddot{x} = a_r + \eta(x, \dot{x}, a_r) \tag{4-15}$$

式中

$$\eta = M^{-1}(\tilde{M} a_r + \tilde{C} x + \tilde{G}) \tag{4-16}$$

是模型不确定性的度量。在式（4-15）中，由于模型误差 η 的存在，机械臂的闭环动态模型仍然是非线性的和耦合的。通过设计鲁棒控制器，使闭环系统在存在模型误差 η 时满足期望的性能。下面将基于李雅普诺夫方法，对存在模型误差时闭环系统的跟踪性能进行分析。

对于不确定系统，有很多种鲁棒控制的设计方法。这里介绍一种基于李雅普诺夫稳定性的非线性鲁棒控制策略。使用 $\tilde{\bullet}$ 重写式（4-14）中定义的鲁棒控制量 δ_a

$$a_r = \ddot{x}_d - K_d \dot{\tilde{x}} - K_p \tilde{x} + \delta_a \tag{4-17}$$

将式（4-17）中的鲁棒控制量代入式（4-15）所示的闭环动态模型，化简得

$$\ddot{\tilde{x}} = -K_d \dot{\tilde{x}} - K_p \tilde{x} + \delta_a + \eta \tag{4-18}$$

闭环系统动态模型可以重写成如下的状态空间形式

$$\varepsilon = \begin{bmatrix} \tilde{x} \\ \dot{\tilde{x}} \end{bmatrix} = \begin{bmatrix} x - x_d \\ \dot{x} - \dot{x}_d \end{bmatrix} \tag{4-19}$$

因此，式（4-18）所示的闭环动态方程可以重写成如下的状态空间模型

$$\dot{\boldsymbol{\varepsilon}} = A\boldsymbol{\varepsilon} + B(\boldsymbol{\delta}_{\mathrm{a}} + \boldsymbol{\eta}) \tag{4-20}$$

其中

$$A = \begin{bmatrix} \boldsymbol{0} & \boldsymbol{I} \\ -\boldsymbol{K}_{\mathrm{p}} & -\boldsymbol{K}_{\mathrm{d}} \end{bmatrix}, \qquad B = \begin{bmatrix} \boldsymbol{0} \\ \boldsymbol{I} \end{bmatrix} \tag{4-21}$$

闭环系统的状态空间模型阐述了修正项 $\boldsymbol{\delta}_{\mathrm{a}}$ 的鲁棒作用。为了保证稳定性，需要选择 PD 控制器的增益，使状态空间模型的线性部分是稳定的。另外，需要设计控制律的非线性部分，也即 $\boldsymbol{\delta}_{\mathrm{a}}$，使其对应于最坏情况模型不确定性 $\boldsymbol{\eta}$ 对稳定性的影响。因此，鲁棒控制器包括线性部分和非线性部分。

为了稳定线性部分，选择合适的控制器增益 $\boldsymbol{K}_{\mathrm{p}}$ 和 $\boldsymbol{K}_{\mathrm{d}}$，使矩阵为赫尔维茨矩阵，即它的所有特征值都在虚轴的左侧。如果选择了合适的增益，则对于任意整定的对称矩阵 $\boldsymbol{Q}$，都存在正定对称矩阵 $\boldsymbol{P}$，使其满足以下李雅普诺夫函数

$$A^{\mathrm{T}}P + PA = -Q \tag{4-22}$$

为了稳定非线性部分，需要基于李雅普诺夫理论设计修正项 $\boldsymbol{\delta}_{\mathrm{a}}$。考虑如下的正定李雅普诺夫函数

$$V = \boldsymbol{\varepsilon}^{\mathrm{T}} P \boldsymbol{\varepsilon} \tag{4-23}$$

其中，矩阵 $\boldsymbol{P}$ 是从式（4-22）中得到的对称正定矩阵。为了整定误差系统，需要设计 $\boldsymbol{\delta}_{\mathrm{a}}$，使得李雅普诺夫函数的微分沿着任意轨迹都是负定的。其微分表示为

$$\dot{V} = \dot{\boldsymbol{\varepsilon}}^{\mathrm{T}} P \boldsymbol{\varepsilon} + \boldsymbol{\varepsilon}^{\mathrm{T}} P \dot{\boldsymbol{\varepsilon}} = -\boldsymbol{\varepsilon}^{\mathrm{T}} Q \boldsymbol{\varepsilon} + 2\boldsymbol{\varepsilon}^{\mathrm{T}} PB(\boldsymbol{\delta}_{\mathrm{a}} + \boldsymbol{\eta}) \tag{4-24}$$

注意：在第一个等式中代入了闭环动态模型［式（4-20）］，在最后一个等式中使用李雅普诺夫函数［式（4-22）］化简第一项，它显然是负定的。但是由于模型误差 $\boldsymbol{\eta}$，式（4-24）中最后一个等式的第二项可能变成正值，从而影响系统的稳定性。为了设计修正项 $\boldsymbol{\delta}_{\mathrm{a}}$，假设模型误差 $\boldsymbol{\eta}$ 范数的上限是可计算的，这个上限一般是误差向量和时间的函数，表示如下

$$\|\boldsymbol{\eta}\| \leqslant \rho(\boldsymbol{\varepsilon}, t) \tag{4-25}$$

为了便于表达，将 $B^{\mathrm{T}} P \boldsymbol{\varepsilon}$ 表示为 v，即

$$v = B^{\mathrm{T}} P \boldsymbol{\varepsilon} \tag{4-26}$$

则李雅普诺夫函数的微分可以重写成 $v^{\mathrm{T}}(\boldsymbol{\delta}_{\mathrm{a}} + \boldsymbol{\eta})$。如果修正项选择式（4-27）所示形式，则当 $\|v\| = 0$ 时，这一项消失；当 $\|v\| \neq 0$ 时，这一项变为负定的。

$$\boldsymbol{\delta}_{\mathrm{a}} = -\rho \frac{v}{\|v\|} \tag{4-27}$$

上述论断可以利用施瓦兹不等式证明。

这表明式（4-27）中的修正项能够在最坏的情况下处理模型误差 $\boldsymbol{\eta}$ 对稳定性的影响。

接下来总结鲁棒 IDC 方法，考虑并联机器人模型，其中的控制输入由式（4-13）和式（4-14）计算。其控制量包括一般的逆动力学控制律和修正项 $\boldsymbol{\delta}_{\mathrm{a}}$

$$\boldsymbol{\delta}_{\mathrm{a}} = \begin{cases} -\rho \dfrac{v}{\|v\|}, & \|v\| \neq 0 \\ 0, & \|v\| = 0 \end{cases} \tag{4-28}$$

其中，如式（4-26）所定义的 $v = B^{\mathrm{T}} P \boldsymbol{\varepsilon}$，$P$ 是根据式（4-21）中的李雅普诺夫函数得到的对称正定矩阵；$\boldsymbol{\varepsilon}$ 为式（4-19）定义的运动误差；ρ 为模型误差的最小上限，$\|\boldsymbol{\eta}\| \leqslant \rho$。

图 4-8 所示为工作空间中的鲁棒 IDC 框图，其修正项施加在工作空间中，其执行器力矩由力分布模块计算得到。

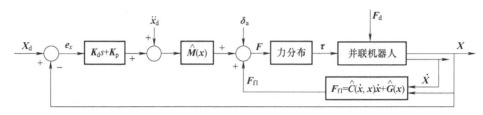

图 4-8　工作空间中的鲁棒 IDC 框图

注意：修正项是非连续的，由式（4-27）中的多值函数计算得到。在不同文献中，这种鲁棒控制方法有不同的名称，一般称为变结构控制。这个名称表明，控制量具有根据输入参数 $\|v\|$ 进行结构切换的特性。

实际上，当 v 为正时，修正项为高增益的扭力；当 v 为负时，修正项为正；当跟踪误差为零时，$v=0$。其高增益值与模型误差的范数 $\|\boldsymbol{\eta}\|$ 有关，如果在不同的状态下，模型的不确定性是可测的，则高增益值可以进行相应的调整。否则，该增益值将大于实际中测得的模型误差范数的最小上限。在所有情况下，高增益切换项在闭环系统中用来保证对于所有期望轨迹和最坏情况，跟踪误差都向零收敛。通过这种方法，基于李雅普诺夫稳定理论，可以在理论上保证渐进跟踪。

虽然高增益切换项可以克服模型的不确定性和外部干扰，但其同时也造成了模型的颤振。颤振表现为系统输出的高频振荡特性，因为系统无法实现理想的不连续控制律。注意：为了实现此不连续控制律，每个控制周期都需要判断输入参数 v 的符号。当它的绝对值较小时，测量噪声严重干扰了小幅度信号，并且会引起很多错误的符号切换。这些错误的符号切换在增益较小时影响不大，但是在大增益的控制器中会使输出发生振荡。

为了消除颤振，可以使用以下对不连续控制的连续估计形式

$$\boldsymbol{\delta}_{\mathrm{a}} = \begin{cases} -\boldsymbol{\rho}\,\dfrac{\boldsymbol{v}}{\|\boldsymbol{v}\|}, & \|\boldsymbol{v}\| > \boldsymbol{\varepsilon} \\[2mm] -\boldsymbol{\rho}\,\dfrac{\boldsymbol{v}}{\boldsymbol{\varepsilon}}, & \|\boldsymbol{v}\| \leqslant \boldsymbol{\varepsilon} \end{cases} \tag{4-29}$$

式中，$\boldsymbol{\varepsilon}$ 是 v 的阈值宽度。根据李雅普诺夫函数［式（4-22）］，可以证明闭环系统的跟踪误差是一致最终有界的（UUB）。

4.4.2　基于逆动力学模型的自适应控制

逆动力学控制的另一个重要扩展是基于完全反馈线性化，但在开始时使用动态矩阵的粗略估计值，并在自适应算法中对其估计值进行更新。相比于 4.4.1 节中的鲁棒控制方法，在自适应控制方法中，动态矩阵的估计值进行在线更新，从而使其与真实值的差异收敛于零。通过这种方法，机械臂的误差系统收敛到式（4-3）所示的二阶系统。

为了推导自适应 IDC 模型，首先回顾一般的机械臂闭环动态方程，其逆动力学控制输入 $\boldsymbol{F}$ 为

$$\boldsymbol{F} = \hat{\boldsymbol{M}}(\boldsymbol{x})\boldsymbol{\alpha} + \hat{\boldsymbol{C}}(\boldsymbol{x}, \dot{\boldsymbol{x}}) + \hat{\boldsymbol{G}}(\boldsymbol{x}) \tag{4-30}$$

$$\boldsymbol{\alpha} = \ddot{\boldsymbol{x}}_{\mathrm{d}} + \boldsymbol{K}_{\mathrm{d}}\dot{\boldsymbol{e}}_{x} + \boldsymbol{K}_{\mathrm{p}}\boldsymbol{e}_{x} \tag{4-31}$$

式中，$\boldsymbol{\alpha}$ 是一般的逆运动学控制输入。模型估计值是进行在线调整，其具体调整方法如下。

考虑机械臂的闭环动态模型，并将式（4-31）中的自适应 IDC 控制量代入，得到

$$\boldsymbol{M}\ddot{\boldsymbol{x}}+\boldsymbol{C}\dot{\boldsymbol{x}}+\boldsymbol{G}=\boldsymbol{F}=\hat{\boldsymbol{M}}(\ddot{\boldsymbol{x}}_{\mathrm{d}}-\boldsymbol{K}_{\mathrm{d}}\dot{\tilde{\boldsymbol{x}}}-\boldsymbol{K}_{\mathrm{p}}\tilde{\boldsymbol{x}})+\hat{\boldsymbol{C}}\dot{\boldsymbol{x}}+\hat{\boldsymbol{G}} \tag{4-32}$$

两边同时减去 $\ddot{\boldsymbol{x}}$，化简为

$$\tilde{\boldsymbol{M}}\ddot{\boldsymbol{x}}+\tilde{\boldsymbol{C}}\dot{\boldsymbol{x}}+\tilde{\boldsymbol{G}}=\hat{\boldsymbol{M}}(\ddot{\tilde{\boldsymbol{x}}}-\boldsymbol{K}_{\mathrm{d}}\dot{\tilde{\boldsymbol{x}}}-\boldsymbol{K}_{\mathrm{p}}\tilde{\boldsymbol{x}}) \tag{4-33}$$

因此

$$(\ddot{\tilde{\boldsymbol{x}}}-\boldsymbol{K}_{\mathrm{d}}\dot{\tilde{\boldsymbol{x}}}-\boldsymbol{K}_{\mathrm{p}}\tilde{\boldsymbol{x}})=\hat{\boldsymbol{M}}^{-1}(\tilde{\boldsymbol{M}}\ddot{\boldsymbol{x}}+\tilde{\boldsymbol{C}}\dot{\boldsymbol{x}}+\tilde{\boldsymbol{G}})=\hat{\boldsymbol{M}}^{-1}\boldsymbol{Y}(\boldsymbol{x},\dot{\boldsymbol{x}},\ddot{\boldsymbol{x}})\tilde{\boldsymbol{\theta}} \tag{4-34}$$

闭环动态方程可以重写成状态空间形式。定义如下的状态变量

$$\boldsymbol{\varepsilon}=\begin{bmatrix}\tilde{\boldsymbol{x}}\\\dot{\tilde{\boldsymbol{x}}}\end{bmatrix}=\begin{bmatrix}\boldsymbol{x}-\boldsymbol{x}_{\mathrm{d}}\\\dot{\boldsymbol{x}}-\dot{\boldsymbol{x}}_{\mathrm{d}}\end{bmatrix} \tag{4-35}$$

则式（4-34）中的闭环动态方程可以重写成如下的状态空间模型

$$\dot{\boldsymbol{\varepsilon}}=\boldsymbol{A}\boldsymbol{\varepsilon}+\boldsymbol{B}\boldsymbol{\phi}\tilde{\boldsymbol{\theta}} \tag{4-36}$$

式中

$$\boldsymbol{A}=\begin{bmatrix}\boldsymbol{0}&\boldsymbol{I}\\-\boldsymbol{K}_{\mathrm{p}}&-\boldsymbol{K}_{\mathrm{d}}\end{bmatrix},\quad\boldsymbol{B}=\begin{bmatrix}\boldsymbol{0}\\\boldsymbol{I}\end{bmatrix},\quad f=\hat{\boldsymbol{M}}^{-1}\boldsymbol{Y}(\boldsymbol{x},\dot{\boldsymbol{x}},\ddot{\boldsymbol{x}}) \tag{4-37}$$

为了保证误差系统的稳定性，需要选择 PD 控制器的参数，使状态空间模型的线性部分保持稳定。另外，自适应律在控制律中的非线性部分 $\boldsymbol{B}\boldsymbol{\phi}\tilde{\boldsymbol{\theta}}$ 需要使总的跟踪误差渐进稳定。

为了稳定线性部分，可以通过选择控制器增益 $\boldsymbol{K}_{\mathrm{p}}$ 和 $\boldsymbol{K}_{\mathrm{d}}$，使矩阵 $\boldsymbol{A}$ 是赫尔维茨矩阵，即其所有特征值都在虚轴的左侧。如果找到了满足条件的增益，则对于任意的对称正定矩阵 $\boldsymbol{Q}$，都存在满足以下李雅普诺夫函数的对称正定矩阵 $\boldsymbol{P}$

$$\boldsymbol{A}^{\mathrm{T}}\boldsymbol{P}+\boldsymbol{P}\boldsymbol{A}=-\boldsymbol{Q} \tag{4-38}$$

为了稳定跟踪误差，需要设计自适应律，使其对于误差系统满足李雅普诺夫定理。考虑如下的正定李雅普诺夫函数

$$V=\boldsymbol{\varepsilon}^{\mathrm{T}}\boldsymbol{P}\boldsymbol{\varepsilon}+\tilde{\boldsymbol{\theta}}^{\mathrm{T}}\boldsymbol{\Gamma}\tilde{\boldsymbol{\theta}} \tag{4-39}$$

式中，矩阵 $\boldsymbol{P}$ 是由式（4-38）计算得到的正定矩阵；$\boldsymbol{\Gamma}$ 为了稳定误差系统，需要设计自适应律，使李雅普诺夫函数沿着任意轨迹的导数都是负定的。其导数为

$$\begin{aligned}\dot{V}&=\boldsymbol{\varepsilon}^{\mathrm{T}}(\boldsymbol{A}^{\mathrm{T}}\boldsymbol{P}+\boldsymbol{P}\boldsymbol{A})\boldsymbol{\varepsilon}+2\tilde{\boldsymbol{\theta}}^{\mathrm{T}}f^{\mathrm{T}}\boldsymbol{B}^{\mathrm{T}}\boldsymbol{P}\boldsymbol{\varepsilon}+2\tilde{\boldsymbol{\theta}}^{\mathrm{T}}\boldsymbol{\Gamma}\dot{\tilde{\boldsymbol{\varepsilon}}}\\&=-\boldsymbol{\varepsilon}^{\mathrm{T}}\boldsymbol{Q}\boldsymbol{\varepsilon}+2\tilde{\boldsymbol{\theta}}^{\mathrm{T}}(f^{\mathrm{T}}\boldsymbol{B}^{\mathrm{T}}\boldsymbol{P}\boldsymbol{\varepsilon}+\boldsymbol{\Gamma}\dot{\tilde{\boldsymbol{\varepsilon}}})\end{aligned} \tag{4-40}$$

设计自适应律如下

$$\dot{\hat{\boldsymbol{\theta}}}=-\boldsymbol{\Gamma}^{-1}f^{\mathrm{T}}\boldsymbol{B}^{\mathrm{T}}\boldsymbol{P}\boldsymbol{\varepsilon} \tag{4-41}$$

容易证明，此时

$$\dot{V}=-\boldsymbol{\varepsilon}^{\mathrm{T}}\boldsymbol{Q}\boldsymbol{\varepsilon}<0 \tag{4-42}$$

可以保证闭环系统的渐进跟踪性能，而参数估计误差是有界的。

图 4-9 所示为工作空间中的自适应 IDC 框图。其实现方式与一般的 IDC 类似，但其动态矩阵通过自适应律进行更新。为了实现这种控制律，需要获得 $\ddot{\boldsymbol{x}}$，并且为了计算矩阵 $\boldsymbol{\phi}$，$\hat{\boldsymbol{M}}$ 必须是可逆的。自适应律中需要计算运动加速度是这种方法的一个突出缺点，在实际中可以用 $\ddot{\boldsymbol{x}}_{\mathrm{d}}$ 代替 $\ddot{\boldsymbol{x}}$，因为如果控制器表现良好，两者之间的差异并不大。但是，即使两者之间的差异很小，也需要重新分析李雅普诺夫稳定性来保证参数估计误差是有界的。

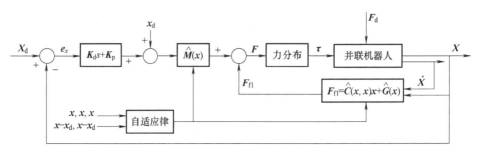

图 4-9　工作空间中的自适应 IDC 框图

4.5　关节空间运动控制

虽然 4.3 节中的工作空间运动控制方法在保证渐进跟踪性能方面是有效的，但其在实际应用中的一个限制是需要测量运动变量 x。如果此变量是可测的，则这种方法在实际中应用效果良好。但是，在很多实际场景中，x 的测量是困难且昂贵的，一般只有驱动关节角 q 是可测的。在这种情况下，关节空间控制器更适合在实际中应用。

为了建立关节空间的直接输入输出关系，考虑图 4-10 中的架构。在此架构中，控制器输入是关节角误差向量 $e_q = q_d - q$，控制器输出是执行器力向量 τ，因此，在控制器输入和输出之间存在一对一的关系。但是，并联机械臂动力学方程的一般形式建立在工作空间中，而适合在关节空间中分析跟踪误差的动力学模型则定义在关节空间中，其中执行器力 τ 直接与关节角 q 关联。在下文中，首先将并联机器人的动力学模型转换到关节空间，然后提出一系列关节空间中的控制策略。

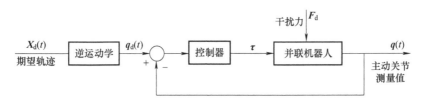

图 4-10　基于逆运动学模型的关节位置控制

工作空间与关节空间中的参数可以通过正运动学和逆运动学模型建立，在正运动学分析中，假设运动变量 x 已知，需要计算出关节角 q；在逆运动学分析中，则是根据关节角 q 计算运动变量 x。虽然对于并联机械臂而言，这两种模型都包括一系列非线性方程，但是逆运动学方程更容易求解。在考虑速度时，逆运动学体现为以下雅可比矩阵

$$\dot{q} = J\dot{x} \tag{4-43}$$

另外，执行器的关节力矩向量和对应工作空间中的扭力之间的关系为

$$F = J^T \tau \tag{4-44}$$

这些方程表明，雅可比矩阵不仅表示了关节速度 $\dot{q}$ 与运动平台速度 $\dot{x}$ 之间的关系，还建立了关节力矩 τ 和工作空间中扭力 F 之间的关系。通过这些关系，定义在工作空间中的动力学方程可以转化到关节空间。

这一转化对于完整约束的并联机械臂是有效的，因其执行器数量与自由度数量相等。对

于这一类机械臂，其雅可比矩阵是方阵，而且在非奇异的状态下是可逆的。基于这些假设，工作空间中的速度和加速度计算如下

$$\dot{x} = J^{-1}\dot{q} \tag{4-45}$$

$$\ddot{x} = J^{-1}\ddot{q} - J^{-1}\dot{J}\dot{x} \tag{4-46}$$

将式（4-45）、式（4-46）中的 $\dot{x}$ 和 $\ddot{x}$ 代入机器人动力学模型，同时考虑施加在运动平台上的外部干扰力矩，可得

$$M(J^{-1}\ddot{q} - J^{-1}\dot{J}\dot{x}) + CJ^{-1}\dot{q} + G + F_{\mathrm{d}} = J^{\mathrm{T}}\tau \tag{4-47}$$

两边同时乘以 $J^{-\mathrm{T}}$，化简得

$$(J^{-\mathrm{T}}MJ^{-1})\ddot{q} + J^{-\mathrm{T}}(C - MJ^{-1}\dot{J})J^{-1}\dot{q} + J^{-\mathrm{T}}G + J^{-\mathrm{T}}F_{\mathrm{d}} = \tau \tag{4-48}$$

因此，并联机械臂在关节空间中的动力学模型可以表示为

$$M_{\mathrm{q}}\ddot{q} + C_{\mathrm{q}}\dot{q} + G_{\mathrm{q}} + \tau_{\mathrm{q}} = \tau \tag{4-49}$$

式中，τ 为关节力矩向量；其他参数的公式为

$$M_{\mathrm{q}} = J^{-\mathrm{T}}MJ^{-1} \tag{4-50}$$

$$C_{\mathrm{q}} = J^{-\mathrm{T}}(C - MJ^{-1}\dot{J})J^{-1} \tag{4-51}$$

$$G_{\mathrm{q}} = J^{-\mathrm{T}}G \tag{4-52}$$

$$\tau_{\mathrm{q}} = J^{-\mathrm{T}}F \tag{4-53}$$

式（4-49）即为关节空间中并联机械臂的闭环动力学模型。虽然在此模型中动态矩阵可以得到闭合的形式，但是它们不能由关节角 q 显式表示。实际上，为了得到这些矩阵，需要已知雅可比矩阵 J 以及 J^{-1}、$J^{-\mathrm{T}}$、$\dot{J}$。然而，雅可比矩阵一般是关于运动变量 x 的函数。因此，在实际中为了在关节空间中得到动态矩阵，需要根据关节角 q 利用正向运动学模型求解 x。

对于并联机器人来说，正向运动学的分析比较耗时，而且直接将关节空间中的动态矩阵与关节角 q 建立联系是十分困难的。这也是大部分并联机器人的控制方法都是在工作空间中的原因。实际上，如果可以在线地计算并联机械臂的正向运动学方程，则推荐使用图 4-2 所示的控制架构和工作空间中的控制器。

一种计算动态矩阵的可实现方法是在计算中用期望轨迹 x_{d} 代替真实轨迹 x。这个近似大大地减少了计算量，但也造成了估计值与真实值之间的偏差。鲁棒和自适应控制方法可以系统地处理机器人模型的不确定性。下面将介绍两种针对式（4-49）所示机器人动力学模型的控制方法。

4.5.1　分散 PD 控制

分散控制是指系统中的控制部分表现为若干个分散的、有一定相对独立性的子控制机构，这些机构在各自的范围内各司其职、互不干涉，各自完成整个系统目标中的分目标。

在并联机器人分散控制中，分散控制策略可由最简单的反馈控制形式组成。在图 4-11 所示的构架中，每一个误差元素都使用独立的线性 PID 控制器。将关节空间中的跟踪误差定义为 e_{q}，则分散控制器由 n 个独立的线性 PID 控制器组成，其中 n 表示完整约束的并联机械臂中执行器的数量。PD 控制器表示为 $K_{\mathrm{d}}s + K_{\mathrm{p}}$，其中 K_{d} 和 K_{p} 是 $n \times n$ 的矩阵，分别表示微分和比例控制增益。这两个矩阵对角线上的元素表示对每一个误差元素的控制器增益。

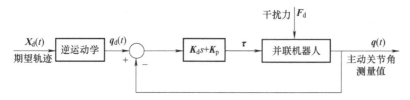

图 4-11　并联机器人关节空间分散 PD 控制框图

因此，在此架构中，每一个跟踪误差向量分别用独立的 PD 控制器进行控制。控制器输出为 τ，表示在关节空间中需要施加在执行器上的力矩。注意：因为控制器的输出定义在关节空间，每一个力矩元素都直接对应跟踪误差元素，如果使用高增益的控制器，则可以实现较好的跟踪性能。

上述分散 PD 控制器的架构比较简单，因此在实际中易于实现。这种控制器的设计不需要机械臂动力学模型的具体信息，也不需要动态参数，计算复杂度很低。但其跟踪性能相对较差，而且可能会有稳态跟踪误差。另一方面，由于使用高增益，执行器所需的能量比较大，而且闭环系统的性能是与系统状态相关的。

一般而言，控制器增益 $\boldsymbol{K}_d$ 和 $\boldsymbol{K}_p$ 可以通过试验尝试的方式进行整定，最终设置的控制器增益是针对系统不同工况下暂态响应和稳态误差的折中。由于并联机器人动力学模型为非线性模型，并且依赖于系统状态，因此，设计能满足所有工况且能达到期望性能指标的控制器增益十分困难。一般而言，针对并联机器人正常工作点设计的合适的控制器增益对于其他未整定的工作点情形控制性能较差。此外，在实际并联机器人控制中，图 4-11 所示的 PD 控制器对测量噪声和外部干扰的鲁棒性较差。为了提高并联机器人系统的控制性能，研究人员针对图 4-11 所示控制架构提出了一些改进，如下文介绍的前馈控制方法。然而，本节介绍的 PD 控制器可用于并联机器人关节空间闭环控制的初步尝试。

4.5.2　前馈控制

如 4.5.1 节中所述，简单的 PD 控制器在不同状态下的跟踪性能难以得到保证，特别是当存在测量噪声和外部扰动时。为了补偿这些影响，可以在控制器架构中增加前馈项 $\boldsymbol{\tau}_{ff}$，如图 4-12 所示。这一项是通过将根据机械臂动力学模型计算的前馈扭力映射到关节空间中得到的

$$\boldsymbol{\tau}_{ff} = \boldsymbol{J}^{-T} \boldsymbol{F}_{ff} = \boldsymbol{J}^{-T} [\hat{\boldsymbol{M}}(\boldsymbol{x}_d)\ddot{\boldsymbol{x}}_d + \hat{\boldsymbol{C}}(\boldsymbol{x}_d, \dot{\boldsymbol{x}}_d)\dot{\boldsymbol{x}}_d + \hat{\boldsymbol{G}}(\boldsymbol{x}_d)] \tag{4-54}$$

计算前馈扭力需要已知工作空间中的期望轨迹 $\boldsymbol{x}_d$ 及其微分 $\dot{\boldsymbol{x}}_d$、$\ddot{\boldsymbol{x}}_d$，前馈关节力是通过 $\boldsymbol{J}^{-T}(\boldsymbol{x}_d)$ 将工作空间中的扭力映射到关节空间中。对于全并联机器人，这一映射在非奇异状态下是有效的。

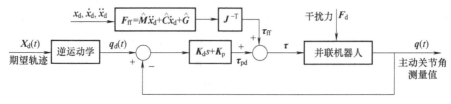

图 4-12　含前馈补偿的关节空间分散 PD 控制器

在这种情况下，执行器的数量与自由度的数量相等，因此雅可比矩阵为方阵，并且在非奇异状态下是可逆的。控制律中的修正项是前馈的，因为在计算 τ_{ff} 时不需要关于机器人关节角 q 的在线信息。另外，在计算补偿项时，需要已知机器人的动力学模型及其运动学和动力学参数。在实际中，动态矩阵往往是不能精确已知的，因此在控制器中一般使用它们的估计值 $\hat{M}$、$\hat{C}$ 和 $\hat{G}$，分别代表对质量矩阵、科氏力和离心力矩阵以及重力向量的估计值。

计算前馈力矩 τ_{ff} 需要的信息一般都是已知的，因此对于给定期望轨迹的前馈项可以离线计算，而分散反馈控制项则需要在线计算。将关节空间中机械臂的闭环动力学方程写为

$$M_e\ddot{q}+G_q\dot{q}+G_q+\tau_d=\tau_{pd}+\tau_{ff}=K_d\dot{e}_q+K_p e_q+J^{-T}(\hat{M}\ddot{x}_d+\hat{C}\dot{x}_d+\hat{G}) \tag{4-55}$$

如果完全已知动态矩阵，则 $\hat{M}=M$、$\hat{C}=C$ 且 $\hat{G}=G$。另外，假设控制器表现良好，轨迹跟踪较为准确，则 $x(t)\approx x_d(t)$，$\dot{x}(t)\approx\dot{x}_d(t)$。在这种情况下，考虑到式（4-46），闭环动力学方程可以简化为

$$M_q(\ddot{q}_d-\ddot{q})+K_d\dot{e}_q+K_p e_q-\tau_d=0 \tag{4-56}$$

$$M_q\ddot{e}_q+K_d\dot{e}_q+K_p e_q=\tau_d \tag{4-57}$$

式（4-57）表明如果上述假设条件成立，则误差系统在噪声存在时为二阶。因此，可以通过选择合适的 PD 控制器参数，使暂态响应和稳态误差满足设计要求。如果外部干扰力为零或收敛于零，则闭环系统的稳态误差也收敛于零。另外，除了质量矩阵，其他动态参数都是与系统状态无关的，因此可以更容易地整定 PD 控制器增益，使其在机器人整个工作空间都有效。

但是，这种方法在实际中有一些限制。最主要的限制是需要完全已知动态矩阵参数。但在实际中，获得这些矩阵参数是很难的。因此，式（4-55）更能表达误差系统。在此情况下，动态矩阵估计值与真实值之间的误差作为外部干扰施加到被控系统上，从而导致闭环系统出现稳态误差。另外，即使动态矩阵完全已知，运动平台的实际轨迹与期望轨迹是有差异的，即 $x(t)\neq x_d(t)$ 和 $\dot{x}(t)\neq\dot{x}_d(t)$。这是施加到误差系统上的更重要的干扰项，从开始就影响了跟踪误差。最后，如果上述所有假设条件都成立，因为方程中的质量矩阵依赖于系统状态，误差系统并不能完全解耦。这表明对一个误差元素的修正可能会成为对其他元素的干扰。为了克服这些限制，可采用逆运动学模型控制方法。

4.6 MATLAB 环境下并联机器人运动控制仿真分析

以 Delta 并联机器人为例开展运动控制研究，基于式（4-49）的 Delta 并联机器人的动力学模型，分别采用 PID 控制方法和逆系统控制方法进行运动控制研究，并通过 MATLAB 给出仿真结果。

4.6.1 PID 控制方法

基于式（4-49）描述的 Delta 并联机器人动力学模型进行 PID 控制器研究，其控制原理图如图 4-13 所示。其中设计的 PID = 200+10s。

通过数值仿真，得到 Delta 并联机器人动平台位置与期望位置的曲线如图 4-14~图 4-16 所示，Delta 并联机器人驱动电动机的关节角度与期望角度的曲线如图 4-17~图 4-19 所示。

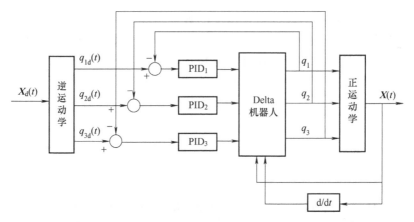

图 4-13 Delta 机器人 PID 控制原理图

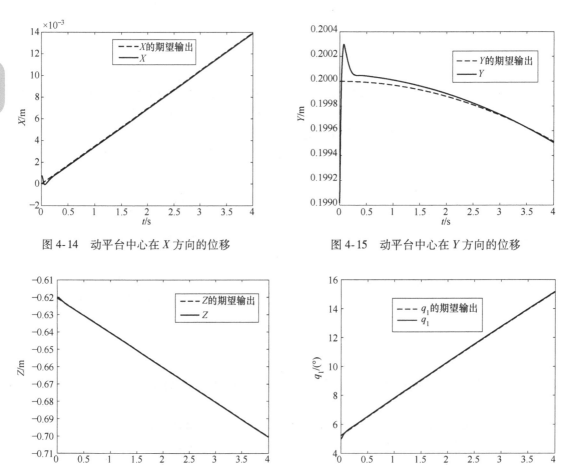

图 4-14 动平台中心在 X 方向的位移

图 4-15 动平台中心在 Y 方向的位移

图 4-16 动平台中心在 Z 方向的位移

图 4-17 Delta 机器人驱动电动机 1 的关节角度

由图 4-14~图 4-19 可以看出，Delta 并联机器人的 PID 控制器具有较好的控制效果。动平台中心位置和驱动电动机关节角度的跟踪误差均能快速跟随期望值。其中，动平台中心在 X、Y、Z 方向位置的最大绝对跟踪误差绝对值不超过 $0.001\mathrm{m}$，均方根误差小于 $1.88 \times 10^{-4}\mathrm{m}$，见表 4-1。各驱动电动机关节角度的跟踪误差均较小，最大绝对跟踪误差为 $0.2314°$，见表 4-2。

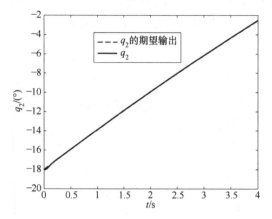

图 4-18 Delta 机器人驱动电动机 2 的关节角度

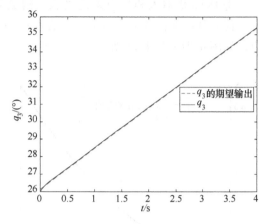

图 4-19 Delta 机器人驱动电动机 3 的关节角度

表 4-1 动平台中心位置跟踪误差 （单位：m）

项 目	X	Y	Z
最大绝对跟踪误差	7.6042×10^{-4}	9.8378×10^{-4}	7.4629×10^{-4}
均方根误差	9.6309×10^{-5}	7.7223×10^{-5}	1.8711×10^{-4}

表 4-2 驱动电动机关节角度跟踪误差 （单位：°）

项 目	电动机 1	电动机 2	电动机 3
最大绝对跟踪误差	0.2314	0.1496	0.1507
关节角均方根误差	0.0388	0.0302	0.0212

4.6.2 逆系统控制方法

针对式（4-49）所示的动力学方程，基于逆系统方法设计如下控制律

$$\boldsymbol{\tau} = (\boldsymbol{I}'_{\mathrm{B}} + \boldsymbol{J}^{\mathrm{T}} m_n \boldsymbol{J}) \boldsymbol{v} + \boldsymbol{J}^{\mathrm{T}} m_n \dot{\boldsymbol{J}} \dot{\boldsymbol{q}} - \boldsymbol{J}^{\mathrm{T}} m_{ng} \begin{bmatrix} 0 & 0 & -g \end{bmatrix}^{\mathrm{T}} - \boldsymbol{G}_{\mathrm{b}} \qquad (4\text{-}58)$$

式中，$\boldsymbol{v}$ 为伪控制量。将 Delta 机器人的逆系统和被控 Delta 机器人级联，构成二阶伪线性系统 $\ddot{\boldsymbol{q}} = \boldsymbol{v}$，如图 4-20 所示。

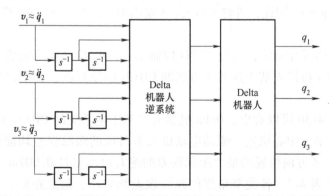

图 4-20 Delta 机器人与其逆系统级联构成的二阶伪线性系统框图

将 Delta 机器人和其逆系统级联，构成复合非线性系统，对此复合非线性系统输入信号，检验其线性化效果。给定输入信号 $v_1 = v_2 = v_3 = 0.5$，并对比理想二阶积分系统的输出响应，如图 4-21~图 4-23 所示。

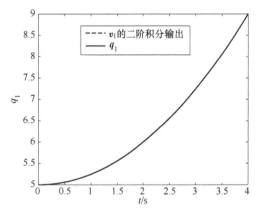

图 4-21　电动机 1 关节角度线性化效果

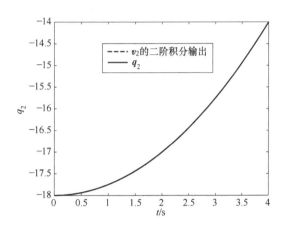

图 4-22　电动机 2 关节角度线性化效果

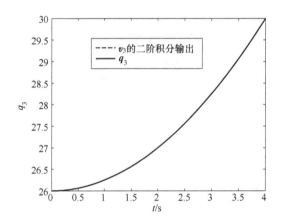

图 4-23　电动机 3 关节角度线性化效果

由图 4-21~图 4-23 可知，被控 Delta 并联机器人系统的逆系统与 Delta 并联机器人组成的复合系统在一定的工作范围内可近似等效为二阶伪线性积分系统，即复合系统的输出与伪控制输入的关系为 $\ddot{q} = v$。因此，可将 3 输入、3 输出的非线性 Delta 并联机器人系统解耦成 3 个近似 SISO 系统。

基于上述二阶伪线性系统，可设计 PD 控制器、LQG 控制器等完成系统的控制模块。图 4-24 所示为 Delta 机器人基于逆系统方法的 PID 控制原理图，其中设计的控制器 PID = $200 + 10s$。

由图 4-25~图 4-30 可以看出，Delta 机器人在基于逆系统的 PID 控制器作用下具有较好的控制效果。动平台中心位置、驱动电动机关节角度的跟踪误差均能快速达到设定值。动平台末端 X、Y、Z 方向位置的最大跟踪误差的绝对值不超过 0.001m，均方根误差均小于 1.71×10^{-4}m，见表 4-3。各关节角度的跟踪误差均较小，最大跟踪误差为 0.2413°，见表 4-4。

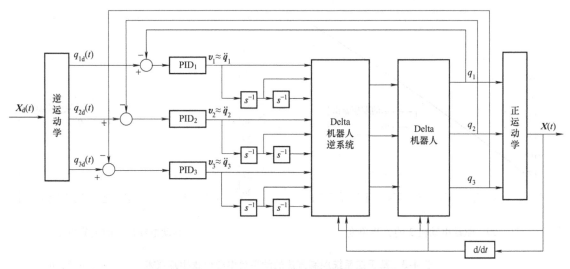

图 4-24　Delta 机器人基于逆系统方法的 PID 控制原理图

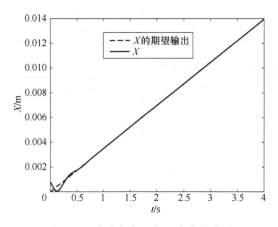

图 4-25　动平台中心在 X 方向的位移

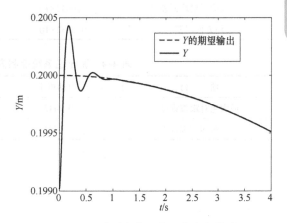

图 4-26　动平台中心在 Y 方向的位移

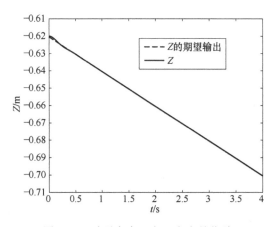

图 4-27　动平台中心在 Z 方向的位移

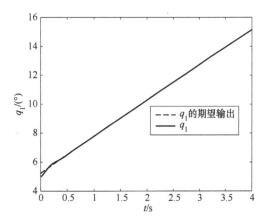

图 4-28　驱动电动机 1 的关节角度

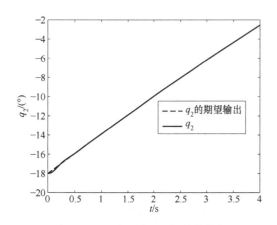

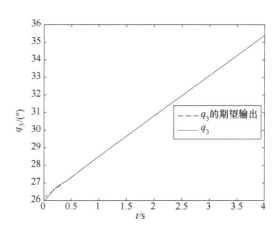

图 4-29　驱动电动机 2 的关节角度　　　　　图 4-30　驱动电动机 3 的关节角度

表 4-3　基于逆系统控制方法的动平台中心位置跟踪误差　　　（单位：m）

项　　目	X	Y	Z
最大绝对跟踪误差	$7.6042×10^{-4}$	$9.8378×10^{-4}$	0.001
均方根误差	$9.6332×10^{-5}$	$1.1901×10^{-4}$	$1.7054×10^{-4}$

表 4-4　基于逆系统控制方法的关节角度跟踪误差　　　（单位：°）

项　　目	电动机 1	电动机 2	电动机 3
最大绝对跟踪误差	0.2413	0.1975	0.1735
关节角均方根误差	0.0341	0.0338	0.0262

第 5 章

并联机器人力控制

5.1　引言

　　并联机构主动柔顺控制的基本实现方法有两种，分别是力位混合控制和阻抗/导纳控制。力位混合控制的概念由 Raibert 和 Craig 提出，是将任务空间划分为位置控制子空间和力控制子空间，在位置控制子空间中进行位置控制，在力控制子空间进行力控制。这两个子空间是彼此正交的，因此无法在某一方向上同时控制力和位置。同时，这种方法忽略了机器人和环境之间的动态耦合，因此当环境发生变化时，机器人容易产生不稳定的运动状态。阻抗/导纳控制由 Hogan 提出，通过控制机器人的机械阻抗来实现柔顺性。阻抗/导纳控制通过建立机器人的位置和接触力之间的动态关系，提供了一种自由空间控制和接触环境控制的统一框架。其实现方法有两种：一种是基于力控制的方法，称为"基于力的阻抗控制"，也称"阻抗控制"；另一种是基于位置控制的方法，称为"基于位置的阻抗控制"，也称"导纳控制"。通常情况下，阻抗控制与环境接触时稳定性好，但是无接触时由于对位置没有积分环节，因此对动力学建模的要求比较高，如果建模误差大，则位置精度会受影响。导纳控制无接触时位置精度比较高，但是，当机器人本身刚性很大又与刚性环境接触时，则系统容易不稳定。由于阻抗/导纳控制同时适用于自由空间控制和接触环境控制，具有良好的适应性，因此已成为柔顺控制的主流方法。

　　当机器人执行某些任务时，需要精确跟踪控制其与环境之间的接触力，然而传统的柔顺控制已经无法满足需求。通过对传统的阻抗/导纳控制器进行适当调整并设置合理的参考轨迹，可以使用阻抗/导纳控制在环境参数完全精确可知的前提下进行期望力跟踪控制。但实际情况中环境参数往往不准确，或者是时变的，这会对接触力跟踪控制产生影响。许多学者采用不同方法尝试解决环境参数未知的问题，其中包括自适应控制、神经网络、模糊逻辑等，然而这些方法过于复杂且不具有普遍性。因此，建立高性能的力伺服系统已成为当前的研究热点。

　　本章对 Stewart 并联机器人的主动柔顺控制展开研究。以阻抗/导纳控制为基本手段，研究其不同的实现方法，并进行鲁棒性分析。对 Stewart 并联机器人与环境间的接触力跟踪控制展开研究。

5.2　阻抗/导纳控制

　　主从式机器人系统中，机器人的从臂跟随主臂运动。通常，主臂负责与人进行交互，在人的控制下完成运动，同时将运动信息发送给从臂，实现从臂的运动。同时从臂将力信息反馈给主臂，进而操作者获得力信息。机器人主臂的力反馈可以通过机器人的力控制策略实现。本节主要研究机器人的力控制策略，以实现机器人的力控制。

5.2.1 基本概念

为了理解阻抗/导纳控制，首先需要清楚阻抗和导纳的概念。自然界中的物理量按属性可划分为流和势，常见的流有速度和电流，常见的势有力和电压。输入为流、输出为势的系统称为阻抗系统；输入为势、输出为流的系统称为导纳系统。阻抗系统与导纳系统必须相间出现才能保证稳定。因此在阻抗控制中，控制器是阻抗系统，而机器人是导纳系统；而在导纳控制中，控制器是导纳系统，而机器人是阻抗系统。

与环境接触的机器人系统的动力学方程可写成

$$M(q)\ddot{q}+C(q,\dot{q})\dot{q}+G(q)=\tau+F_{\text{ext}} \tag{5-1}$$

式中，q 是系统的广义坐标；$M(q)\ddot{q}$、$C(q,\dot{q})\dot{q}$、$G(q)$ 分别是惯性力项、科氏力和离心力项、重力项；τ 是机器人的驱动力；F_{ext} 是机器人所受环境作用力。阻抗控制与导纳控制的控制目标都是机器人位置与环境接触力之间的动态关系，此关系一般写成如下二阶微分方程的形式

$$M_{\text{d}}(\ddot{q}-\ddot{q}_{\text{d}})+B_{\text{d}}(\dot{q}-\dot{q}_{\text{d}})+K_{\text{d}}(q-q_{\text{d}})=F_{\text{ext}} \tag{5-2}$$

式中，M_{d}、B_{d}、K_{d} 分别是质量矩阵、阻尼矩阵、刚度矩阵；q_{d} 为期望位置。

式（5-2）一般被称为期望的阻抗特性。定义 $\tilde{q}=q-q_{\text{d}}$，则 $\tilde{q}$ 和 F_{ext} 之间的传递函数可写为

$$G_{\text{d}}(s)=\frac{1}{M_{\text{d}}s^2+B_{\text{d}}s+K_{\text{d}}} \tag{5-3}$$

由于阻抗控制是一种基于力控制的方法，它要求被控系统具有直接调整各驱动单元输出力的功能。阻抗控制的核心思想是测量当前位置和目标位置的差，调整末端产生的力。理想的阻抗控制结构图如图5-1所示。

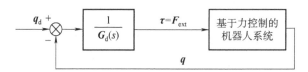

图5-1　理想的阻抗控制结构图

根据式（5-1）和式（5-2）可以写出理想状况下阻抗控制的控制律为

$$\tau=M(q)\ddot{q}+C(q,\dot{q})\dot{q}+G(q)-M_{\text{d}}\ddot{\tilde{q}}-B_{\text{d}}\dot{\tilde{q}}-K_{\text{d}}\tilde{q} \tag{5-4}$$

观察到式（5-4）含有广义坐标的加速度反馈。由于机器人上通常不会安装加速度传感器，而可以在末端或关节处安装力传感器，因此采用力反馈代替加速度反馈。将式（5-2）中的 $\ddot{q}$ 代入式（5-4），得到最终的阻抗控制律为

$$\tau=M(q)\ddot{q}_{\text{d}}+C(q,\dot{q})\dot{q}+G(q)-M(q)M_{\text{d}}^{-1}(B_{\text{d}}\dot{\tilde{q}}+K_{\text{d}}\tilde{q})-[E-M(q)M_{\text{d}}^{-1}]F_{\text{ext}} \tag{5-5}$$

最终的阻抗控制结构图如图5-2所示。

导纳控制是一种基于位置控制的方法，所以它可以容易地应用于基于位置控制的机器人上，如工业机器人。导纳控制的核心思想是通过测量末端受到的力，来调整末端的位置。导

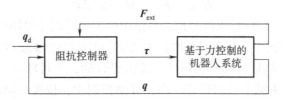

图 5-2　最终的阻抗控制结构图

纳控制结构图如图 5-3 所示，通常采用两环控制的结构，外环为导纳控制环，根据外力计算指令位置 q_c；内环为位置控制环，控制机器人末端位置，实现 $q=q_c$。工业机器人的位置控制环通常采用 PD 控制，因此可得导纳控制的控制律为

$$M_d(\ddot{q}_c-\ddot{q}_d)+B_d(\dot{q}_c-\dot{q}_d)+K_d(q_c-q_d)=F_{ext}$$
$$\tau=M(q)(\ddot{q}_c+k_p(q_c-q)+k_v(\dot{q}_c-\dot{q}))+C(q,\dot{q})\dot{q}+G(q)-F_{ext} \tag{5-6}$$

式中，k_p 和 k_v 是正定的增益矩阵。

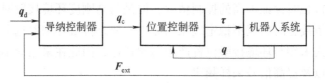

图 5-3　导纳控制结构图

5.2.2　鲁棒性分析

由于存在模型和参数的不确定性，式（5-1）描述的动力学模型仅是对真实系统的一个逼近，机器人系统真实的动力学模型可写成

$$M(q)\ddot{q}+C(q,\dot{q})\dot{q}+G(q)+\Delta P=\tau+F_{ext} \tag{5-7}$$

式中，ΔP 为未建模部分。为了比较阻抗控制和导纳控制的鲁棒性，根据式（5-2）定义误差函数为

$$E=M_d(\ddot{q}-\ddot{q}_d)+B_d(\dot{q}-\dot{q}_d)+K_d(q-q_d)-F_{ext} \tag{5-8}$$

比较阻抗控制与导纳控制的稳态误差

$$E_{static}=K_d(q-q_d)-F_{ext} \tag{5-9}$$

对于阻抗控制，将控制律［式（5-5）］代入动力学模型［式（5-7）］，可得系统的闭环特性为

$$-M_dM^{-1}(q)\Delta P=M_d(\ddot{q}-\ddot{q}_d)+B_d(\dot{q}-\dot{q}_d)+K_d(q-q_d)-F_{ext} \tag{5-10}$$

则稳态误差为

$$E_{static}=-M_dM^{-1}(q)\Delta P \tag{5-11}$$

对于导纳控制，将控制律［式（5-6）］代入动力学模型［式（5-7）］，可得系统的闭环特性为

$$M_d(\ddot{q}_c-\ddot{q}_d)+B_d(\dot{q}_c-\dot{q}_d)+K_d(q_c-q_d)=F_{ext}$$
$$M^{-1}(q)\Delta P=\ddot{q}_c-\ddot{q}+k_p(q_c-q)+k_v(\dot{q}_c-\dot{q}) \tag{5-12}$$

则稳态误差为

$$E_{\text{static}} = K_d k_p^{-1} M^{-1}(q) \Delta P \tag{5-13}$$

由式（5-9）和式（5-11）可以看出，系统中的未建模误差对阻抗控制和导纳控制的影响是不同的。在阻抗控制中，稳态误差的值由期望的阻抗特性参数 M_d 直接决定，由于阻抗特性参数 M_d、B_d、K_d 都是根据所执行任务需求设计的，不可随意改变，因此不能通过减小质量矩阵 M_d 的方法来减小稳态误差。而在导纳控制中，位置控制环的增益 k_p 会影响稳态误差的值，而 k_p 相对于阻抗特性参数是独立的，因此可以通过增大 k_p 来减小系统的稳态误差。所以可以得出结论，在参数选择合适的情况下，相较于阻抗控制，导纳控制能够更好地抑制未建模误差造成的影响，因此导纳控制具有更强的鲁棒性。

这种差异是由阻抗控制和导纳控制的本质区别造成的。阻抗控制是基于力控制的思想设计的，而导纳控制是基于位置控制的思想设计的，这种区别必然会造成稳定性以及控制性能方面的差异。国内外的许多学者针对阻抗控制和导纳控制进行了大量仿真和试验研究，得出的结论为：阻抗控制能够与环境产生稳定的相互作用，甚至是十分刚性的环境，但是由于摩擦和未建模误差的存在，其在自由空间中的控制精度较低；导纳控制能够在自由空间中以及与刚度较低的环境接触时保证很高的控制精度，但是与高刚度环境接触时易产生不稳定。导纳控制与高刚度环境接触时出现不稳定现象的原因主要是位置环增益选取得过高和由信号传输延迟引起的机器人末端与环境接触位置产生高频抖振，因此在采用导纳控制时，应注意选取合适的增益参数以及提高信号采样频率。

5.2.3 阻抗/导纳控制仿真

为验证上述内容的正确性，以 Stewart 并联机器人为控制对象，对阻抗控制和导纳控制进行了不同工况下的仿真。Stewart 并联机器人的动力学模型为

$$\ddot{q} = \hat{M}^{-1}(q) \left[J^T(q)(\tau + \hat{F}_f) - \hat{C}(q, \dot{q})\dot{q} - \hat{G}(q) \right] + \Delta P(q, \dot{q}, \ddot{q}) \tag{5-14}$$

其中未建模部分定义为

$$\Delta P(q, \dot{q}, \ddot{q}) = \hat{M}^{-1}(q) \left[J^T(q) \Delta F_f + F_{\text{ext}} - \Delta M(q)\ddot{q} - \Delta C(q, \dot{q})\dot{q} - \Delta G(q) \right] \tag{5-15}$$

仿真中的参数选择如下

$$\Delta M(q) = 0.05\hat{M}(q), \quad \Delta C(q, \dot{q}) = 0.05\hat{C}(q, \dot{q}), \quad \Delta G(q) = 0.05\hat{G}(q), \quad \Delta F_f = 0.05\hat{F}_f,$$

$$M_d = \text{diag}(70, 70, 70, 30, 30, 30), \quad K_d = \text{diag}(1, 1, 1, 0.5, 0.5, 0.5) \times 10^3, \quad B_d = 2\sqrt{K_d M_d},$$

$$k_p = \text{diag}(1, 1, 1, 0.5, 0.5, 0.5) \times 10^3, \quad k_v = 2\sqrt{k_p},$$

$$q_0 = (0, 0, z_0, 0, 0, 0)^T, \quad z_0 = 1306.1\text{mm}$$

$$\tag{5-16}$$

假设初始状态下机构的 z 方向与环境刚好接触，并在 $t = 0$ 时刻施加 $z_d = 1506.1\text{mm}$ 的阶跃信号，分别对环境刚度 k_e 为 500N/m、1000N/m、1500N/m 和 2000N/m 的工况进行仿真。理想状况下，z 方向的位置响应 z_{ref} 和接触力响应 $F_{z_{\text{ref}}}$ 可根据式（5-17）求出

$$M_{d_z}\ddot{z}_{\text{ref}} + B_{d_z}\dot{z}_{\text{ref}} + K_{d_z}(z_{\text{ref}} - z_d) = F_{z_{\text{ref}}}$$

$$F_{z_{\text{ref}}} = k_e(z_0 - z_{\text{ref}}) \tag{5-17}$$

式中，M_{d_z}、B_{d_z} 和 K_{d_z} 分别为 M_d、B_d 和 K_d 在 z 方向上的分量。图5-4与图5-5分别展示了不同工况下，理想位置响应 z_{ref} 曲线和理想接触力响应 $F_{z_{\text{ref}}}$ 曲线。图5-6和图5-7分别展示了阻抗控制作用下，z 方向的位置和接触力与理想曲线的偏差。图5-8和图5-9分别展示了导

纳控制作用下，z 方向的位置和接触力与理想曲线的偏差。表 5-1 列出了阻抗控制与导纳控制在不同工况下的均方根误差。

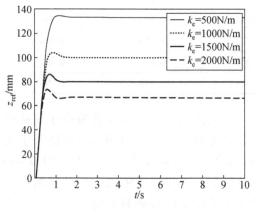

图 5-4　理想位置响应曲线

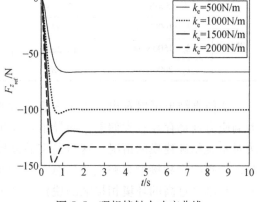

图 5-5　理想接触力响应曲线

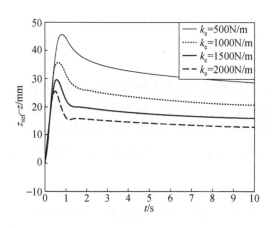

图 5-6　阻抗控制位置响应偏差

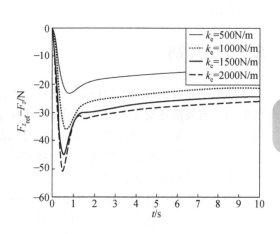

图 5-7　阻抗控制接触力响应偏差

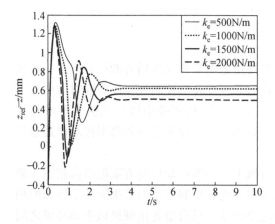

图 5-8　导纳控制位置响应偏差

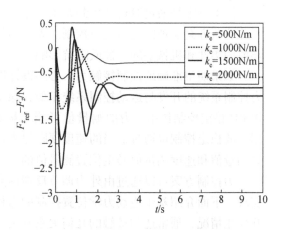

图 5-9　导纳控制接触力响应偏差

表 5-1　阻抗控制与导纳控制在不同工况下的均方根误差

对比项目		阻抗控制		导纳控制	
		$z_{ref}-z$/mm	$F_{z_{ref}}-F_z$/N	$z_{ref}-z$/mm	$F_{z_{ref}}-F_z$/N
均方根误差	$k_e=500$N/m	32.833	16.417	0.693	0.346
	$k_e=1000$N/m	23.672	23.672	0.654	0.654
	$k_e=1500$N/m	18.262	27.393	0.600	0.901
	$k_e=2000$N/m	14.685	29.371	0.547	1.094

　　从仿真结果可以看出，由于存在未建模误差，阻抗控制无论是在位置响应还是接触力响应方面都存在较大偏差，而导纳控制能够把偏差控制在很小的范围内，更适用于无法对系统精确建模的情况，这与前文的分析结果相吻合。当环境刚度增大到 $k_e=2000$N/m 时，位置响应和接触力响应在稳态时均产生了轻微抖振，这验证了前文分析的导纳控制不宜与刚度过高的环境相接触的说法。然而，尽管导纳控制能够抑制未建模误差带来的影响，稳态误差依然不能被完全消除，当有更高的控制精度需求时，也需要更加高级的控制方法。

5.3　力控制

　　要顺利完成机械手控制任务，基本条件之一是具备处理机械手与外部环境之间交互作用的能力。有效描述交互作用的物理量是机械手末端执行器的接触力。通常不希望接触力数值过大，因为可能会造成机械手和被操作目标都产生压力。本节首先研究机械手与外部环境交互过程中的操作空间运动控制方案，特别针对将接触力测量合并到控制策略中的问题，引入机械柔量和机械阻抗的概念。

　　接下来介绍用外部力调节器闭环反馈回路适当修正运动控制方案，并从中得到的力控制方案。对实现交互任务的控制作用进行规划，建立任务几何关系的自然约束集和控制策略的人工约束集，约束集指的是适当的约束条件框架。可以很方便地用公式导出力/运动混合控制方案。

　　以上方案是通过对运动控制系统末端执行器期望姿态施加动作而间接控制相互作用力，因此这些方案实现的是间接力控制。无论如何，机械手与环境之间的相互作用都是直接受到环境的柔性和机械手的柔性或阻抗影响的。

　　如果期望准确地控制接触力，必须设计能够直接指定期望相互作用力的控制方案。直接力控制系统的开发与运动控制系统相似，除了常规的非线性补偿控制外，还需要对力误差采用 PD 稳定控制作用。力的测量值可能会被噪声污染，因此在实践中可能无法实现微分作用，故稳定控制可通过适当的速度项阻尼来实现。其结果是力控制系统的典型控制律是基于力测量值和速度测量值乃至位置测量值的。

　　力控制方案可以通过由外力调节反馈回路向机械手常用的运动控制方案提供控制输入来实现。下面介绍基于逆动力学位置控制的力控制方案。这种控制方案的效果取决于特殊的相互作用情况，通常还与接触的几何关系有关。为此要注意，只有沿着出现机械手和环境之间相互作用力的操作空间方向，控制策略才是有意义的。

　　下面介绍采用逆动力学形式运动控制律的力控制方案。假定操作空间仅由位置变量定

义，末端执行器位姿可由操作空间向量 $x_e = o_e$ 指定，并假设环境的弹性模型为

$$f_e = K(x_e - x_r) \tag{5-18}$$

式中，f_e 为环境弹性力；K 为环境刚度矩阵；x_e 为末端执行器的实际位姿；x_r 为末端执行器在环境坐标下的位姿。环境的该模型是在假设力只在接触点产生的情况下推导得到的。

5.3.1 包含位置回路的力控制

参考式含有力测量值的逆动力学控制律，可以采用式（5-19）所示的控制律代替

$$y = J^{-1}(q)M_d^{-1}[-K_D \dot{x}_e + K_P(x_F - x_e) - M_d \dot{J}(q, \dot{q})\dot{q}] \tag{5-19}$$

式中，$J(q)$ 为雅可比矩阵；M_d 为质量矩阵；K_D 为阻尼矩阵；K_P 为刚度矩阵；x_F 为与力误差有关的参考量；x_e 为末端执行器的实际位姿。

通过式（5-19）可以发现，该控制律无法预知是否采用与 x_F 和 $\ddot{x}_F$ 相关的补偿作用。而且操作空间仅由位置变量定义，则解析雅可比矩阵与几何雅可比矩阵是一致的，即 $J_A(q) = J(q)$。

因此，可以将系统描述为

$$M_d \ddot{x}_e + K_D \dot{x}_e + K_P x_e = K_P x_F \tag{5-20}$$

式（5-20）揭示了如何通过选择矩阵 M_d、K_D 和 K_P 来指定动力学关系，以实现 x_e 到 x_F 的位置控制的。

用 f_d 表示期望的常值参考力，x_F 与力误差之间的关系可表示为

$$x_F = C_F(f_d - f_e) \tag{5-21}$$

式中，C_F 为含有柔量变量的对角阵，其元素给出了沿操作空间期望方向执行的控制作用。式（5-20）与式（5-21）表明，力控制是在先前存在位置控制回路的基础上发展而来的。

在式（5-18）描述的弹性柔顺环境的假设下，可以联合式（5-20）和式（5-21）得到式（5-22）

$$M_d \ddot{x}_e + K_D \dot{x}_e + K_P(I_3 + C_F K)x_e = K_P C_F(K x_r + f_d) \tag{5-22}$$

要决定由 C_F 指定的控制作用的类型，需要通过图 5-10 所示结构图的形式重新描述式（5-20）和式（5-21）。若 C_F 具有纯比例控制作用，则稳态时 f_e 无法达到 f_d，而 x_r 同样会对相互作用力产生影响。若 C_F 还有力分量的积分控制作用，则稳态时可实现 $f_e = f_d$，同时可抑制 x_r 对 f_e 的影响。因此，对 C_F 的一种简便选择是比例积分作用，即

$$C_F = K_F + K_I \int_{}^{t}(\cdot)\,\mathrm{d}\zeta \tag{5-23}$$

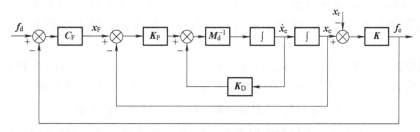

图 5-10 包含内位置回路的力控制结构图

式（5-22）和式（5-23）所得的动态系统是三阶系统，因此必须根据环境特征适当地选择矩阵 K_D、K_P、K_F、K_I。由于典型环境的刚度很高，因此应当控制比例和积分作用的权

值。K_F 和 K_I 的选择会影响力控制下的稳定裕度和系统带宽，假设已达到稳定的平衡点，即 $f_e = f_d$，则有

$$Kx_e = Kx_r + f_d \tag{5-24}$$

5.3.2 包含速度回路的力控制

从图 5-10 所示的结构图中可以看出，如果位置反馈回路断开，x_F 表示参考速度，则 x_F 和 x_e 之间存在积分关系。这种情况下，如果采用比例力控制器，在稳态时与环境的相互作用力的和将与期望值一致。选择

$$y = J^{-1}(q)M_d^{-1}\left[-K_D\dot{x}_e + K_P x_F - M_d \dot{J}(q,\dot{q})\dot{q}\right] \tag{5-25}$$

对力误差采用纯比例控制结构（$C_F = K_F$），则有

$$x_F = K_F(f_d - f_e) \tag{5-26}$$

系统动态方程可描述为

$$M_d\ddot{x}_e + K_D\dot{x}_e + K_P K_F K x_e = K_P K_F(Kx_r + f_d) \tag{5-27}$$

平衡点处位置与接触力之间的关系由式（5-24）给出，其响应的结构图如图 5-11 所示。需要强调的是，由于目前的系统是二阶系统，因此，控制器的设计被简化了。但是，由于力控制器中缺少积分作用，因此并不能保证减少未建模动力学的影响。

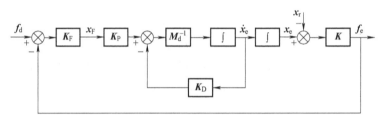

图 5-11 包含内速度回路的力控制结构图

5.3.3 力/位置混合控制

前面介绍的力控制方案要求参考力与环境几何特征保持一致。实际上，若 f_d 具有 $\Re(K)$ 之外的分量，则 C_F 具有积分作用情况下的式（5-22）和式（5-27）均表明，沿相应的操作空间方向，f_d 的分量可被视为参考速度，它将引起末端执行器位置的漂移。若对 f_d 沿 $\Re(K)$ 外部的方向进行适当的规划，在式（5-22）的情况下，由位置控制作用决定，所得的运动将使末端执行器的位置到达零点；而在式（5-27）的情况下，将使末端执行器的速度降为零。因此，即使沿着可行的任务空间方向，以上控制方案也不能实现位置控制。

如果期望按纯位置控制方案指定期望的末端执行器位姿 x_d，可以对图 5-10 所示方案进行改进，在输入端加上参考量 x_d，在此对位置量进行求和计算。相应地选择

$$y = J^{-1}(q)M_d^{-1}\left[-K_D\dot{x}_e + K_P(\tilde{x} + x_F) - M_d \dot{J}_A(q,\dot{q})\dot{q}\right] \tag{5-28}$$

式中，$\tilde{x} = x_d - x_e$。由于存在与力控制作用 $K_P C_F(f_d - f_e)$ 并联的位置控制作用 $K_P \tilde{x}$，所得的控制方案即为并联力/位置混合控制，如图 5-12 所示。这种情况下，平衡位置满足式（5-29）

$$x_e = x_d + C_F\left[K(x_r - x_e) + f_d\right] \tag{5-29}$$

因此，沿 $\Re(K)$ 外部运动不受约束的方向，x_e 将达到参考位置 x_d；反之，沿 $\Re(K)$

内部运动受约束的方向，x_d 被视为附加的干扰量。对 C_F 采用图 5-10 所示方案的积分作用，可保证稳态时达到参考力 f_d，但是要以 x_e 的位置误差依赖于环境柔量为代价。

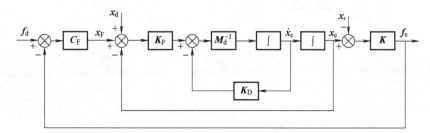

图 5-12　并联力/位置控制结构图

第 **6** 章

并联机器人视觉技术

6.1 引言

随着并联机器人在各种领域的不断发展，其性能等各个方面的要求也越来越高。并联机器人可以按照已规划好的路线运动，但它缺乏对其操作对象以及工作环境中其他对象的主动认知能力，当环境中的对象发生变化时，有时可能无法做出正确的反应动作。因此，提高机器人对环境的认知能力变得十分重要。

为机器人安装传统的传感器具有一定的局限性，所以对机器人视觉技术的研究具有广阔的前景。通过对机器人的工作环境、运动过程进行观察，并运用计算机视觉理论求解出所观察目标的空间位姿，进而实现对并联机器人的运动标定和视觉控制，提高并联机器人对环境的认知能力和智能性。

在工业生产过程中，机器视觉相对于人眼识别体现了较大优势。机器视觉具有自动化、客观、非接触和高精度等特点。特别是在工业生产领域，机器视觉强调生产的精度和速度，以及工业现场环境下的可靠性与安全性，在重复和机械性的工作中具有较大的应用价值。

6.2 并联机器人的视觉系统

一个完整的并联机器人视觉系统由众多功能模块共同组成，一般由光学系统（工业相机、镜头、光源）、图像采集单元、图像处理单元、执行机构及人机界面等模块组成，所有功能模块相辅相成，缺一不可。

6.2.1 光学系统

1. 工业相机

工业相机是机器视觉系统的核心组件，它主要完成光信息与电信息之间的转换工作，即将镜头产生的光影像转换为模拟或数字信号。与普通相机相比，工业相机具有很多优点，如成像过程更稳定、数据传输性能更好、抗干扰性能更强等。工业相机按照不同的分类标准有着不同的分类方法，如按照芯片类型，可以分为电荷耦合器件（Charge Coupled Device，CCD）相机和互补金属氧化物半导体（Complementary Metal-Oxide Semiconductor，CMOS）相机等；按照传感器的结构特性，可分为面阵相机和线阵相机；按照扫描方式，可以分为隔行扫描相机和逐行扫描相机；按照分辨率大小，可以分为普通分辨率相机和高分辨率相机；按照输出信号方式，可以分为模拟相机和数字相机等。

对工业相机的选取，需要考虑诸多因素。首先需要判断视觉应用的需求，根据视野范围和检测精度决定相机的分辨率；根据所拍摄物体是静态的还是动态的，来确定使用 CCD 还是 CMOS；根据拍摄图像的单位时间要求来确定相机帧率；根据项目现场环境来确定使用何种连接方式（如 USB 或千兆以太网）等。

此外，对于静止检测或者一般的低速检测，优先考虑面阵相机；对于大幅高速运动或者滚轴等运动的特殊应用场合，则考虑使用线阵相机。根据检测速度，所选择相机的帧率一定要大于物体运动的速度，以保证在相机的曝光和传输时间内完成检测。相机像素精度一定要高于系统所要求的精度，这样才具有实际的测量意义，亚像素精度的提升在实际测量中并不产生重大的影响，不能从根本上解决精度不足的问题。因此，若条件允许，将相机的分辨率或像素精度提升一个数量级才是根本的解决办法。以上所述因素均是在挑选工业相机时需要着重考虑的。

2. 镜头

镜头是对光的感知部件，在机器视觉系统中，它的主要作用是对光感知的物体进行成像。镜头质量的好坏，将对机器视觉系统的整体性能产生影响，合理地选择和安装镜头，是设计机器视觉系统的重要环节。

选择镜头时，需要考虑的因素很多，不仅要考虑分辨率对系统的影响，还有工作距离、工作现场环境、工作视野大小等。选取镜头过程中常用的参数指标如下：

1）焦距 f：焦点到像平面的距离。

2）视场（Field of View，FOV，也称视野范围）：观测物体的可视范围，也就是充满相机采集芯片的物体部分，它是镜头选型中的重要因素。

3）分辨率：图像系统可以测到的受检验物体上的最小可分辨特征尺寸。在多数情况下，视野越小，分辨率越高。

4）工作距离（Working Distance，WD）：从镜头前部到受检验物体的距离，即清晰成像的表面距离。

5）景深（Depth of View，DOV）：当物体离最佳焦点较近或较远时，镜头保持所需分辨率的能力。

其中，最重要的参数为焦距，因为它描述了镜头成像的基本规律：如果给定物距数值，则成像位置及大小由焦距决定。镜头成像示意图如图 6-1 所示。

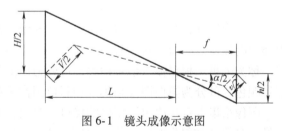

图 6-1　镜头成像示意图

由图 6-1 可推导出

$$f=vL/V \tag{6-1}$$

$$f=hL/H \tag{6-2}$$

式中，f 为焦距；v 和 h 为传感器的横向和纵向尺寸；H 和 V 为视野的横向和纵向宽度；L 为物距，以上参数单位为 mm。

根据所选工业相机的传感器靶面尺寸，再结合式（6-1）与式（6-2），即可得到所需镜头的相关参数，进而合理地选择镜头型号。

3. 光源

在机器视觉系统中,不仅相机和镜头对成像质量有重大影响,选取何种光源对成像效果也有至关重要的作用。选择合适的光源,不但能使图像更清晰,还能突出图像中的某些特征,便于进行后续的处理。对于光源的选择,主要考虑以下因素:

(1)对比度 对比度是机器视觉系统的一个重要指标。因为使用光源照明最重要的作用是增加需要突出的特征和需要忽略的特征之间的对比度,从而更容易区分不同特征。一个好的光源能使需要检测的特征与其背景很好地区分开来。

(2)亮度 光源的亮度也很重要。当光源亮度不够时,可能出现以下三种情形:①影响图像的对比度,增加图像出现噪声的可能性,导致相机的信噪比不够高;②需要通过加大光圈来增加采光,从而减小了景深;③自然光及外界的其他光对系统的影响更大,导致系统不稳定。

(3)鲁棒性 一个好的光源对部件位置变化的影响应该非常小,即当光源处于相机视野的不同位置时,所得图像不应该发生大的变化。方向性强的光源,可能会使高亮区域发生反射,不利于后续对图像特征的提取。

工业现场常用的光源有高频荧光灯、卤素灯和 LED 灯等,其特性见表 6-1。

表 6-1 常用光源的特性

光　　源	特　　性
高频荧光灯	价格低廉,亮度一般,使用寿命较短,响应速度慢
卤素灯	价格较高,使用寿命较短,响应速度慢
LED 灯	寿命长,响应速度较快,可塑性强,亮度可调节

总之,一个好的光源可以突出需要寻找的特征,除了使相机能够拍摄到部件外,还要产生足够大的对比度、具有足够高的亮度且对部件的位置变化不敏感。选择良好的光源会使后续对图像的处理工作更加容易。

6.2.2 图像采集单元

图像采集单元中的一个重要部件是图像采集卡,也称图像捕捉卡,是一种可以获取数字化视频图像信息,并将其存储和播放出来的硬件设备。图像采集卡是图像采集部分和图像处理部分的接口。图像经过采样、量化以后转换为数字图像,并输入、存储至帧存储器的过程,称为采集。根据输入信号种类,可分为模拟图像采集卡和数字图像采集卡;根据所采集信号颜色,可分为黑白图像采集卡和彩色图像采集卡。

图像采集卡直接决定了相机的接口:黑白、彩色,模拟、数字等。它同时可以提供控制摄像头参数(如触发时间、曝光时间、快门速度等)的信号。

此外,它还有以下主要技术参数:

(1)图像传输格式 图像传输格式是视频编辑中最重要的参数之一,图像采集卡应支持系统中相机所采用的输出信号格式。大多数相机采用 RS422 或 EIA644(LVDS)作为输出信号格式;在数字相机中,广泛运用的是 IEEE1394、USB2.0 和 Camera Link 几种图像传输形式。

(2)传输通道数 当相机以较高速率拍摄高分辨率图像时,会产生很高的输出速率,一般需要多路信号同时输出,因此图像采集卡应支持多路输入。在工业生产检测过程中,有时需要多台视觉系统同时运作，以保证一定的生产效率。为了满足系统运行的需要，图像采集卡需要同时对多台相机进行模/数（A/D）转换。传输通道数是指利用同一块图像采集卡同时进行转换的数目，目前市场上研发生产的图像采集卡可选传输通道有单通道、双通道、四通道等模式。

（3）采样频率　图像采集卡采集图像信息时的频率，反映了图像采集卡处理图像的速度与能力。

选择图像采集卡时需要考虑两个主要因素：硬件的可靠性以及软件的支持。在其他条件相同的情况下，一块所含元器件多、功能复杂的图像采集卡会耗散更多热量，降低系统的稳定性。因此，应选用具有更少无用功能的图像采集卡，以减少不必要的麻烦。此外，还必须考虑该视觉系统要选用的软件与图像采集卡是否兼容、使用是否方便、是否需要付费等。

6.2.3　图像处理单元

图像处理单元可视为机器视觉系统的"大脑"，它主要由图像处理软件组成。图像处理软件包含大量的图像处理算法，这些算法对数字图像进行处理、分析、计算，并输出结果。

机器视觉软件是机器视觉系统中实现自动化处理的关键部件，根据具体应用需求，对软件包进行二次开发，可自动完成对图像的采集、显示、存储和处理。在选择机器视觉软件时，一定要考虑开发硬件环境、开发操作系统、开发语言等，以确保软件运行稳定、方便二次开发。

目前，机器视觉系统常用的软件有 NI Vision、Halcon、VisionPro、OpenCV、MATLAB 等。

6.3　视觉系统标定

6.3.1　相机成像模型

为确定空间物体表面某点的三维几何位置与其在图像中对应点之间的相互关系，实际应用中需要建立相机成像的几何模型，对模型参数的求解过程就是视觉系统标定。相机成像模型又可以分为线性成像模型和非线性成像模型。

1. 线性成像模型

在不考虑相机镜头畸变的情况下，相机的成像模型是线性的，可以用四个坐标系来表示，分别是世界坐标系（O_w-$X_wY_wZ_w$）、相机坐标系（O_c-$X_cY_cZ_c$）、图像物理坐标系（O_p-X_pY_p）以及图像像素坐标系（O-UV），如图 6-2 所示。其中，世界坐标系是自定义的三维坐标系，在视觉系统中主要用来描述工件的位置；相机坐标系以相机光学中心 O_c 为原点，光学轴 Z_c 垂直于图像像素坐标系所在的平面，同时 X_c、Y_c 轴分别与成像平面的 U、V 轴平行；图像物理坐标系是在相机内部形成的二维平面成像坐标系，其中

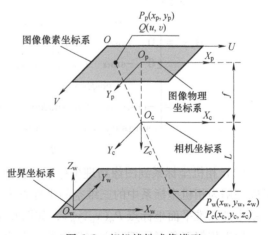

图 6-2　相机线性成像模型

X_p、Y_p 轴分别与成像平面的 U、V 轴平行，单位为 mm；图像像素坐标系是计算机中存放目标物体图像信息的坐标系，单位为像素（pixel）。

相机成像模型的建立，旨在建立世界坐标系与图像像素坐标系之间的转换，假设图 6-2 中的 P 点为笛卡儿空间中的任意一点，其在世界坐标系中的坐标为 $P_w(x_w, y_w, z_w)$，在相机坐标系中的坐标为 $P_c(x_c, y_c, z_c)$，在图像物理坐标系中的坐标为 $P_p(x_p, y_p)$，在图像像素坐标系中的坐标为 $Q(u, v)$。坐标系转换过程如图 6-3 所示。

$$\boxed{\text{世界坐标系}} \rightarrow \boxed{\text{相机坐标系}} \rightarrow \boxed{\text{图像物理坐标系}} \rightarrow \boxed{\text{图像像素坐标系}}$$

图 6-3　坐标系转换框图

其中，世界坐标系到相机坐标系的转换为刚性转换，由旋转矩阵和平移向量组成；相机坐标系到图像物理坐标系的转换为透视变换；最后通过坐标缩放和平移的仿射变换，完成图像物理坐标系到图像像素坐标系的转换。各坐标系之间转换的数学推导过程如下。

（1）世界坐标系到相机坐标系的转换　世界坐标系通过旋转和平移可以实现到相机坐标系的变换，表达式为

$$\begin{bmatrix} x_c \\ y_c \\ z_c \end{bmatrix} = R \begin{bmatrix} x_w \\ y_w \\ z_w \end{bmatrix} + T \tag{6-3}$$

为方便计算，在世界坐标系和相机坐标系的位置向量中分别添加一个为 1 的维度，将式（6-3）化成齐次坐标形式

$$\begin{bmatrix} x_c \\ y_c \\ z_c \\ 1 \end{bmatrix} = \begin{bmatrix} R & T \\ 0 & 1 \end{bmatrix} \begin{bmatrix} x_w \\ y_w \\ z_w \\ 1 \end{bmatrix} \tag{6-4}$$

式中，R 为旋转矩阵；T 为平移向量。其中旋转矩阵 R 由三个旋转角度（α, β, γ）组成，分别是先绕相机坐标系 z_c 轴旋转角度 γ，再绕相机坐标系 y_c 轴旋转角度 β，最后绕相机坐标系 x_c 轴旋转角度 α；平移矩阵 T 由 t_x、t_y 和 t_z 三个分量组成，分别是沿相机坐标系 x_c、y_c、z_c 轴的平移量。表达式为

$$\begin{aligned} R(\alpha,\beta,\gamma) &= \begin{bmatrix} 1 & 0 & 0 \\ 0 & \cos\alpha & \sin\alpha \\ 0 & -\sin\alpha & \cos\alpha \end{bmatrix} \begin{bmatrix} \cos\beta & 0 & \sin\beta \\ 0 & 1 & 0 \\ -\sin\beta & 0 & \cos\beta \end{bmatrix} \begin{bmatrix} \cos\gamma & \sin\gamma & 0 \\ -\sin\gamma & \cos\gamma & 0 \\ 0 & 0 & 1 \end{bmatrix} \\ &= \begin{bmatrix} \cos\beta\cos\gamma & \cos\beta\sin\gamma & \sin\beta \\ -\cos\alpha\sin\gamma-\sin\alpha\sin\beta\cos\gamma & \cos\alpha\cos\gamma-\sin\alpha\sin\beta\sin\gamma & \sin\alpha\cos\beta \\ \sin\alpha\sin\gamma-\cos\alpha\sin\beta\cos\gamma & -\sin\alpha\cos\gamma-\cos\alpha\sin\beta\sin\gamma & \cos\alpha\cos\beta \end{bmatrix} \end{aligned} \tag{6-5}$$

$$T = \begin{bmatrix} t_x & t_y & t_z \end{bmatrix}^T \tag{6-6}$$

（2）相机坐标系到图像物理坐标系的转换　相机坐标系到图像物理坐标系之间的转换，可以理解为相机坐标系中的三维空间坐标点 $P_c(x_c, y_c, z_c)$ 通过透视投影转换成图像物理坐标系中的二维平面坐标点 $P_p(x_p, y_p)$，如图 6-4 所示。

根据相似三角形原理建立数学模型，表达式为

$$\begin{bmatrix} x_{\mathrm{p}} \\ y_{\mathrm{p}} \end{bmatrix} = \frac{f}{z_{\mathrm{c}}} \begin{bmatrix} x_{\mathrm{c}} \\ y_{\mathrm{c}} \end{bmatrix} \qquad (6\text{-}7)$$

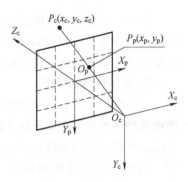

式中，f 为相机的焦距。将式（6-7）化成齐次坐标形式为

$$z_{\mathrm{c}} \begin{bmatrix} x_{\mathrm{p}} \\ y_{\mathrm{p}} \\ 1 \end{bmatrix} = \begin{bmatrix} f & 0 & 0 & 0 \\ 0 & f & 0 & 0 \\ 0 & 0 & 1 & 0 \end{bmatrix} \begin{bmatrix} x_{\mathrm{c}} \\ y_{\mathrm{c}} \\ z_{\mathrm{c}} \\ 1 \end{bmatrix} \qquad (6\text{-}8)$$

（3）图像物理坐标系到图像像素坐标系的转换　图 6-5
所示为图像物理坐标系到图像像素坐标系的转换，图中坐标
(u_0, v_0) 为图像物理坐标系的原点在图像像素坐标系中的
表示。

图 6-4　相机坐标系到图像
物理坐标系的转换

坐标 $P_{\mathrm{p}}(x_{\mathrm{p}}, y_{\mathrm{p}})$ 通过缩放和平移的仿射变换得到其在图像
像素坐标系中的坐标 $Q(u, v)$，表达式为

$$\begin{cases} u = \dfrac{x_{\mathrm{p}}}{\mathrm{d}x} + u_0 \\[2mm] v = \dfrac{y_{\mathrm{p}}}{\mathrm{d}y} + v_0 \end{cases} \qquad (6\text{-}9)$$

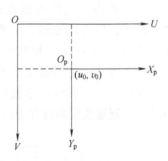

式中，$\mathrm{d}x$、$\mathrm{d}y$ 分别为图像像素在水平和垂直方向上的相邻距
离。将其化成齐次坐标形式为

$$\begin{bmatrix} u \\ v \\ 1 \end{bmatrix} = \begin{bmatrix} \dfrac{1}{\mathrm{d}x} & 0 & u_0 \\[2mm] 0 & \dfrac{1}{\mathrm{d}y} & v_0 \\[2mm] 0 & 0 & 1 \end{bmatrix} \begin{bmatrix} x_{\mathrm{p}} \\ y_{\mathrm{p}} \\ 1 \end{bmatrix} \qquad (6\text{-}10)$$

图 6-5　图像物理坐标系到
图像像素坐标系的转换

将式（6-4）和式（6-8）代入式（6-10），即可求得坐标点 $P_{\mathrm{w}}(x_{\mathrm{w}}, y_{\mathrm{w}}, z_{\mathrm{w}})$ 从世界坐标
系通过一系列变换得到其在图像像素坐标系中的坐标点 $Q(u, v)$，表达式为

$$z_{\mathrm{c}} \begin{bmatrix} u \\ v \\ 1 \end{bmatrix} = \begin{bmatrix} \dfrac{1}{\mathrm{d}x} & 0 & u_0 \\[2mm] 0 & \dfrac{1}{\mathrm{d}y} & v_0 \\[2mm] 0 & 0 & 1 \end{bmatrix} \begin{bmatrix} f & 0 & 0 & 0 \\ 0 & f & 0 & 0 \\ 0 & 0 & 1 & 0 \end{bmatrix} \begin{bmatrix} \boldsymbol{R} & \boldsymbol{T} \\ 0 & 1 \end{bmatrix} \begin{bmatrix} x_{\mathrm{w}} \\ y_{\mathrm{w}} \\ z_{\mathrm{w}} \\ 1 \end{bmatrix}$$

$$\qquad (6\text{-}11)$$

$$= \begin{bmatrix} s_x & 0 & u_0 & 0 \\ 0 & s_y & v_0 & 0 \\ 0 & 0 & 1 & 0 \end{bmatrix} \begin{bmatrix} \boldsymbol{R} & \boldsymbol{T} \\ 0 & 1 \end{bmatrix} \begin{bmatrix} x_{\mathrm{w}} \\ y_{\mathrm{w}} \\ z_{\mathrm{w}} \\ 1 \end{bmatrix}$$

式中，s_x 为图像像素坐标系中 U 轴的尺度因子，$s_x = \dfrac{f}{\mathrm{d}x}$；$s_y$ 为图像像素坐标系中 V 轴的尺度

因子，$s_y = \dfrac{f}{\mathrm{d}y}$。

至此，已推导出相机的内部参数（s_x、s_y、u_0、v_0）和外部参数（R、T）。可以看出，相机的内部参数即相机的固有属性，实际上就是焦距和像素尺寸；而相机的外部参数就是相机坐标系和世界坐标系的旋转与平移的转换关系。

2. 非线性成像模型

在实际应用中，并不能保证相机的镜头在装配过程中与成像平面完全保持平行，从而会使被测物体投射到像素平面上的点与实际图像上的点之间产生偏差，为了消除这一偏差，需要提高相机的成像精度，因此有必要对相机镜头的畸变进行校正。相机畸变主要分为径向畸变、切向畸变和薄棱镜畸变，如图 6-6 所示，其中 dr 为径向畸变，其中 dt 为切向畸变。

径向畸变产生的原因主要是镜头表面部分在径向上曲率变化存在缺陷，这种畸变是以镜头中心为原点，光线越靠近镜头中心的位置，畸变越小，反之畸变越大，典型的径向畸变有桶形畸变（负畸变）和枕形畸变（正畸变），如图 6-7 所示；切向畸变产生的原因主要是镜头的光学中心不共线；薄棱镜畸变则是在镜头的设计、制造及安装过程中造成的。

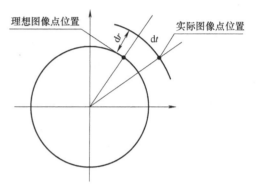

图 6-6　理想图像点与实际图像点

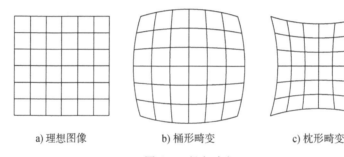

a) 理想图像　　　　b) 桶形畸变　　　　c) 枕形畸变

图 6-7　径向畸变

径向畸变的数学模型可以用主点周围的泰勒级数展开式的前几项进行描述，通常使用前两项，即 k_1 和 k_2，对于畸变较大的镜头，如鱼眼镜头，可以增加第三项 k_3。表达式为

$$\begin{bmatrix} \delta x_d \\ \delta y_d \end{bmatrix} = \begin{bmatrix} m(k_1 r^2 + k_2 r^4 + k_3 r^6) \\ n(k_1 r^2 + k_2 r^4 + k_3 r^6) \end{bmatrix} \tag{6-12}$$

式中，坐标 $F(m,n)$ 为实际图像像素坐标；δx_d 为径向畸变中的横向分量；δy_d 为径向畸变中的纵向分量；r 为实际图像像素坐标点到相机光轴的距离，$r = \sqrt{m^2 + n^2}$；k_1、k_2、k_3 为径向畸变系数。

切向畸变的数学模型可以表示为

$$\begin{bmatrix} \delta x_t \\ \delta y_t \end{bmatrix} = \begin{bmatrix} 2p_1 mn + p_2(r^2 + 2m^2) \\ p_1(r^2 + 2n^2) + 2p_2 mn \end{bmatrix} \tag{6-13}$$

式中，δx_t 为切向畸变中的横向分量；δy_t 为切向畸变中的纵向分量；p_1、p_2 为切向畸变系数。

将畸变参数考虑进来，线性成像模型中的图像像素坐标点 $Q(u,v)$ 可以由实际图像像素

坐标点 $F(m,n)$ 和畸变产生的误差之和来表示，表达式为

$$\begin{bmatrix} u \\ v \end{bmatrix} = \begin{bmatrix} m+\delta x_d+\delta x_t \\ n+\delta y_d+\delta y_t \end{bmatrix} \tag{6-14}$$

式（6-14）即为相机的非线性成像模型。

6.3.2　相机标定方法

在基于机器视觉的测量应用中，相机标定的精度直接影响着测量结果的准确与否。因此，在测量中提高相机标定的精度以及选择正确的标定方法变得至关重要。目前，常见的标定方法有传统相机标定方法、自标定方法以及基于主动视觉的相机标定方法。传统相机标定方法借助标定板完成计算，求解参数精度高，同时标定成本低，在实际应用中通常作为首先考虑的标定方法。自标定方法不需要借助标定板，仅通过图像序列特征点之间的对应关系，即可完成相机的标定。该方法具有灵活性高、实时性强的特点，但其精度较低、鲁棒性差。基于主动视觉的相机标定方法需要将相机固定在一个高精度的运动平台上，控制相机运动获得多幅图像，进而由图像和已知的平台参数获得相机内、外参数。该方法的鲁棒性较好，但标定成本高，且对平台精度的要求较高。

目前应用较广的传统标定方法有直接线性变换（Direct Linear Transform，DLT）法、Tsai两步法、张氏标定法等。其中 DLT 法在标定过程中将所求矩阵直接变换成列向量的形式，求解方便，但没有考虑相机镜头的非线性畸变，从而会造成一定误差。Tsai 两步法建立了镜头畸变模型，以减少镜头畸变造成的误差的影响，但标定过程中无法计算出相机主点坐标和纵横比，相关参数需要由相机生产企业提供，适用于对标定精度要求不高的场合。张氏标定法具有较高的精度，标定过程易于实现。

张氏标定法是由张正友于 1998 年提出的一种相机标定方法。该方法通过相机拍摄的几幅（至少两幅）不同方向的平面棋盘模板图像完成内、外参数的标定，并对镜头的径向畸变进行建模。平面模板图案可由激光打印机打印到标准平面上，标定过程中相机和模板图案可以自动移动，无须获取移动的具体过程参数。由针孔相机成像模型可知，每幅平面模板图像上的特征点都与其在世界坐标系中的位置相对应，并存在表示该对应关系的映射矩阵。根据多个映射矩阵构成的约束条件，即可求得摄像机的内、外参数。

设标定板上特征点 $\boldsymbol{M}$ 在世界坐标系中坐标的齐次形式为 $\begin{bmatrix} X & Y & Z & 1 \end{bmatrix}^T$，与其对应的坐标点 $\boldsymbol{m}$ 在图像像素坐标系中坐标的齐次形式为 $\begin{bmatrix} u & v & 1 \end{bmatrix}^T$。由式（6-11）可推导出 $\boldsymbol{M}$ 与 $\boldsymbol{m}$ 的对应关系

$$s\boldsymbol{m}=\boldsymbol{A}\begin{bmatrix} \boldsymbol{R} & \boldsymbol{T} \end{bmatrix}\boldsymbol{M} \tag{6-15}$$

式中，s 为缩放因子；$\boldsymbol{A}$ 为相机内参矩阵，其表达式为

$$\boldsymbol{A} = \begin{bmatrix} \alpha & \gamma & u_0 \\ 0 & \beta & v_0 \\ 0 & 0 & 1 \end{bmatrix} \tag{6-16}$$

式中，α 为图像像素坐标系中 U 轴的尺度因子；β 为图像像素坐标系中 V 轴的尺度因子；γ 为图像像素坐标系中两轴的倾斜因子；(u_0,v_0) 为图像物理坐标系的原点在图像像素坐标系中的表示。这里假设将标定板置于 $Z=0$ 的世界坐标系平面上，令 $\boldsymbol{r}_i$ 为旋转矩阵中第 i 列的向量。则式（6-15）可写为

$$s\begin{bmatrix} u \\ v \\ 1 \end{bmatrix} = A\begin{bmatrix} r_1 & r_2 & r_3 & T \end{bmatrix}\begin{bmatrix} X \\ Y \\ 0 \\ 1 \end{bmatrix} = A\begin{bmatrix} r_1 & r_2 & T \end{bmatrix}\begin{bmatrix} X \\ Y \\ 1 \end{bmatrix} \tag{6-17}$$

令 $H = A\begin{bmatrix} r_1 & r_2 & T \end{bmatrix}$，$M = \begin{bmatrix} X & Y & 1 \end{bmatrix}^T$，则式 (6-17) 可以化简为

$$sm = HM \tag{6-18}$$

式中，H 为单应性矩阵，可以理解为从一个平面到另一个平面的映射关系，在这里表示特征点 M 与像素点 m 之间的变换关系。

下面分析一下单应性矩阵 H。因为平移向量 T 是从世界坐标系原点到相机光心的向量，r_1 和 r_2 为两坐标轴在世界坐标系中的方向向量，所以 T 与 r_1 和 r_2 不在一个平面上，则 $\det(\begin{bmatrix} r_1 & r_2 & T \end{bmatrix}) \neq 0$。又因为相机的内参矩阵满足 $\det(A) \neq 0$，所以 $\det(H) \neq 0$。

令 $H = \begin{bmatrix} h_{11} & h_{12} & h_{13} \\ h_{21} & h_{22} & h_{23} \\ h_{31} & h_{32} & h_{33} \end{bmatrix}$，虽然 H 中包含 9 个参数，但由于 s 为可以改变的缩放因子，因

此在不改变 m 和 M 之间对应关系的情况下，单应性矩阵 H 内的元素可以任意尺度缩放，所以

该矩阵实际上只有 8 个自由度。因此，可以将 H 赋值为 $H = \begin{bmatrix} h_{11} & h_{12} & h_{13} \\ h_{21} & h_{22} & h_{23} \\ h_{31} & h_{32} & 1 \end{bmatrix}$，代入式 (6-18)

可得

$$\begin{cases} su = h_{11}X + h_{12}Y + h_{13} \\ sv = h_{21}X + h_{22}Y + h_{23} \\ s = h_{31}X + h_{32}Y + 1 \end{cases} \tag{6-19}$$

将式 (6-19) 化简可得

$$\begin{cases} h_{11}X + h_{12}Y + h_{13} - h_{31}Xu - h_{32}Yu = u \\ h_{21}X + h_{22}Y + h_{23} - h_{31}Xv - h_{32}Yv = v \end{cases} \tag{6-20}$$

如果得到 n 组特征点和与其对应的像素点，可以将式 (6-20) 化成线性方程组，表达式为

$$\begin{bmatrix} X_1 & Y_1 & 1 & 0 & 0 & 0 & -X_1u_1 & -Y_1u_1 \\ 0 & 0 & 0 & X_1 & Y_1 & 1 & -X_1v_1 & -Y_1v_1 \\ \vdots & \vdots & \vdots & \vdots & \vdots & \vdots & \vdots & \vdots \end{bmatrix}\begin{bmatrix} h_{11} \\ h_{12} \\ h_{13} \\ h_{21} \\ h_{22} \\ h_{23} \\ h_{31} \\ h_{32} \end{bmatrix} = \begin{bmatrix} u_1 \\ v_1 \\ \vdots \end{bmatrix} \tag{6-21}$$

根据式 (6-21)，只需要 8 个方程，即 4 组对应的点，就可以求得矩阵 H。

将 H 写成 $\begin{bmatrix} h_1 & h_2 & h_3 \end{bmatrix}$ 的三组列向量形式，同时需要注意的是，利用上述方法求得

的 H 和真正的单应性矩阵之间存在一个缩放因子 λ，则 H 可以表示为

$$\begin{bmatrix} h_1 & h_2 & h_3 \end{bmatrix} = \lambda A \begin{bmatrix} r_1 & r_2 & T \end{bmatrix} \tag{6-22}$$

式（6-22）可化解为

$$\begin{cases} r_1 = \dfrac{1}{\lambda} A^{-1} h_1 \\[2mm] r_2 = \dfrac{1}{\lambda} A^{-1} h_2 \\[2mm] T = \dfrac{1}{\lambda} A^{-1} h_3 \end{cases} \tag{6-23}$$

因为向量 r_1 和 r_2 为图像平面两坐标轴在世界坐标系中的方向向量，所以 r_1 和 r_2 正交且均是单位向量，从而可得到以下两个约束条件：

1）r_1、r_2 的点积为 0，即 $r_1^{\mathrm{T}} \cdot r_2 = 0$。

2）$\| r_1 \| = \| r_2 \| = 1$，即 $r_1^{\mathrm{T}} r_1 = r_2^{\mathrm{T}} r_2$。

根据上述约束条件，并结合式（6-23），可以得到如下方程组

$$\begin{cases} h_1^{\mathrm{T}} A^{-\mathrm{T}} A^{-1} h_2 = 0 \\ h_1^{\mathrm{T}} A^{-\mathrm{T}} A^{-1} h_1 = h_2^{\mathrm{T}} A^{-\mathrm{T}} A^{-1} h_2 \end{cases} \tag{6-24}$$

现重新构造一个矩阵 B

$$B = A^{-\mathrm{T}} A^{-1} = \begin{bmatrix} B_{11} & B_{12} & B_{13} \\ B_{21} & B_{22} & B_{23} \\ B_{31} & B_{32} & B_{33} \end{bmatrix}$$

$$= \begin{bmatrix} \dfrac{1}{\alpha^2} & -\dfrac{\gamma}{\alpha^2 \beta} & \dfrac{v_0 \gamma - u_0 \beta}{\alpha^2 \beta} \\[3mm] -\dfrac{\gamma}{\alpha^2 \beta} & \dfrac{\gamma^2}{\alpha^2 \beta^2} + \dfrac{1}{\beta^2} & -\dfrac{\gamma(v_0 \gamma - u_0 \beta)}{\alpha^2 \beta^2} - \dfrac{v_0}{\beta^2} \\[3mm] \dfrac{v_0 \gamma - u_0 \beta}{\alpha^2 \beta} & -\dfrac{\gamma(v_0 \gamma - u_0 \beta)}{\alpha^2 \beta^2} - \dfrac{v_0}{\beta^2} & \dfrac{(v_0 \gamma - u_0 \beta)^2}{\alpha^2 \beta^2} + \dfrac{v_0^2}{\beta^2} + 1 \end{bmatrix} \tag{6-25}$$

式中，B 是一个对称矩阵，其中包含 9 个参数，但是仅有 6 个数值。

将矩阵 B 代入式（6-24）可得

$$\begin{cases} h_1^{\mathrm{T}} B h_2 = 0 \\ h_1^{\mathrm{T}} B h_1 = h_2^{\mathrm{T}} B h_2 \end{cases} \tag{6-26}$$

假设 H 矩阵中第 i 列的向量为 $h_i = \begin{bmatrix} h_{i1} & h_{i2} & h_{i3} \end{bmatrix}^{\mathrm{T}}$，则 $h_i^{\mathrm{T}} B h_j$ 可以表示为

$$h_i^{\mathrm{T}} B h_j = \begin{bmatrix} h_{i1} h_{j1} \\ h_{i1} h_{j2} + h_{i2} h_{j1} \\ h_{i2} h_{j2} \\ h_{i3} h_{j1} + h_{i1} h_{j3} \\ h_{i3} h_{j2} + h_{i2} h_{j3} \\ h_{i3} h_{j3} \end{bmatrix}^{\mathrm{T}} \begin{bmatrix} B_{11} \\ B_{12} \\ B_{22} \\ B_{13} \\ B_{23} \\ B_{33} \end{bmatrix} \tag{6-27}$$

式（6-27）中，令 $v_{ij} = \begin{bmatrix} h_{i1}h_{j1} \\ h_{i1}h_{j2}+h_{i2}h_{j1} \\ h_{i2}h_{j2} \\ h_{i3}h_{j1}+h_{i1}h_{j3} \\ h_{i3}h_{j2}+h_{i2}h_{j3} \\ h_{i3}h_{j3} \end{bmatrix}$，$b = \begin{bmatrix} B_{11} \\ B_{12} \\ B_{22} \\ B_{13} \\ B_{23} \\ B_{33} \end{bmatrix}$，则 $h_i^{\mathrm{T}}Bh_j = v_{ij}^{\mathrm{T}}b$。因此，式（6-26）

可以写成齐次方程形式

$$\begin{bmatrix} v_{12}^{\mathrm{T}} \\ v_{11}^{\mathrm{T}}-v_{22}^{\mathrm{T}} \end{bmatrix} b = 0 \qquad (6\text{-}28)$$

如果有 n 幅图像，把它们的方程式叠加起来，可以得到

$$Vb = 0 \qquad (6\text{-}29)$$

式中，V 为 $2n×6$ 的矩阵。因此当 $n \geqslant 3$ 时，即可求得 b，相应地可求得矩阵 B，从而根据矩阵 B 中各元素所代表的实际意义求得相机的内参，分别为

$$\begin{cases} \alpha = \sqrt{\dfrac{\lambda}{B_{11}}} \\[3mm] \beta = \sqrt{\dfrac{\lambda B_{11}}{B_{11}B_{22}-B_{12}^2}} \\[3mm] \gamma = -\dfrac{B_{12}\alpha^2\beta}{\lambda} \\[3mm] v_0 = \dfrac{B_{12}B_{13}-B_{11}B_{23}}{B_{11}B_{22}-B_{12}^2} \\[3mm] u_0 = \dfrac{\gamma v_0}{\alpha} - \dfrac{B_{13}\alpha^2}{\lambda} \\[3mm] \lambda = B_{33} - \dfrac{B_{13}^2+v_0\,(B_{12}B_{13}-B_{11}B_{23})}{B_{11}} \end{cases} \qquad (6\text{-}30)$$

至此，已求解得到相机的内参矩阵 A，再根据式（6-23），即可求得相机的外参，表达式为

$$\begin{cases} r_1 = \dfrac{1}{\lambda}A^{-1}h_1 \\[3mm] r_2 = \dfrac{1}{\lambda}A^{-1}h_2 \\[3mm] r_3 = r_1×r_2 \\[3mm] T = \dfrac{1}{\lambda}A^{-1}h_3 \\[3mm] \lambda = \|A^{-1}h_1\| = \|A^{-1}h_2\| \end{cases} \qquad (6\text{-}31)$$

上述所求解参数无实际物理意义，为增加结果的可靠性，使用最大似然估计优化结果。

假设共有 n 幅从不同方位、角度拍摄的标定图像，且每幅图都有 m 个角点。将第 i 幅图像上的第 j 个三维点记为 M_{ij}，则它在相机矩阵中的投影点为

$$\hat{m}(\boldsymbol{K}, \boldsymbol{R}_i, \boldsymbol{t}_i, \boldsymbol{M}_{ij}) = \boldsymbol{K}[\boldsymbol{R} \quad \boldsymbol{t}]\boldsymbol{M}_{ij} \tag{6-32}$$

式中，$\hat{m}(\boldsymbol{K}, \boldsymbol{R}_i, \boldsymbol{t}_i, \boldsymbol{M}_{ij})$ 为 $\boldsymbol{M}_{ij}$ 的像点；$\boldsymbol{R}_i$ 为相机的旋转矩阵；$\boldsymbol{t}_i$ 为相机的平移向量；$\boldsymbol{K}$ 为相机内参。

则像点 m_{ij} 的概率密度函数为

$$f(m_{ij}) = \frac{1}{\sqrt{2\pi}} e^{\frac{-[\hat{m}(\boldsymbol{K}, \boldsymbol{R}_i, \boldsymbol{t}_i, \boldsymbol{M}_{ij}) - m_{ij}]^2}{\sigma^2}} \tag{6-33}$$

构造似然函数

$$L(\boldsymbol{A}, \boldsymbol{R}_i, \boldsymbol{t}_i, \boldsymbol{M}_{ij}) = \prod_{i=1, j=1}^{n, m} f(m_{ij}) = \frac{1}{\sqrt{2\pi}} e^{-\frac{\sum\limits_{i=1}^{n} \sum\limits_{j=1}^{m} [\hat{m}(\boldsymbol{K}, \boldsymbol{R}_i, \boldsymbol{t}_i, \boldsymbol{M}_{ij}) - m_{ij}]^2}{\sigma^2}} \tag{6-34}$$

为使得 L 取得最大值，则式（6-35）应取得最小值

$$\sum_{i=1}^{n} \sum_{j=1}^{m} \| \hat{m}(\boldsymbol{K}, \boldsymbol{R}_i, \boldsymbol{t}_i, \boldsymbol{M}_{ij}) - m_{ij} \|^2 \tag{6-35}$$

这是一个非线性优化的问题，可以使用列文伯格-马夸尔特算法，将上述解作为初值，然后再迭代求得最优解。

6.3.3 机器人手眼标定

机器人手眼标定是机器人视觉中非常重要的一步，可以帮助机器人转换其识别到的视觉信息，从而完成后续的控制工作，如视觉抓取等。

机器人自身是没有传感器的，人为地在机器人上或旁安装相机，通过相机获得目标坐标，从而让机器人根据相机得到的图像对目标进行操作的方式叫作机器人视觉。而为了在相机（即机器人的眼）与机器人（即机器人的手）坐标系之间建立关系，需要对机器人与相机坐标系进行标定，该标定过程称为手眼标定。

通常机器人的手眼关系分为眼在手上（eye-in-hand）以及眼在手旁（eye-to-hand）两种。其中眼在手上是指机器人的视觉系统随着机械臂末端运动；而眼在手旁是指机器人的视觉系统与机器人基座固定，不会在世界坐标系内运动。

对于眼在手上的情况，机器人手眼标定即标定得到机械臂末端与相机之间的坐标变换关系；对于眼在手旁的情况，机器人手眼标定即标定得到机器人基座与相机之间的坐标变换关系。两种标定方法都将机器人和相机之间的不变量确定了下来，从而建立起两者的转换矩阵。

对于眼在手旁的情况，实际中常用的是九点标定法，即建立相机的像素坐标与机械臂空间坐标之间的坐标转换关系，此方法较为简单。但是，即使对于固定相机的情况，仍然存在无法使用九点标定法的可能。例如，机械臂的示教精度决定了对于凸点，机器人坐标更为精确，而单一的凸点又是机器人视觉不易识别并返回世界坐标的，由于视觉系统较为庞大、精密，因此无法在机械臂末端安装。

在以上情形中，需要使用 Tsai-Lenz 算法进行眼在手旁情况的手眼标定。无论是眼在手旁还是眼在手上，都能够使用 Tsai-Lenz 算法，因此该方法是应用更为广泛的标定方法。该方法借助标定板，通过求解线性方程来获得手眼关系。

下面以眼在手上的情况为例，对 Tsai-Lenz 算法的标定原理进行说明。图 6-8 所示坐标系之间的变换关系如下：

1）机器人末端在机械臂坐标系下的位姿，即机器人运动学正解的问题。

2）相机在机器人末端坐标系下的位姿。此变换是固定的，根据此变换，能够随时计算相机的实际位置，此即为所求内容。

3）相机在标定板坐标系下的位姿，即求解相机的外参。

4）相机在机器人基坐标系下的位姿。实际使用过程中标定板不存在，所以这个变换关系对结果无影响，可忽略。

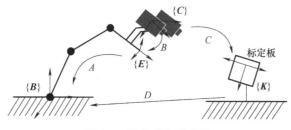

图 6-8   眼在手上示意图

如图 6-9 所示，让机器人末端运动到两个位置，保证这两个位置下都可以看到标定板，然后构建空间变换回路。则有

$$A_1 \cdot B \cdot C_1^{-1} = A_2 \cdot B \cdot C_2^{-1} \qquad (6\text{-}36)$$

$$(A_2^{-1} \cdot A_1) \cdot B = B \cdot (C_2^{-1} \cdot C_1) \qquad (6\text{-}37)$$

这是一个典型的 $AX = XB$ 的问题，求解所得 X 即为所求眼在手上标定矩阵。

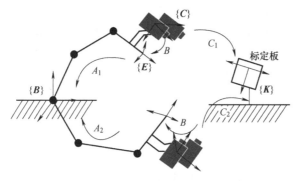

图 6-9   机器人末端运动到两个位置

眼在手旁的情况与上述过程类似：利用标定板/目标与机器人末端之间不变的转换关系，最终转换为 $AX = XB$ 的问题，求解所得 X 即为所求眼在手旁标定矩阵。

6.4   并联机器人视觉系统的集成与运用

本节以 Delta 并联机器人对自动化生产线传送带上的目标工件进行抓取为例，说明并联机器人视觉技术的应用，主要包括视觉系统平台搭建、系统标定、图像预处理、图像匹配等内容。

6.4.1   视觉系统平台搭建

1. 硬件平台搭建

（1）相机的选择   考虑到生产线速度要求较高且只需提取传送带上目标工件的形状、位置等信息，应当选用分辨率较低、帧速率较高的 CMOS 相机，以便视觉系统能够快速、精确地提取目标工件的特征。

综上，这里选择德国 Basler 公司的 acA1920-40gc 型 CMOS 相机，其外观如图 6-10 所示，主要参数见表 6-2。

图 6-10 acA1920-40gc 型 CMOS 相机实物图

表 6-2 acA1920-40gc 型 CMOS 相机的主要参数

项　　目	参　　数
颜色	彩色
感光芯片尺寸	11.3mm×7.1mm
分辨率（$H \times V$）/pixel	1920×1200
帧速率/（帧/s）	42
像素位深/bit	8/12
接口	GigE
水平/垂直像素尺寸	5.86μm×5.86μm
靶面尺寸（最大像圈）/in	1/2
传感器类型	索尼 IMX249LQJ-C 逐行扫描 CMOS
镜头安装方式	C-mount

注：1in=2.54cm。

（2）镜头的选择　工业相机已经选定，因此 CMOS 靶面尺寸也可以确定，则镜头的焦距为

$$f = h\frac{L}{H} = 11 \times \frac{800}{250}\text{mm} = 35.2\text{mm} \tag{6-38}$$

式中，L 为物距，取值 800mm；H 为视场长度，取值 250mm；h 为 CMOS 芯片长度，取值 11mm。则镜头的视场角为

$$\theta = 2\arctan\frac{H}{2L} = 2\arctan\frac{250}{2 \times 800} = 17.76° \tag{6-39}$$

根据式（6-38）和式（6-39）的结果，这里选择日本 MORITEX 公司的 ML-U3518SR-18C 型镜头，其外观如图 6-11 所示，主要参数见表 6-3。

（3）光源的选择　结合生产线上具体工件识别的实际情况，由于 LED 光源稳定均匀、发热少、响应速度快、使用寿命长，且性价比高，因此选用条状 LED 灯作为光源，将其安装在传送带的两侧，以提高图像采集的质量，如图 6-12 所示。

图 6-11 ML-U3518SR-18C 型镜头实物图

表 6-3　ML-U3518SR-18C 型镜头的主要参数

项　目	参　数
焦距/mm	35
FNO	1.8~16
WD/OD/mm	500/510
O/I/mm	567.71
镜头长/mm	46~54.5
景深/mm	31.203
视角/(°)	21.13×15.9
控制方式	光圈手动，焦距手动
镜头安装方式	C-mount

注：FNO—光圈系数；WD/OD—工作距离；O/I—物像距离。

（4）图像采集卡的选择　由于所使用相机接口为 GigE 接口，可与主机直接连接，且整个系统仅有一台相机，考虑到成本与实际需求，这里不采用图像采集卡。

图 6-12　实际光源效果图

（5）平台搭建　整个系统平台搭建如图 6-13 所示。工业相机固定于传送带上方，以便检测传送带上的工件；Delta 并联机器人位于传送带上方，等待工件到达。

2. 软件平台搭建

本系统选用的视觉处理软件为 OpenCV，是一个基于 BSD 开源协议的跨平台计算机视觉库，提供了种类丰富的图像处理函数，可以运行在 Linux、Windows、Android 和 macOS 操作系统上，具有轻量且高效的特点。OpenCV 用 C++ 语言编写，它的主要接口也采用 C++ 语言，同时提供了 Python、Ruby、MATLAB 等语言接口。

图 6-13　系统平台搭建

本系统使用的是 OpenCV4.1.0 版本，由于整个系统运行在 VS2017 的 32 位系统环境下，而官方所提供的安装包不包含 32 位 lib 库，因此需要对其源码进行重新编译，以生成 32 位的 lib 库。

利用上述生成的 32 位 lib 库，在 VS 中配置 OpenCV。配置过程如下：

（1）配置系统环境变量　在"系统属性"界面中单击"环境变量"按钮，弹出"编辑环境变量"界面；双击路径，然后单击"新建"按钮，填写 OpenCV 的 bin 路径，如图 6-14 所示。

（2）建立 VS 项目　新建一个 VS 空项目或其他项目，如图 6-15 所示。

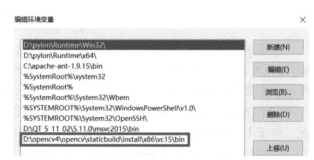

图 6-14　配置系统环境变量

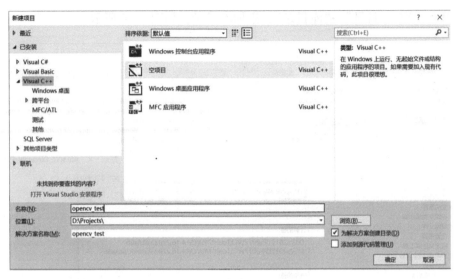

图 6-15 新建 VS 项目

（3）添加项目属性表　依次单击菜单栏中的"视图"→
"其他窗口"→"属性管理器"；右键单击"Debug｜Win32"→
"添加新项目属性表"（在 Release 模式下使用 Opencv 时，
右键单击"Release｜Win32"），并将其命名为"Opencv_
Debug"，如图 6-16 所示。

（4）配置项目属性表

1）双击创建的项目属性表，依次单击"VC++目录"→
"包含目录"，增加图 6-17 所示的两个路径。

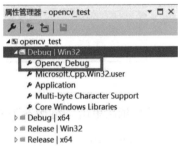

图 6-16 添加项目属性表

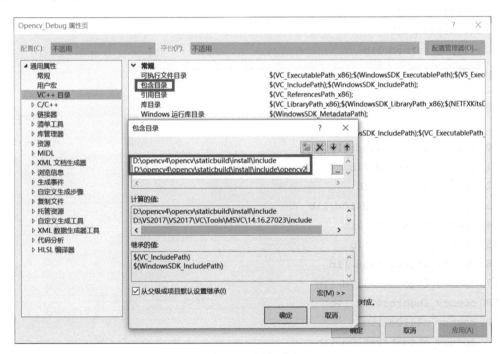

图 6-17 添加路径

2）单击"VC++目录"→"库目录"，添加库目录，如图 6-18 所示。

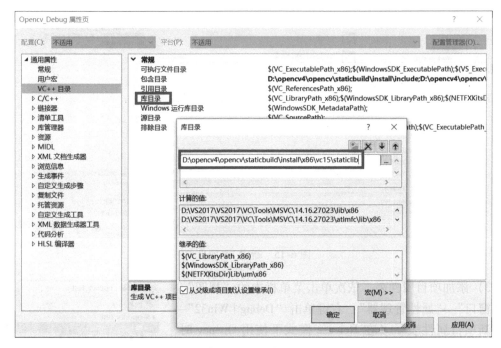

图 6-18　添加库目录

3）依次单击"链接器"→"输入"→"附加依赖项中加入"，增加以下库文件名：

1. ade.lib
2. IlmImfd.lib
3. ittnotifyd.lib
4. libjasperd.lib
5. libjpeg-turbod.lib
6. libpngd.lib
7. libprotobufd.lib
8. libtiffd.lib
9. libwebpd.lib
10. opencv_calib3d410d.lib
11. opencv_core410d.lib
12. opencv_dnn410d.lib
13. opencv_features2d410d.lib
14. opencv_flann410d.lib
15. opencv_gapi410d.lib
16. opencv_highgui410d.lib
17. opencv_imgcodecs410d.lib
18. opencv_imgproc410d.lib
19. opencv_ml410d.lib
20. opencv_objdetect410d.lib
21. opencv_photo410d.lib

22. opencv_stitching410d.lib

23. opencv_video410d.lib

24. opencv_videoio410d.lib

4）打开项目目录，即可看到配置完成的属性表，今后的项目配置可直接导入此配置。

6.4.2　系统标定

1. 相机标定

（1）标定板的选取　本次试验采用图6-19所示的圆形标定板，与棋盘标定板相比，圆形标定板在提取角点时产生的误差较小。表6-4所列为圆形标定板的参数。

表6-4　圆形标定板的参数　　　　　　　（单位：mm）

外形尺寸	直　径	中心距	阵　列	图案尺寸	精　度
120×120	φ6.25	12.5	7×7	100×100	±0.1

（2）标定板图像拍摄　在进行标定板图像拍摄之前，要确保相机与镜头连接稳固，并调整好光圈和焦距，确保图像成像最清晰。此外，在拍摄过程中，要确保之前调整好的光圈和焦距不发生改变，否则需要重新进行标定。拍摄图像时，也要不断改变相机或标定板的位置（三个维度的方向）；拍摄过程中，保证相机姿势不断改变的同时，还要确保整个标定板都出现在相机的视野范围之内。根据以上规则，共拍摄了10幅图像，如图6-20所示。

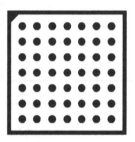

图6-19　标定板

图6-20　采集的标定图像

（3）标定流程　利用OpenCV开源视觉库编写标定程序，按图6-21所示流程进行标定。具体的标定过程为：

1）调用"fstream"（）获取标定图像目录文件列表，并通过"imread"（）加载图像。

2）调用"findCirclesGrid"（）提取标定板图像上的圆心点。

3）调用"find4QuadCornerSubpix"（）对提取到的圆心点进行亚像素角点精确化，并利用"drawChessboardCorners"（）在图像上显示圆心点的位置。

4）判断文件列表中的图像是否已全部读取，如果未全部读取，则重复上述步骤；反之，进行下一步。

5）调用"calibrateCamera"（）开始标定，求解并保存相机的参数。

6）调用"projectPoints"（）对空间的三维点进行重投射计算，得到新的投影点，计算新的投影点与旧的投影点之间的误差，通过误差对标定结果进行评价，误差越小，说明标定精度越高。标定结果见表6-5。

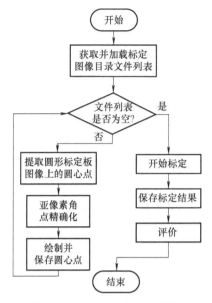

图 6-21　OpenCV 标定流程图

表 6-5　相机标定结果

参　　数	结　　果
内参矩阵 A	$\begin{bmatrix} 2772.5987 & 0 & 1303.5927 \\ 0 & 2772.6164 & 990.7188 \\ 0 & 0 & 1 \end{bmatrix}$
径向畸变参数	$k_1 = -0.2713$，$k_2 = 0.1304$
焦距/pixel	$(2772.5987,\ 2772.6164)$
误差/pixel	0.0112
中心点位置/pixel	$(1303.5927,\ 990.7188)$
第一幅图平面下的旋转矩阵	$\begin{bmatrix} 0.8355 & -0.5352 & -0.1242 \\ 0.5371 & 0.8433 & -0.0206 \\ 0.1157 & -0.0495 & 0.9920 \end{bmatrix}$
第一幅图平面下的平移向量/mm	$\begin{bmatrix} 2.1988 & 2.2419 & -0.0225 \end{bmatrix}$

2. 视觉系统、传送带及机器人之间的标定

完成相机内、外参数的标定之后，仅获得了世界坐标系中图像上特征点在图像像素坐标系中的坐标，要完成对目标工件的抓取，还需要已知工件在世界坐标系中相对于机器人的位置。因此需要对整个系统进行标定，考虑到工件位于传送带上，其位置相对于机器人来讲并不是固定不变的，所以需要将传送带作为中介，建立视觉系统和机器人之间的转换关系，从而为机器人提供工件在世界坐标系中的准确位置，提高抓取精度。整个手眼标定主要分为视觉系统与传送带之间的标定和传送带与机器人之间的标定，如图 6-22 所示。

（1）视觉系统与传送带之间的标定　本系统是将相机固定在传送带正上方，且传送带做匀速直线运动，因此相机坐标系的原点与传送带坐标系的原点重合。但是，在相机的安装过程中，很难保证相机坐标系与传送带坐标系重合，因此，需要考虑两者之间的转角 θ_1。具体求解过程如下：

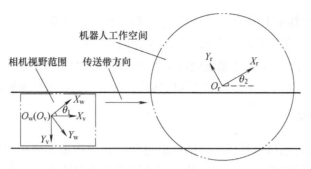

图 6-22 机器人手眼标定示意图

1）将标定板放在相机视野范围内，触发相机拍照并计算标定板上特征点 M 此时在传送带坐标系中的位置 $(x_1, y_1, 0)$。

2）在保证特征点 M 在相机视野范围内的前提条件下，控制传送带运行一段距离，再次触发相机拍照并计算标定板上特征点 M 在传送带坐标系中的位置 $(x_2, y_2, 0)$。

相机坐标系与传送带坐标系之间的转角 θ_1 为

$$\theta_1 = \arctan \frac{y_2 - y_1}{x_2 - x_1} \tag{6-40}$$

因此，视觉系统坐标系与传送带坐标系绕 Z 轴的旋转矩阵 $\boldsymbol{R}_Z(\theta_1)$ 可以表示为

$$\boldsymbol{R}_Z(\theta_1) = \begin{bmatrix} \cos\theta_1 & -\sin\theta_1 \\ \sin\theta_1 & \cos\theta_1 \end{bmatrix} \tag{6-41}$$

目标在视觉系统坐标系中的坐标与在传送带坐标系中坐标的转换关系为

$$P_w = \boldsymbol{R}_Z(\theta_1) P_v \tag{6-42}$$

式中，P_w 为传送带坐标系下的坐标点；P_v 为视觉系统坐标系下的坐标点。

（2）传送带与机器人之间的标定　同样，在机器人安装过程中，也不能保证其与传送带的绝对平行，因此也需要对传送带坐标系与机器人坐标系进行标定。这里采用点触的方式对两个坐标系进行标定，计算机器人坐标系相对于传送带坐标系绕 Z 轴的旋转角度 θ_2。具体求解过程如下：

1）将标定板放在机器人工作空间内，同时将探针安装在机器人末端，通过移动机器人，使探针触碰标定板上的特征点 N，记录此时特征点 N 在机器人坐标系中的位置 (x_3, y_3)。

2）在确保特征点 N 在机器人工作空间内的前提条件下，控制传送带运行一段距离，再次移动机器人，使探针触碰到标定板上的特征点 N，记录此时特征点 N 在机器人坐标系中的位置 (x_4, y_4)。

计算机器人坐标系与传送带坐标系之间的转角 θ_2，计算公式为

$$\theta_2 = \arctan \frac{y_4 - y_3}{x_4 - x_3} \tag{6-43}$$

因此，机器人坐标系相对于传送带坐标系绕 Z 轴旋转的矩阵可以表示为

$$\boldsymbol{R}_Z(\theta_2) = \begin{bmatrix} \cos\theta_2 & -\sin\theta_2 \\ \sin\theta_2 & \cos\theta_2 \end{bmatrix} \tag{6-44}$$

机器人坐标系中的坐标与传送带坐标系中坐标的转换关系为

$$P_w = \boldsymbol{R}_Z(\theta_2) P_r + \boldsymbol{T} \tag{6-45}$$

式中，P_w 为传送带坐标系下的坐标点；P_r 为机器人坐标系下横坐标与纵坐标方向的分量；T 为机器人坐标系与传送带坐标系之间变换的平移向量，$\boldsymbol{T} = \begin{bmatrix} t_x & t_y \end{bmatrix}^{\mathrm{T}}$。

通过上述计算，可以建立视觉系统到传送带再到机器人的整体标定，实现视觉侧固定坐标系下的空间点与机器人坐标系下空间点之间的转换，为后续机器人精确抓取目标提供了保障。

6.4.3 图像预处理

要实现机器人对传送带上目标工件的抓取过程，必须提取图像中目标工件的位置信息。首先需要对传送带上的图像进行采集，然后利用图像预处理技术对图像进行优化，为后续的特征提取做准备。

由于相机所采集的原始图像或多或少地存在噪声，如果直接对其进行识别提取操作，会影响视觉系统的精度，因此需要对原始图像进行预处理，以增强图像特征，消除无用干扰因素，改善图像质量。图像预处理流程图如图 6-23 所示。

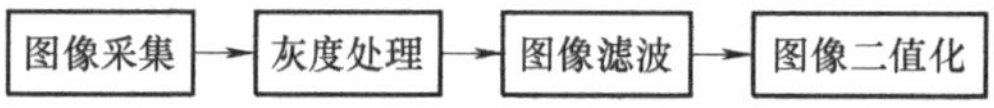

$$\boxed{\text{图像采集}} \rightarrow \boxed{\text{灰度处理}} \rightarrow \boxed{\text{图像滤波}} \rightarrow \boxed{\text{图像二值化}}$$

图 6-23　图像预处理流程图

1. 图像采集

在 VS 环境下配置相机软件开发工具包（SDK），利用厂家提供的库函数与 OpenCV 库函数进行图像采集与保存。

采集过程中，由于相机获取的是视频流，在后续图像处理过程中需要对每幅图像进行处理。视频流是由一帧帧图像组成的，若保存每一帧的图像，则会造成处理时间增加，引起不必要的资源浪费，所以每间隔一定时间对视频流中的图像进行保存。

2. 灰度处理

本文所选用的相机采集到的图像为彩色图像，彩色图像的特点是颜色丰富多彩，但是其内容的数据信息量比较大，计算机处理起来需要的时间较长，进而造成了识别的延迟，在对实时性要求比较高的机器人分拣场合，这是不允许的，因此需要对图像进行灰度处理。灰度处理是将三通道的彩色图像转换为单通道的灰度图像。如果一张彩色图像的大小是 $M \times N$，那么，计算机处理这张图像时一次的计算量是 $M \times N \times 3$，进行灰度处理后，一次的计算量将变成 $M \times N$。另外，由彩色图像转变为灰度图像之后，其三基色的灰度值保持不变，保留了原始图像的数据信息。因此，灰度处理不仅保持了与彩色图像同样的特征描述能力，而且减少了计算量，缩短了处理时间，提高了视觉系统的工作效率。

灰度处理常用的方法有最大值法、平均值法、加权法等。最大值法是对彩色图像中每个像素点的 R、G、B 三个分量进行比较，选择最大的一个值对三个分量重新赋值；平均值法是将彩色图像中三个分量的平均值赋值给灰度值；加权法是对彩色图像中的三个分量乘以不同的权值进行加权平均。通过最大值法获得的灰度图像亮度较高，与原图的数据信息相差较大，一般较少使用；平均值法获得的灰度图像比较柔和；采用加权法可以避免最大值法和平均值法中的图像失真问题，保留了原始图像中的数据信息，而且处理后的灰度图像边缘亮度噪声少、平滑效果好。因此这里选用加权法对原始图像进行灰度处理，其表达式为

$$Gray = W_R R + W_G G + W_B B \tag{6-46}$$

式中，$Gray$ 为灰度值；W_R、W_G、W_B 分别为 R、G、B 的不同权值。

通过相机采集传送带上的工件图像（图 6-24a），进行灰度处理后的效果如图 6-24b 所示。

a) 原始图像   b) 灰度图像

图6-24　工件图像灰度处理前后对比图

3. 图像滤波

机器人的工作环境一般比较恶劣，相应的视觉系统也会受到环境的影响，因此相机所采集的图像可能存在不同程度的噪声。另外，图像在转换成数字信号进行传输的过程中也会受到污染。常见的噪声有高斯噪声和椒盐噪声。这些内外因素会对提取图像特征信息产生干扰，因此，在处理之前必须进行去噪处理。

图像滤波就是在尽可能保留原图像特征信息的前提下，对目标图像的噪声进行抑制的过程，是图像预处理过程中不可或缺的操作，其处理效果的好坏将直接影响后续的图像处理质量。常用的滤波方法有高斯滤波、均值滤波、中值滤波和双边滤波等。

（1）高斯滤波　高斯滤波是一种线性滤波技术，可以有效消除高斯噪声。其实质是对图像像素点自身的值与邻域内像素点的值进行加权平均的过程。具体实现步骤为：用一个模板遍历图像中的每一个像素，以模板确定的邻域内像素点的加权平均灰度值替代模板中心像素点的值。在实际应用过程中，常用的是二维高斯分布，其数学表达式为

$$G(x,y) = ce^{-\frac{x^2+y^2}{2\sigma^2}} \tag{6-47}$$

式中，c 为高斯函数的系数；σ 为高斯函数的均方差系数，它决定滤波的实际效果，σ 越大，图像的平滑程度越好，但图像的边缘特征会变得模糊，反之亦然。

（2）均值滤波　均值滤波是一种线性滤波技术，其实质是对图像像素所在邻域内的灰度值求平均值并替代原图像的灰度值。具体实现步骤为：选择一个模板，该模板由其邻近的若干像素组成，通过求解模板中所有像素平均值，并把该值赋给当前的像素，来遍历整幅图像。其数学表达式为

$$g(i,j) = \frac{1}{n} \sum_{(x,y) \in A} f(x,y) \tag{6-48}$$

式中，A 为邻域内像素点的集合；n 为集合内像素点的个数；$f(x,y)$ 为集合内各像素点的灰度值；$g(i,j)$ 为处理后像素点的灰度值。图像邻域选取得越大，消除噪声的效果就越差，同时也会破坏图像的细节，从而使图像变得模糊。

（3）中值滤波　中值滤波是一种典型的非线性滤波技术，其实质是用像素点邻域内灰度值的中值代替该像素点的灰度值。具体实现步骤为：选择一个二维模板，该模板由其邻近的若干像素组成，将模板内像素点的灰度值按大小进行排序，选取其中值代替原图像像素点的灰度值。其数学表达式为

$$g(i,j) = med\{f(x-k,y-l),(k,l \in W)\} \tag{6-49}$$

式中，W 为二维模板；$f(x-k,y-l)$ 为模板中各像素点的灰度值；$g(i,j)$ 为处理后像素点的灰度值。该方法可以有效地去除脉冲噪声和椒盐噪声，同时还能保留图像的边缘细节。

（4）双边滤波　双边滤波是一种非线性滤波技术，它是针对高斯滤波在滤去噪声的同时会使图像边缘模糊的缺点而设计的，是结合图像的空间邻近度和像素值相似度的一种折中处理方法，该方法在去除噪声的同时，能够较好地保护图像边缘信息。其数学表达式为

$$g(i,j) = \frac{\sum_{k,l} f(k,l) w(i,j,k,l)}{\sum_{k,l} w(i,j,k,l)} \tag{6-50}$$

式中，$w(i,j,k,l)$ 为加权系数，其大小取决于定义域核和值域核的乘积。

以椒盐噪声为例，在灰度图像（图 6-25a）的基础上加入椒盐噪声，效果如图 6-25b 所示。

a) 灰度图像　　　　　　　　　b) 加入椒盐噪声后的图像

图 6-25　椒盐噪声对图像的影响

使用以上四种滤波方法对椒盐噪声图像进行去噪，效果如图 6-26 所示。对比各图可以看出，经过高斯滤波处理后的图像仍然存在大量的椒盐噪声，工件边缘显示较为模糊。均值滤波可以有效去除椒盐噪声，去噪后的图像边缘更加模糊。中值滤波能够很好地滤除圆形工件图像中的椒盐噪声，并且工件图像轮廓较为清晰。而双边滤波处理效果最差。

a) 高斯滤波　　　　　　　　　b) 均值滤波

c) 中值滤波　　　　　　　　　d) 双边滤波

图 6-26　椒盐噪声图像去噪效果对比图

4. 图像二值化

经过灰度处理和图像滤波之后，工件图像与背景图像的灰度值存在较大差异，此时可以选用阈值法分割图像，以便更简单有效地分割出工件图像和背景图像，同时还能减少数据的处理量，有利于对图像做进一步处理。

对原图像进行二值化处理的实质是把大于某个阈值的像素灰度设为灰度极大值，把小于这个阈值的像素灰度设为灰度极小值，使处理后的图像只呈现黑白的视觉效果，实现分割的目的。根据阈值的选取方法不同，二值化的算法可以分为固定阈值法和自适应阈值法。

（1）固定阈值法 固定阈值法是根据经验设定一个合适的阈值，将原图像的灰度值与该阈值进行比较，大于该阈值的替换为灰度极大值，小于该阈值的替换为灰度极小值。

（2）自适应阈值法 大律法（OSTU）是一种自适应阈值法，又称最大类间方差法，其实现方法是先选取某个灰度值，根据该值将图像分成两个不同灰度值像素集合的部分，计算两个集合之间的数学方差，然后计算每个灰度值下两个部分的数学方差，最后对比找到最大方差值即最佳分割阈值。

区域（局部）自适应二值化也是一种自适应阈值法，它根据某像素邻域块的像素值分布来确定该像素位置上的二值化阈值。这种方法的优势是每个像素位置处的二值化阈值不是固定不变的，而是由其周围邻域像素的分布来决定的：亮度较高的图像区域，其二值化阈值通常较高；而亮度较低的图像区域，其二值化阈值则会相应变小。不同亮度、对比度、纹理的局部图像区域具有相对应的局部二值化阈值。常用的局部自适应阈值有局部邻域块的均值以及局部邻域块的高斯加权和。

调用"OpenCV"库函数中的"Threshold（)"函数和"AdaptiveThreshold（)"函数，对滤波后的灰度图像分别进行固定阈值和自适应阈值操作，效果如图 6-27 所示。

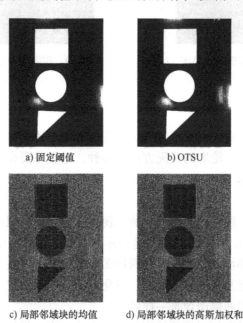

a) 固定阈值　　　　　　　　　　b) OTSU

c) 局部邻域块的均值　　　　d) 局部邻域块的高斯加权和

图 6-27　阈值化后的效果图

由图 6-27 可以看出，采用自适应阈值法进行二值化处理的效果没有采用固定阈值法进行二值化处理的效果好。同时，考虑到本例对视觉系统的识别速度也有较高的要求，与自适应阈值法相比，固定阈值法在满足实际需求的前提下，计算量要远小于自适应阈值法，所以选用固定阈值法，以提高视觉系统的识别效率。在同样的现场环境下，经过多次对比试验，最终确定合适的阈值。

5. 图像轮廓提取

根据文中的算法，调用 OpenCV 函数库中的"findcontours( )"函数，对二值化图像进行轮廓提取，效果如图 6-28 所示。

图 6-28 中除了工件轮廓外，还有许多其他斑点，这些是干扰因素对工件信息提取的噪声，需要对其进行剔除。这些斑点都可视为轮廓，但与工件轮廓特征相比，斑点轮廓周长较小。因此，可根据周长大小筛选出所需提取信息的工件轮廓，对周长设定一个阈值，大于该阈值则为工件轮廓，小于该阈值则为不需要的噪声。

依据上述方法调用 OpenCV 函数库中"contourArea( )"函数，计算上述提取到的所有轮廓的周长，阈值设定为 40000，结果如图 6-29 所示，可以看出经过筛选后的轮廓图中仅剩下工件轮廓。

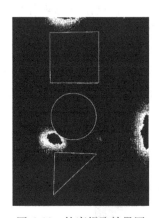 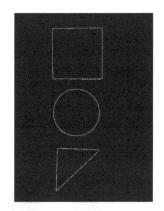

图 6-28　轮廓提取效果图　　　　图 6-29　剔除噪声后的轮廓图

6.4.4　图像匹配

在提取完所有工件轮廓后，要实现对指定工件的抓取，还需针对所提取的所有轮廓做匹配，匹配出指定的工件轮廓。轮廓的匹配方法有多种，这里主要介绍两种方法：一种是基于模板的匹配法，另一种是基于 *Hu* 矩的匹配法。

1. 模板匹配法

由于图像的信息由其灰度信息所体现，所以衡量两幅图像相似度的一般方法是比较两者的像素灰度值，若差值为 0，则认为两幅图是一样的。此方法的应用领域较为单一，适合在恒定光照环境和相机内部环境下，检测连续两帧图像的变化。但在大多数领域，此方法并不适用。对比两幅图像的像素灰度值时，噪声、量化误差、光照的改变、极小的平移或旋转都会产生很大的差值，但其实两幅图像是一样的。

下面介绍一种在像素层面相对简单的图像比较方法。在一幅给定的大图像中定位一幅给定的子图像，即模板图像，也就是所谓的模板匹配，如图 6-30 所示。

模板匹配的基本原理：假设在大小为 $N×N$ 的待匹配图像中，平移大小为 $M×M$（$N>M$）的模板图像，若模板完全覆盖待匹配图像，则覆盖部分为子图像。其中，模板图像左上角点

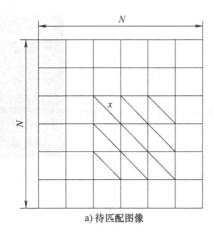
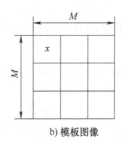

a) 待匹配图像　　　　　　　　　　b) 模板图像

图 6-30　模板匹配法示意图

为原点，它在待匹配图像中的位置坐标为 (x, y)，若模板与子图像相似或一致，则找到匹配目标，且该坐标就是匹配结果位置。模板匹配法的严重缺点是，它对尺度变化较敏感，且不具有旋转不变性，这将严重影响匹配结果。

由于在视觉系统中相机是固定的，工件在图像中的大小固定，对于给定模板，其大小在图像中也是固定的。为了解决尺度变化的问题，可以根据两者面积的比值对模板图像进行缩放，将其缩放到待匹配图像的尺度。例如，所给定模板是矩形工件，先在模板图像中计算矩形工件的面积，然后在待匹配图像中计算矩形工件的面积，最后计算两者的比值，根据此比值对模板进行缩放。缩放比例的计算可视为一次初始化过程，在此后的整个过程中不会改变。

针对不具有旋转不变性的问题，可对预处理后的模板图像做旋转处理，保存旋转后的模板图像。旋转角度由 360° 等分确定，角度越小，模板图像越多，匹配结果越精确，但计算量也会随之增加。然后，再对这些模板与待匹配图像进行一一匹配，取相似度最高的作为匹配结果。

以图 6-31 为例，匹配待匹配图像中的矩形。

a) 待匹配工件图　　　　　　　　　b) 工件模板

图 6-31　模板匹配过程

依据上述方法将模板图像尺度缩放后，将旋转角度定为 1°，对旋转后的模板提取轮廓，放入模板集合，因此模板轮廓集合共有 360 幅图像。调用 OpenCV 函数库中 matchTemplate( ) 函数，对模板轮廓集合进行一一匹配，最相似的结果为模板集合中的第 217 幅轮廓图像，如图 6-32 所示。

该方法在模板构造与匹配结果筛选上消耗了大量的时间，很难满足实时性的要求，因此不适用于对目标工件抓取的研究。

2. Hu 矩匹配法

矩在图像分析中是一种常用的方法，从一幅数字图像中计算出来的矩集，通常描述了该图像的全局特征，提供了大量的关于该图像不同类型的几何特性信息，如大小、位置、方向及形状等。

图 6-32　最佳匹配模板

在连续的情况下，图像函数为 $f(x,y)$，那么图像的 $p+q$ 阶几何矩定义为

$$m_{pq} = \int_{-\infty}^{\infty} \int_{-\infty}^{\infty} x^p y^q f(x,y) \, \mathrm{d}x \mathrm{d}y \quad (p,q=0,1,2,\cdots) \tag{6-51}$$

$p+q$ 阶中心矩定义为

$$\mu_{pq} = \int_{-\infty}^{\infty} \int_{-\infty}^{\infty} (x-\bar{x})^p (y-\bar{y})^q f(x,y) \, \mathrm{d}x \mathrm{d}y \quad (p,q=0,1,2,\cdots) \tag{6-52}$$

式中，$\bar{x}$ 和 $\bar{y}$ 为图像的重心，其中 $\bar{x}=m_{10}/m_{00}$，$\bar{y}=m_{01}/m_{00}$。

数字图像是一种二维离散信号，对式（6-52）和式（6-53）进行离散化后可得

$$m_{pq} = \sum_{y=1}^{N} \sum_{x=1}^{M} x^p y^q f(x,y) \quad (p,q=0,1,2,\cdots) \tag{6-53}$$

$$\mu_{pq} = \sum_{y=1}^{N} \sum_{x=1}^{M} (x-\bar{x})^p (y-\bar{y})^q f(x,y) \quad (p,q=0,1,2,\cdots) \tag{6-54}$$

式中，N、M 分别为图像的高度和宽度。

通过零阶矩 μ_{00}^{ρ} 对 μ_{pq} 进行归一化

$$\eta_{pq} = \frac{\mu_{pq}}{\mu_{00}^{\rho}} \tag{6-55}$$

式中，$\rho=(p+q)/2+1$。

Hu 矩利用二阶和三阶归一化中心矩构造了以下 7 个不变矩

$$\begin{cases} M1 = \eta_{20}+\eta_{02} \\ M2 = (\eta_{20}+\eta_{02})^2+4\eta_{11}^2 \\ M3 = (\eta_{30}-3\eta_{12})^2+(3\eta_{21}-\eta_{03})^2 \\ M4 = (\eta_{30}+\eta_{12})^2+(\eta_{21}+\eta_{03})^2 \\ M5 = (\eta_{30}-3\eta_{12})(\eta_{30}+\eta_{12})[(\eta_{30}+\eta_{12})^2-3(\eta_{21}+\eta_{03})^2] \\ \quad +(3\eta_{21}-\eta_{03})(\eta_{21}+\eta_{03})[3(\eta_{30}+\eta_{12})^2-(\eta_{21}+\eta_{03})^2] \\ M6 = (\eta_{20}-\eta_{02})[(\eta_{30}+\eta_{12})^2-(\eta_{21}+\eta_{03})^2]+4\eta_{11}(\eta_{30}+\eta_{12})(\eta_{21}+\eta_{03}) \\ M7 = (3\eta_{21}-\eta_{03})(\eta_{30}+\eta_{12})[(\eta_{30}+\eta_{12})^2-3(\eta_{21}+\eta_{03})^2] \\ \quad -(\eta_{30}-3\eta_{12})(\eta_{21}+\eta_{03})[3(\eta_{30}+\eta_{12})^2-(\eta_{21}+\eta_{03})^2] \end{cases} \tag{6-56}$$

为了验证 Hu 矩的不变性，对模板图像分别进行水平镜像、尺寸缩放和逆时针旋转 45°三种操作，如图 6-33 所示。通过 OpenCV 函数库中的 HuMoments（）函数可以求出其图像的 7 个不变矩特征，所求 Hu 矩的值见表 6-6。

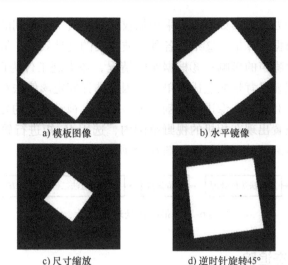

a) 模板图像　　　　　　　　　b) 水平镜像

c) 尺寸缩放　　　　　　　　d) 逆时针旋转45°

图 6-33　模板图像的变换图像

表 6-6　图像的 *Hu* 矩值

不变矩	模板图像	逆时针旋转 45°	水平镜像	尺寸缩放
$M1$	0.166721	0.166692	0.166721	0.166717
$M2$	3.83081e-07	4.04709e-07	3.83081e-07	3.8409e-07
$M3$	4.34867e-06	4.41002e-06	4.34867e-06	4.87209e-06
$M4$	3.36926e-08	3.74501e-08	3.36926e-08	5.08064e-08
$M5$	9.33955e-16	6.63041e-16	9.33955e-16	1.56631e-15
$M6$	1.96828e-11	2.29256e-11	1.96828e-11	3.13812e-11
$M7$	1.28629e-14	1.48232e-14	-1.28629e-14	2.5229e-14

从表 6-6 中可以看出，除了尺寸缩放图像的 *Hu* 矩值、个别变换后图像的 *Hu* 矩值与原模板图像的 *Hu* 矩值有微小的差异以外，其他变换后的图像的 *Hu* 矩值与原模板图像的不变矩特征值基本保持一致，其变化是由图像在进行尺寸缩放时使用插值所导致的。因此可以得出结论，工件从任意角度和位置出现在传送带上，都可以利用 *Hu* 矩对其进行精准识别。

接下来调用 OpenCV 函数库中的 MatchShapes() 函数进行匹配，对模板轮廓的 *Hu* 矩值和待匹配轮廓中每一个轮廓的 *Hu* 矩值进行比较，函数会有一个返回值，返回值越小，说明两张图像中的形状越匹配。直到待匹配图像中所有轮廓比较完成，取所有返回值中小于或等于 0.01 的值，其对应的轮廓即为所要匹配的轮廓。以矩形模板匹配为例，待匹配轮廓图中所有轮廓匹配返回值满足要求的只有 0.00124815，根据该值对应的轮廓，在原图中将其绘出。此外，还可以利用矩的零阶矩和一阶矩求解出目标工件质心的像素坐标，并将像素坐标系显示到图像上，效果如图 6-34 所示。

图 6-34 中矩形工件的像素坐标为（1375.55，866.18），结合上文中相机标定所得到的内外参数以及各坐标系之间的转换关系，即可求得目标工件在机器人坐标系中的位置。

图 6-34　匹配效果图

矩形目标工件的预处理方案如下：①采用加权法对相机所采集到的目标工件进行灰度处理，以减少计算机的数据计算量；②结合各种滤波方案的处理效果，最终选择中值滤波，以尽可能地去除类似椒盐噪声的影响；③根据实际情况，考虑到工件为白色而传送带为绿色，两者之间的色差比较明显且背景颜色比较单一，因此选择固定阈值法对滤波后的图像进行二值化处理，将目标图像和背景图像进行分割，进一步提高视觉系统的处理效率；④考虑到工件可能从不同角度和位置出现在相机的视野范围内，选用 Hu 矩进行轮廓匹配，提取目标工件质心的像素坐标。最终预处理流程图如图 6-35 所示。

图像采集 → 加权法灰度处理 → 中值滤波 → 固定阈值法二值化 → Hu 矩轮廓匹配

图 6-35　最终预处理流程图

6.4.5　目标物体动态追踪

静态视觉系统通过控制相机对平台上的图像进行采集，并在计算机中进行处理识别，将处理后的结果传递给运动控制系统后，就可以实现对目标工件的抓取操作。与静态视觉系统相比，本文中的工件在传送带上是一直运动的，要对传送带上的目标工件进行精确抓取，就必须对每一个目标工件进行实时追踪。本文在传送带的末端加装了一个绝对值编码器，通过编码器的反馈值计算得到目标工件的当前位置，从而达到动态跟踪目标工件的目的。

确定编码器的比例因子 P，即传送带的移动距离与编码器脉冲数的比值。首先记录当前编码器值 c_1，然后开启传送带使其运行一段距离 l，同时记录此时的编码器值 c_2。经过上述过程，就可求得比例因子 P，其数学表达式为

$$P = \frac{l}{c_2 - c_1} \tag{6-57}$$

接下来就可以求得目标工件的实时位置信息，具体步骤为：在相机采集图像时记录此刻编码器的值 c_n，并通过图像处理得到目标工件在机器人坐标系中的位置 (x_n, y_n)，通过不断读取编码器的值 c，即可求得动态目标工件的位置坐标

$$\begin{cases} x = x_n + (c - c_n)P \\ y = y_n \end{cases} \tag{6-58}$$

式中，(x, y) 为目标工件的实时位置坐标。

同时，考虑到相机在拍摄同一帧图像时，有可能存在多个目标工件，为避免机器人在抓取过程中出现没有先后顺序的抓取现象，在图像处理阶段，按照处理后目标工件 y 坐标的大小进行排序，当目标工件运行到机器人的运动范围内时，实现对目标工件的有序抓取。

6.4.6　重复目标的剔除

相机被固定在传送带上，每隔一定的时间对传送带上的图像进行采集，应合理选择相机拍摄的时间间隔：太长可能导致目标工件的遗漏，太短则会增加计算机的计算量。

如图 6-36 和图 6-37 所示，相机的视野范围为 $M \times N$，在相机拍摄间隔时间内，传送带会移动一段距离 d，任意两张相邻的图像都可能出现重复采集和遗漏的现象。

工件是随着传送带一起运动的，两者保持相对的静止，因此，工件在传送带坐标系 X 轴方向也运行了 d，Y 轴方向位置保持不变。传送带上工件的形状和大小都是不一样的，假

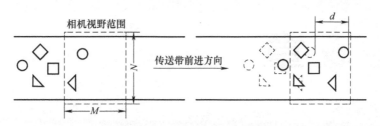

图 6-36　目标工件重复采集

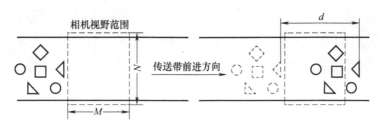

图 6-37　目标工件遗漏

设工件在 X 轴方向上的最大长度为 D，则目标重复采集和遗漏情况的数学表达式为：

1）当 $d \leqslant M-D$ 时，相邻两张图像中可能出现重复且完整的工件。

2）当 $M-D<d \leqslant M+D$ 时，相邻两张图像中可能出现重复且不完整的工件。

3）当 $d>M+D$ 时，相邻两张图像中可能出现遗漏的工件。

在实际情况中，上述第三种情况是不允许出现的；第二种情况由于图像中会出现不完整的工件，对目标工件的识别定位有影响，有可能判定为其他形状的工件，显然也不是最好的选择；只有第一种情况才能满足本文的需求，但拍摄间隔时间并不是越短越好，也要考虑计算机的负荷问题，所以 d 应当在满足要求的前提下尽可能取最大值，本文选取

$$d=M-D \tag{6-59}$$

此时，相邻两张图像中可能出现重复目标，所以需要对比两张图像中工件的位置信息，剔除重复目标工件的位置信息。首先定义从第一张图像中提取到的 m 个目标工件的位置信息的集合 A

$$A=\{(x_i \quad y_i \quad c_i)^{\mathrm{T}}\}, \quad i=1,2,3,\cdots,m \tag{6-60}$$

式中，x_i 和 y_i 表示目标工件的二维坐标位置；c_i 表示此刻的编码器值。

然后定义从第二张图像中提取到的 n 个目标工件的位置信息的集合 B

$$B=\{(x_j \quad y_j \quad c_j)^{\mathrm{T}}\}, \quad j=1,2,3,\cdots,n \tag{6-61}$$

式中，x_j 和 y_j 表示目标工件的二维坐标位置；c_j 表示此刻的编码器值。

最后将集合 A 与集合 B 中的元素两两进行比较，并将比较结果存放在集合 C 中

$$C=\{\delta_{i,j} \mid \delta_{i,j}=\sqrt{[x_j-x_i+(c_i-c_j)P]^2+(y_j-y_i)^2}\} \tag{6-62}$$

式中，如果集合 C 中有元素为 0，则说明该工件在集合 A 中出现过，应当在集合 B 中剔除。在实际应用过程中，考虑到工件与传送带并不能保证绝对的静止，同时由于在工件运动过程中环境会发生变化，图像处理的结果也会受到影响，因此很难使检测结果保持一致，所以需要加入误差范围 ε 进行判定，即若集合 C 中有元素小于 ε，就将该元素从集合 B 中剔除。

以上只列举了重复目标剔除的一个周期，随着传送带的运行，可以将每相邻的两张图像均采用上述方法进行处理，最终获得传送带上所有目标工件的位置信息。

第**7**章

基于CANopen的并联机器人控制系统介绍

7.1 引言

本章主要介绍在并联机器人运动控制研究的基础上，所设计的一套基于 CANopen 的 Delta 并联机器人控制系统。该控制系统主要完成三个方面的任务：一是对并联机器人相关状态的控制，如电动机通电、机器人回零、机器人急停、电动机轴点动等；二是求解机器人运动学，并在此基础之上，使机器人按照门形轨迹运行，该部分作为示教实验，实现对并联机器人的基本操作；三是利用机器视觉技术实现目标工件的分拣。整体上位机界面如图 7-1 所示。

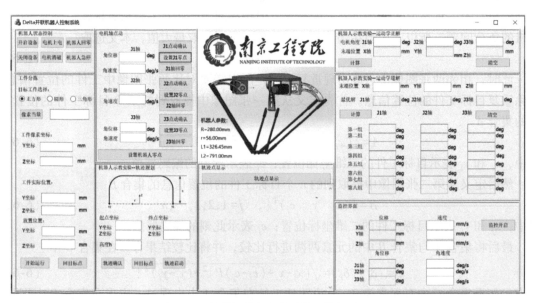

图 7-1 并联机器人控制系统上位机界面

7.2 控制系统组成

上位机主要负责机器人的轨迹规划、人机交互等任务，轨迹规划所需的起始点坐标可由操作者自主输入或通过视觉系统获得,视觉系统的构成及原理在第6章已经详细讲解,此处不再赘述。上位机通过 USB 与主站卡连接,实现与主站卡之间的通信,主站卡选用 USBCAN-E-P 主站卡,该卡可以把 USB 通信协议转换成 CANopen 通信协议,上位机通过该设备连接 CAN 总线,并实现 CANopen 协议的数据通信,即整个通信过程还是建立在 CAN 总线的基础上收发 CAN 报文。通过主站卡发送指令控制机器人运行并实现数据交互;主站卡将位置指令发送给驱动器来驱动电动机运行,并通过上位机读取驱动器反馈的位置及速度等数据进行实时监测;伺服驱动器主要用于将接收到的指令信号放大至高功率的电压和电流,以满足驱动电动机工作的需要;伺服电动机主要用于驱动负载、提供能量。本系统通过位置模式或位置插补模式控制伺服电动机,并且选择半闭环控制方式,相比于一般的开环控制系统,本系统的精度更高。系统框架如图 7-2 所示。

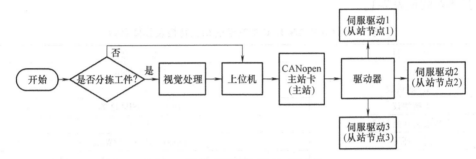

图 7-2 并联机器人控制系统框架

根据图 7-2 所示的并联机器人控制系统框架,搭建 Delta 机器人控制系统硬件架构,如图 7-3 所示。

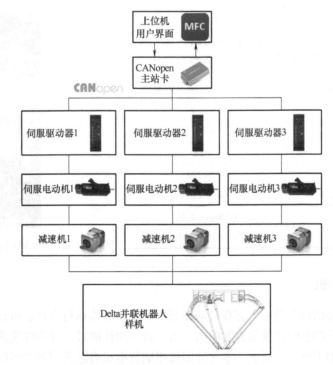

图 7-3 并联机器人控制系统的硬件架构

7.2.1 主站卡

主站卡选用 USBCAN-E-P 主站卡，该卡可以把 USB 通信协议转换成 CANopen 通信协议，上位机通过 USB 与该设备连接，该设备另一端连接 CAN 总线，实现 CANopen 协议的数据通信，即整个通信过程还是建立在 CAN 总线的基础上收发 CAN 报文。USBCAN-E-P 主站卡能够实现 CANopen 报文的上传与下载，并提供驱动和二次开发函数进行开发。USBCAN-E-P 主站卡产品外观如图 7-4 所示，相关特性及具体参数见表 7-1。

图 7-4　USBCAN-E-P 主站卡产品外观

表 7-1　USBCAN-E-P 主站卡的相关特性及具体参数

项　目	参　数
电压	USB5V 供电
CAN 通道数	1 路
支持协议	DS301、DSP402 等
支持最大从站数量	32 个
运行环境	Win2000/XP/Win7/Win8 等
CAN 波特率	10kbit/s、20kbit/s、50kbit/s、100kbit/s、125kbit/s、250kbit/s、500kbit/s、800kbit/s、1000kbit/s

7.2.2 驱动器

本文选用南京图科自动化设备有限公司的 i3DS-10A01 型号的驱动器，该伺服驱动器支持 CAN 通信，产品外观如图 7-5 所示，相关特性及具体参数见表 7-2。

表 7-2　i3DS-10A01 伺服驱动器的相关特性及具体参数

项　目	参　数
驱动器轴数	单轴
输出电流/A	10
主电路输入电压/V	三相 220
控制电路输入电压/V	单相 220
输入接口	CANopen 总线
功率	适用于电动机额定功率 1kW

图 7-5　i3DS-10A01 伺服驱动器产品外观

7.2.3 伺服电动机

伺服电动机又称执行电动机，它在自动控制系统中常用作执行元件，可以把接收到的电信号转换成电动机轴上的角位移或角速度输出。由于其控制性能好，可实现速度和位置的精确控制，因此被广泛应用于机器人领域。本文选用杭州纳智电机有限公司的 80ST-J04025LBZ（X）型号的伺服电动机，产品外观如图 7-6 所示，相关特性及具体参数见表 7-3。

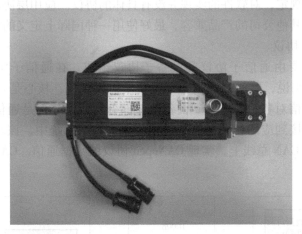

图 7-6　80ST-J04025LBZ（X）伺服电动机产品外观

表 7-3　80ST-J04025LBZ(X) 伺服电动机相关特性及具体参数

项　目	参　数
额定功率/kW	1
额定线电压/V	220
额定线电流/A	7.4
额定转速/(r/min)	2500

7.2.4　机械本体

前面的章节对并联机器人的主动臂、从动臂长度等参数已有介绍，此处再通过表 7-4 列出 Delta 并联机器人的相关参数以及各参数在教材中的符号。

表 7-4　Delta 并联机器人参数表

名　称	符　号	参 数 值
主动臂长度/mm	L_{AC}	326.45
从动臂长度/mm	L_{BC}	791.00
静平台外接圆半径/mm	R	280
动平台外接圆半径/mm	r	56
减速比	i	1:30

7.3　CANopen 主站卡及通信协议

7.3.1　CANopen 模型介绍

从 OSI 的 7 层网络模型来看，CAN 现场总线仅仅定义了第一层（物理层）和第二层（标准层），在实际设计中，这些都是通过硬件实现的，只要了解如何调用相关接口和寄存器就可以完成对 CAN 的控制。但 CAN 的应用层协议并没有统一的规定，也就是说，CAN 协

115

议仅对硬件部分做了规定，对软件的实现并没有具体的协议。应用层协议其实可以由用户自己定义，但是为了和其他公司的产品兼容，最好使用一种国际上定义的标准应用层协议。这里使用的是 CANopen 协议。

CANopen 协议主要由通信子协议和设备子协议组成。在通信子协议中，最重要的是 DS301 子协议。一般来说，要理解 CANopen 设备子协议规范，核心是要理解 CANopen 的设备模型和各类型的通信对象。CANopen 设备由三部分构成，分别是通信部分、对象字典和应用部分，设备一端接到应用相关的设备进程，在本控制系统中，该端接到上位机的 USB 接口上，另一端接到 CAN 总线上，实现 CANopen 协议的数据通信。CANopen 的基本模型如图 7-7 所示。

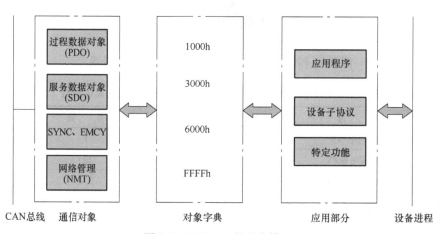

图 7-7　CANopen 的基本模型

在图 7-7 中，通信对象用于收发总线上的各种通信对象，如 PDO、SDO 等，不同的通信对象传输的通信内容也不同。对象字典描述了所有的通信对象（PDO、SDO 等）、数据类型和应用对象，如电动机的状态、位置、速度等，可通过 PDO、SDO 读写访问。应用部分提供了控制功能和处理硬件的接口。

7.3.2　对象字典

对象字典是 CANopen 协议中最为核心的概念，它是一个有序的对象组，描述了对应于 CANopen 节点的所有参数，如本案例中的节点是伺服驱动器，也就是说，对象字典描述了伺服驱动器的所有参数。对象字典可以比喻为一个体检表，"对象"可以类比为体检表里的某一项，而"字典"具备体检表中每一项的参数，便于主站合理分配工作。

CANopen 模型都具有 SDO 服务器，可以通过发送 SDO 对对象字典进行读写。对象字典包含一个 16 位的索引和一个 8 位的子索引，通过索引来识别和定位该对象的访问入口地址。每个对象采用一个 16 位的索引值来寻址，这个索引值通常称为索引，其范围是 0x0000 ～ 0xFFFF 之间，为了避免数据量大时索引不够而无可分配，在某些索引下还定义了一个 8 位的索引值，称为子索引，其范围是 0x00 ～ 0xFF。可以通过通信对象对对象字典中的对象进行读写。

CANopen 协议对对象字典进行了分配，对象字典的结构见表 7-5。例如，索引 6000 ～ 9FFFh 对应的对象是标准设备子协议区域，那么，有关设备子协议的对象要由 6000 ～ 9FFFh

来索引，如状态机的索引是 6040h。一个参数除了具有索引和子索引信息外，还应该有数据类型（如 8bit 或者 16bit，有符号或者无符号）、访问类型（可读的、可写的或者可读写的）、默认值等信息。因此，一个参数需要由很多属性来描述，这样一个参数也就成了一个对象，所有对象的集合就构成了对象字典。

表 7-5　对象字典标准结构表

索　　引	对　　象
0000	保留
0001~001Fh	静态数据类型
0020~003Fh	复杂数据类型
0040~005Fh	制造商规定的数据类型
0060~007Fh	设备子协议规定的静态数据类型
0080~009Fh	设备子协议规定的复杂数据类型
00A0~0FFFh	保留
1000~1FFFh	通信对象（如 DSP301）
2000~5FFFh	制造商特定子协议区域
6000~9FFFh	标准设备子协议区域（如 DSP402）
A000~AFFFh	符合 IEC61131-3 的网络变量
B000~BFFFh	用于 CANopen 路由器/网关的系统变量

1. 通信对象（COB）

在本案例中，CANopen 设备由 CANopen 主站卡和伺服驱动组成，CANopen 通信接口部分连接 PC 端发送到总线上的各种通信对象，应用部分由用户根据实际的应用要求编写具体的应用软件程序，这里是指伺服驱动的接口，用来连接电动机。而对象字典是通信模块和应用模块之间的接口，也是 CANopen 协议的核心。每个设备都有自己的对象字典，对象字典描述了从站设备使用的各种数据对象和参数。通信模块可以访问对象字典、对对象字典进行读写，以实现对电动机的控制，从而实现并联机器人的具体功能。

通信对象（Communication Object，COB）是 CANopen 网络中数据传输的一个单元，也可以理解为一种传输形式，其实质为各种功能的 CAN 报文。CANopen 协议中定义了四种通信对象，即 PDO、SDO、网络管理和特殊功能对象，如图 7-8 所示。

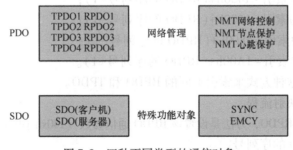

图 7-8　四种不同类型的通信对象

CANopen 的通信任务是通过通信对象完成的。CANopen 协议共有 6 种通信对象，分别是 PDO、SDO、SYNC、TIME、EMCY 和 NMT，这 6 种通信对象实现了 CANopen 协议的所有通信功能。其中，过程数据对象（Process Data Object，PDO）用于传输实时的进程数据；服务数据对象（Service Data Object，SDO）用于对设备的对象字典进行读写操作；特殊功能对象包括同步（Synchronisation，SYNC）对象和紧急（Emergency，EMCY）对象，同步对象用于协调网络中设备的同步性，而紧急对象用于在设备出现故障或警告时向其他设备报警；网络管理（Network Management）包括 NMT 网络控制、NMT 节点保护和 NMT 心跳保护，用于实现主站对从站的控制和状态监控。

通信模块中的 SDO 主要用于主站对从站的对象字典进行配置和状态监控，SDO 配置完成之后，由对象字典（DO）进行具体数据的读写。

为了区分不同的通信对象，CANopen 协议规定了 COB-ID，通信命令就是一帧数据，不同的通信命令通过 COB-ID 来区分。CANopen 的一帧数据由 COB-ID 和最多 8B 的数据组成，其中 COB-ID 可以是 11 位也可以是 9 位，第 7～第 10 位为功能代码，第 0～第 6 位为节点 ID，如图 7-9 所示，用于区分不同节点的相同功能。这样就允许最多 $2^7-1=127$ 个从节点与主节点通信。

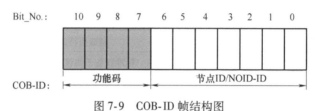

图 7-9 COB-ID 帧结构图

2. 服务数据对象（SDO）

顾名思义，服务数据对象接口是提供服务数据的访问接口。所谓服务数据，是指一些对实时性要求不高的数据，一般是指节点配置参数。因此，SDO 一般用来配置和获得节点的配置参数，用作对象字典的对外接口。

下面通过一个例子来说明通过 SDO 配置 RPDO1 重映射为 6040h 的方法，完成重映射之后，RPDO1 中的数据只可以被所映射的索引接收处理。例如，本例中将 RPDO1 重映射为 6040h，6040h 是电动机控制字，可以理解为对电动机状态的控制，如电动机的上电、消磁、急停等，RPDO1 发送的不同值被 6040h 接收处理后，电动机将处于不同的状态。不同的 RPDO、TPDO 也有其单独的索引，如序列号为 1 的 RPDO 称为 RPDO1，其通信索引与映射索引与其序列号有如下关系：

RPDO 通信参数的索引=1400h+（RPDO 的序列号-1）；

RPDO 映射参数的索引=1600h+（RPDO 的序列号-1）；

TPDO 通信参数的索引=1800h+（RPDO 的序列号-1）；

TPDO 映射参数的索引=1A00h+（RPDO 的序列号-1）。

因此，可以通过这种方式来索引不同的 RPDO 和 TPDO。

（1）RPDO 的重映射流程

1）关闭重映射的 RPDO，方法是设置该 RPDO 通信参数（140xh_01h）中的 bit31（valid）= 1，其中 x 取决于该 RPDO 的序列号。

2）清空重映射的 RPDO，方法是设置该 RPDO 的映射参数（160xh_00h）= 0。

3）重新配置所需映射的对象，设置该 RPDO 的映射参数，依次写 160xh_01h、160xh_02h、…

4）使能重映射 RPDO 的映射参数，方法是设置该 RPDO 映射参数（160xh_00h）= 映射对象字典的数量。

5）使能重映射的 RPDO，方法是设置该 RPDO 通信参数（140xh_01h）中的 bit31(valid)= 0。

（2）TPDO 的重映射流程

1）关闭重映射的 TPDO，方法是设置该 TPDO 通信参数（180xh_01h）中的 bit31(valid)= 1。

2）清空重映射的 TPDO，方法是设置该 TPDO 的映射参数（1A0xh_00h）= 0。

3）重新配置所需映射的对象，方法是设置该 TPDO 的映射参数，依次写 1A0xh_01h、1A0xh_02h、…

4）使能重映射 TPDO 的映射参数，方法是设置该 TPDO 映射参数（1A0xh_00h）= 映射对象字典的数量。

5）使能重映射的 TPDO，方法是设置该 TPDO 通信参数（180xh_01h）中的 bit31(valid)= 0。

（3）重映射的具体步骤

1）根据重映射的流程，首先定义一个结构体，其具体形式是通信对象 SDO 的结构形式，即由索引、子索引、长度和数据组成。结构体的形式如下：

```
1. struct{
2. DWORDIndex;//索引
3. DWORDSubIndex;//子索引
4. DWORDDataLen;//长度
5. BYTEData[4];//数据
6. }sdo_list_pp_1[]=
7. {
8. };
```

2）结构体创建之后，需要向结构体内添加具体内容。根据重映射的流程，需要设置该 RPDO1 通信参数（1400h_01h）中的 bit31(valid)= 1，关闭 RPDO1；同时设置 TPDO1 通信参数（1800h_01）中的 bit31(vaild)= 1，关闭 TPDO1。此部分在结构体内的代码如下：

```
9. 0x1400,1,4,{0x01,0x02,0x00,0x80},//关闭 RPDO1
10. 0x1800,1,4,{0x81,0x01,0x00,0x80},//关闭 TPDO1
```

3）清空需重映射的 RPDO1、TPDO1，设置 RPDO1 的映射参数索引为 1600h_00h = 0、TPDO1 的映射参数索引为 1A0xh_00h = 0。此部分在结构体内的代码如下：

```
11. 0x1600,0,1,{0x00},//清空 RPDO1 映射参数
12. 0x1A00,0,1,{0x00},//清空 TPDO1 映射参数
```

4）重新配置所需映射的对象。设置 RPDO 的映射参数，写 1600h_01h 的具体映射对象，RPDO 的映射对象是 6040h，其数据长度为 16 位，16 进制表示为 0010；设置 TPDO 的映射参数，写 1A00h_01h 的具体映射对象，TPDO 的映射对象是 6041h，其数据长度为 16 位，16 进制表示为 0010。此部分在结构体内的代码如下：

```
13. 0x1600,1,4,{0x10,0x00,0x40,0x60},//重新配置 RPDO1 的映射对象:6040hcontrolword
                                        控制字
14. 0x1A00,1,4,{0x10,0x00,0x41,0x60},//重新配置 TPDO1 的映射对象:6041hstatusword
                                        状态字
```

5）使能 RPDO1 和 TPDO1 的映射参数。设置 RPDO1 映射参数（1600h_00h）= 映射对象字典的数量，设置 TPDO1 映射参数（1A00h_00h）= 映射对象字典的数量。此部分在结构体内的代码如下：

```
15.  0x1600,0,1,{0x01},//使能 RPDO1 的映射参数
16.  0x1A00,0,1,{0x02},//使能 TPDO1 的映射参数
```

6）使能需重映射的 RPDO1 和 TPDO1。设置 RPDO1 通信参数（1400h_01h）中的 bit31（valid）= 0，设置 TPDO1 通信参数（1800h_01h）中的 bit31（valid）= 0。此部分在结构体内的代码如下：

```
17.  0x1400,1,4,{0x01,0x02,0x00,0x00},//使能 RPDO1
18.  0x1800,1,4,{0x81,0x01,0x00,0x00},//使能 TPDO1
```

以上就是通过服务数据对象对从站节点进行配置的过程，重映射之后，便可以通过 SDO 来访问一个节点的对象字典的具体映射部分。

3. 过程数据对象（PDO）

过程数据对象通常用于过程数据的实时传输，如伺服领域的位置实际值、位置给定值、设备操作状态等。PDO 的传输机制是基于生产者/消费者模型，PDO 由生产者发送，接收方称为消费者。因为 PDO 的传输不需要额外的协议开销，且 PDO 接收方不需要对其进行响应，所以 PDO 的传输速度通常很快。另外，PDO 的数据长度是灵活可变的，这也增加了 PDO 的数据吞吐量。PDO 从功能上被分为两类：TPDO（Transmit PDO）和 RPDO（Receive PDO），分别用于实时数据的发送和接收。对于从站来说，其发送给主站的实时 PDO 为 TPDO，而从主站接收的 PDO 则为 RPDO。PDO 可由两种不同的参数来描述：PDO 通信参数和 PDO 映射参数。其中，PDO 通信参数描述了 PDO 的通信功能，如 PDO 的 COB-ID 传输类型、禁止时间和定时器周期等参数；而 PDO 映射参数则描述了该 PDO 所映射的对象字典中所有对象的索引、子索引以及对象的数据长度等信息。PDO 的具体映射对象、通信参数的设置都是由 SDO 来完成的，这利用了 SDO 主要用于配置从站的特点。RPDO 通信参数、TPDO 通信参数、RPDO 映射参数、TPDO 映射参数在对象字典中的位置分别为 1400h、1800h、1600h、1A00h 开始的索引单元内。

例如，第二个 TPDO（序列号是 2）的通信参数在对象字典 1801h（1800h+2-1）单元内，其映射参数在 1A01h（1A00h+2-1）单元内。

预定义连接集通常使用 11 位标识符的 CAN 报文，而不常使用 29 位标识符的 CAN 扩展帧报文。所谓预定义连接集，可以理解为 CANopen 协议中预定义通信对象的 COB-ID（见表 7-6）。例如，一个设备的节点地址为 2，即 Node-ID 为 2，则对于该设备来说，其 TPDO1 的 COB-ID 为 180h+2=182h，TPDO2 的 COB-ID 为 280h+2=282h。

PDO 是过程数据的发送，其实时性好、速度快；SDO 则是服务数据的发送与接收，其实时性要求不高，因为服务数据主要用于从站的配置。例如，要将 0x201（Node-ID 为 1）映射为发送索引为 0x6040、子索引为 0x00 的数据字典对象，可通过 PDO 映射把 COB-ID 设置为 0x201，这样就可以直接发送数据到节点 1 的 0x6040（索引）_0x00（子索引）对象，而不需要使用 SDO 发送包括索引和子索引在内的数据，体现了 PDO 的快速、实时特点。虽然使用 SDO 同样可以发送数据，但是附加的索引信息占用了总线资源。

表 7-6 预定义连接集中的通信对象

通信对象	功能码	合成的 COB-ID	通信参数的索引	映射参数的索引
EMCY	0001	80h+Node-ID	1014h，1015h	—
TPDO1	0011	180h+Node-ID	1800h	1A00h
RPDO1	0100	200h+Node-ID	1400h	1600h
TPDO2	0101	280h+Node-ID	1801h	1A01h
RPDO2	0110	300h+Node-ID	1401h	1601h
TPDO3	0111	380h+Node-ID	1802h	1A02h
RPDO3	1000	400h+Node-ID	1402h	1602h
TPDO4	1001	480h+Node-ID	1803h	1A03h
RPDO4	1010	500h+Node-ID	1403h	1603h
SDO（服务器）	1011	580h+Node-ID	1200h	—
SDO（客户机）	1100	600h+Node-ID	1200h	—
NMT（错误控制）	1110	700h+Node-ID	1016h，1017h	—

根据表 7-6 和 7.2.1 节相关内容可知，索引 1600h 代表的就是 RPDO1，而 RPDO1 的 COB-ID 是 0x200+Node-ID，如果是从站 1，那么 Node-ID 就是 1，所以 COB-ID＝0x201 的数据。接 7.2.1 节的例子，1600h 的映射表示对控制字的读写，主站通过控制字（controlword）对驱动器进行控制，控制字可以完成对电动机的使能等控制。即通过 PDO 发送过程数据，可以实现对电动机的控制，具体代码如下：

```
1. struct{
2. DWORDID;
3. DWORDDataLen;
4. BYTEData[8];
5. }pdo_list_controlword_1[]=
6. {
7. 0x201,2,{0x06,0x00},
8. 0x201,2,{0x07,0x00},
9. 0x201,2,{0x0f,0x00},
10. 0x201,2,{0x1f,0x00},
11. 0x201,2,{0x02,0x00},
12. };
```

以上代码的具体细节，如 PDO 的内容对应什么，需要结合下文的 CANopen 设备子协议来理解，此处不做详述，仅通过该例子来理解 PDO 的使用方式。由表 7-6 可知，COB-ID 为 0x201 的 PDO，其代表了对 1600h 所映射内容的操作，0x1600 映射的对象为 6040h，代表的是控制字（controlword），此处对控制字不做解释，通过 PDO 可以对控制字进行操作。

首先，定义一个结构体，结构体的具体形式是 PDO 的结构形式，即 COB-ID、长度和数据。结构体的形式如下：

```
13. struct{
14. DWORDID;
```

```
15. DWORDDataLen;
16. BYTEData[8];
17. }pdo_list_controlword_1[]=
18. {
19. };
```

接着，可以通过 RPDO1 对控制字进行读写。例如，设置控制字的值为 f，即可使能电动机。根据 PDO 的结构形式，需要知道 RPDO1 的 COB-ID，由表 7-6 可知，RPDO1 的 COB-ID 为 0x201(0x200+2-1)，数据长度为 2，设置控制字的值为 f，则内容为 {0x0f,0x00}。注意：内容的高低位需调换位置。具体代码如下：

```
20. struct{
21. DWORDID;
22. DWORDDataLen;
23. BYTEData[8];
24. }pdo_list_controlword_1[]=
25. {
26. 0x201,2,{0x0f,0x00},//2B
27. };
```

将上述代码发送至从站 1 之后，便可使能电动机。

4. 特殊功能对象

特殊功能对象为 CANopen 设备提供特定的功能，以方便 CANopen 主站对从站的管理。在 CANopen 协议中，已经为特殊功能预定义了 COB-ID，主要有以下几种报文：

1）同步报文（SYNC）。主要实现整个网络的同步传输，每个节点都以该同步报文为 PDO 触发参数，因此该同步报文的 COB-ID 具有比较高的优先级以及最短的传输时间。

2）时间标识报文（TimeStamp）。为每个节点提供公共的时间参考。

3）紧急事件报文（EMCY）。当设备内部发生错误时触发该报文，即发送设备内部错误码。

本案例中主要用到了同步报文，所以接下来对同步报文进行详细解释。

同步报文由 SYNC 生产者周期性地广播，作为网络基本时钟，实现整个网络的同步传输，就像阅兵分列式中的方阵，所有士兵迈着整齐的步伐行进。同步报文一般由主站发送，其原理比较简单，只需按照字典中配置的周期循环发送即可。同步报文示例如下：

```
1. ZCOMA_SetPDOOutputData(hChannel,1,pdo_list_controlword_1[0].ID,pdo_list_
   controlword_1[0].Data,pdo_list_controlword_1[0].DataLen,0);
2. ZCOMA_InstallSYNC(hChannel,0x80,1);
3. Sleep(1);
4. ZCOMA_RemoveSYNC(hChannel,0x80);
```

此段代码表示向指定从站发送 PDO，使电动机上电。代码发送出去之后，以同步帧方式触发（同步帧是一种触发方式，CANopen 的触发方式有很多种，包括定时器触发、事件触发、同步帧触发等，这里使用同步帧触发），使用 ZCOMA_InstallSYNC() 函数，一般选用 80h 作为同步帧的 CAN-ID，同步周期为 1ms，即 1ms 后电动机便可以上电。

5. 网络管理对象

网络管理对象提供网络管理服务，如初始化、错误控制和设备状态控制等，所有这些功能都是基于主从的概念。具有网络管理主机功能的设备通常称为 CANopen 主站设备,它通常也具有服务数据客户端功能。反之,具有网络管理从机功能的设备通常被称为 CANopen 从站设备,且其必须具备服务数据服务器功能。这样,CANopen 主站设备就可以控制从站以及读写从站设备的对象字典。

网络管理对象包括 Boot-Up 消息、Heartbeat 协议及 NMT 消息,基于主从通信模式,NMT 用于管理和监控网络中的各个节点,主要实现三种功能:节点状态控制、错误控制和节点启动。表 7-7 列出了 NMT 功能命令字。

表 7-7 NMT 功能命令字

NMT 功能	值
启动从站	1
停止从站	2
使从站进入预工作状态	128
复位从站	129
复位从站连接	130

在并联机器人的项目案例中,多涉及节点状态控制和节点启动,例如,调用函数 ZCOMA_SetNodeState(HANDLEhdChannel, DWORDNodeID, DWORDState),可以设置从站状态。其中参数 DWORDState 就代表 NMT 功能命令字,通过调用此函数及 NMT 功能命令字设置从站进入预定操作状态,即 SLAVE_PRE_OPERATIONAL 状态,具体代码如下:

```
1. ZCOMA_SetNodeState(hChannel,1,128);
```

函数的第三个参数为所要设置的状态,按照表 7-7,进入预工作状态对应的命令字为 128,所对应的值即为 128。

7.3.3 CANopen 设备子协议 DSP402

CANopen 设备子协议——实时伺服驱动和运动控制协议(CiA DSP402)是专门针对驱动装置及运动控制装置等运动控制系统的协议规范,前文涉及的控制字就在该协议之下。CANopen 设备子协议 DSP402 定义了伺服驱动器、变频器和步进电动机控制器的功能特性,还指定了多种操作模式和相应的组态参数。

在设备子协议中,最重要的概念是状态机和控制字。CANopen 总线控制伺服电动机是通过一个状态机实现的,状态机各模式的切换决定了该节点当前支持的通信方式以及电动机行为或者状态,而 CANopen 的控制字用于控制驱动器各种状态的切换,即通过写驱动器的控制字来改变节点状态机的状态,也就是改变电动机的运行状态。通过读驱动器的状态字(statusword)就能知道驱动器的当前状态。

本节将使用以下术语:

State(状态):如果主电激活或发生报警,伺服驱动将处于不同状态。

StateTransition(状态传输):状态机也定义了如何从一种状态转变为另一种状态。状态转变依靠主站控制的控制字(contolword)或驱动器自身,如驱动器发生报警。

Command(命令):为了启动 StateTransition(状态传输),定义了控制字(contolword)的位组合,这些位组合称为 Command(命令)。

Statediagram（状态图）：所有的 State（状态）和 StateTransition（状态传输）就组成了 Statediagram（状态图），如图 7-10 所示。

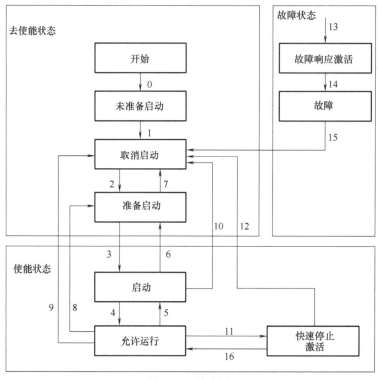

图 7-10　状态图

状态机可以分成三部分：Power Enabled（使能状态）、Power Disabled（去使能状态）和 Fault（故障状态），这三部分描述了驱动器的状态，所有状态在发生报警后均进入 Fault（故障状态）。在上电后，驱动器完成初始化，然后进入 Switch on Disabled（取消启动）状态。在该状态下，可以进行 CAN 通信，以及对驱动器进行配置（例如，将驱动器的工作模式设置成"PP"模式）。此时，主电仍然关闭，电动机没有被励磁。经过 State Transition（状态传输）2、3、4 后，进入 Operation Enable（允许运行）状态，此时主电已开启，驱动器根据配置的工作模式控制电动机。State Transition（状态传输）完成后关闭电路主电。一旦驱动器发生报警，驱动器的状态都进入 Fault（故障状态）。状态机说明见表 7-8。

表 7-8　状态机说明

状　态　名	说　　明
Not Ready to Switch on（未准备启动）	伺服驱动器正在初始化，不能进行 CAN 通信
Switch On Disabled（取消启动）	伺服驱动器初始化完成，可以进行 CAN 通信
Ready to Switch On（准备启动）	伺服驱动器等待进入 Switch On 状态，电动机没有被励磁
Switched On（启动）	伺服驱动器处于伺服准备好状态，主电已上
Operation Enable（允许运行）	伺服驱动器伺服给电动机输入励磁信号，按照控制模式控制电动机
Quick Stop Active（快速停止激活）	伺服驱动器根据设定的方式停机
Fault Reaction Active（故障响应激活）	伺服驱动器检测到报警发生，按照设定的方式停机，电动机仍然有励磁信号
Fault（故障）	电动机无励磁信号

通过 CANopen 来改变和确认状态机的状态，需要知道控制字的索引、子索引以便通过 PDO 进行映射，其中控制字的索引是 6040h，状态字的索引是 6041h。控制字 6040h 说明见表 7-9。

表 7-9　控制字 6040h 说明

索　引	6040h
名　称	控制字
数 据 类 型	UNIT16
读 写 性	可录写（RW）
默 认 值	0

假设当前状态为 Operation Enable，需要将当前状态转换至 Quick Stop，在表 7-10 中找到 Quick Stop（急停），在 Bit of the control word 一列下的 Enable Operation、Quick Stop、Enable Voltage、Switch On，分别为 0010，因为发送的 SDO 内容需要是 16 进制形式，那么此时 SDO 里的内容可以是 {0x02,0x00}，将该 SDO 发送的从站，伺服状态转换为急停。（待修改）

同理，如果要将状态改为 Enable operation，找到 1111，十六进制则是 0x0f，补上 0，所发送的 SDO 内容可写为 {0x0f,0x00}。

表 7-10　控制字各位说明

15～11	10～9	8	7	6～4	3	2	1	0
Manufacturer Specific（制造商定义）	Reserved（保持）	Halt（停止）	Faultreset（故障复位）	Operation Mode Specific（操作模式待定）	Enable Operation（允许操作）	Quick Stop（急停）	Enable Voltage（使能电压）	Switch On（启动）

由表 7-11 可知，状态机的传输由 Bit0～3 和 Bit7 这 5 位组成的相应控制命令触发，也就是说，状态机的传输控制命令由 Bit0～3 和 Bit7 位组成。在伺服驱动中，经常涉及的状态包括准备通信、伺服去使能、伺服使能、急停等，对应的命令分别为表 7-11 中的 Shutdown、Switchon、Enableoperation、Quickstop，所以对应的二进制码分别为 0110、0111、1111、0010，转换为 PDO 可识别的 16 进制形式分别为 {0x06,0x00}、{0x07,0x00}、{0x0f,0x00}、{0x02,0x00}。

表 7-11　控制字命令与对应位说明

指令	控制字的位					状态传输
	故障复位	允许操作	急停	使能电压	启动	
停止	0	×	1	1	0	2, 6, 8
启动	0	0	1	1	1	3*
禁用电压	0	×	×	0	×	7, 9, 10, 12
急停	0	×	0	1	×	7, 10, 11
禁止操作	0	0	1	1	1	5
允许操作	0	1	1	1	1	4, 16
故障复位	0→1	×	×	×	×	15

通过改变状态机的控制字，可使伺服驱动器处于不同的工作状态以改变电动机的运行状态，在前文的 SDO 重映射配置中，已经将 RPDO1 映射为控制字，RPDO1 的 COB-ID 为 0x200+从站 ID，由表 7-9 可知，控制字的数据类型为 UNIT16，是 2B 长度。

控制字的 PDO 结构体如下：

```
1. struct{
2. DWORDID;
3. DWORDDataLen;
4. BYTEData[2];
5. }pdo_list_controlword[]=
6. {
7. 0x200,2,{0x06,0x00},
8. 0x200,2,{0x07,0x00},
9. 0x200,2,{0x0f,0x00},
10. 0x200,2,{0x02,0x00},
11. };
```

调用函数发送该 PDO，则可控制电动机处于不同的状态。例如，下面的程序可使伺服驱动器处于伺服使能状态：

```
1. ZCOMA_SetPDOOutputData(hChannel,1,pdo_list_controlword[2].ID+1,pdo_list_
   controlword[2].Data,pdo_list_controlword[2].DataLen,1);
2. ZCOMA_SetPDOOutputData(hChannel,2,pdo_list_controlword[2].ID+2,pdo_list_
   controlword[2].Data,pdo_list_controlword[2].DataLen,1);
3. ZCOMA_SetPDOOutputData(hChannel,3,pdo_list_controlword[2].ID+3,pdo_list_
   controlword[2].Data,pdo_list_controlword[2].DataLen,1);
4. ZCOMA_InstallSYNC(hChannel,0x80,1);
5. Sleep(1);
6. ZCOMA_RemoveSYNC(hChannel,0x80);
```

CANopen 设备子协议 DSP402 主要用于对伺服控制器的状态控制，主站通过 controlword（控制字）对驱动器进行控制，即改变伺服驱动器的当前状态。正如上文所介绍的，不同的控制字可使伺服驱动器处于不同的状态，以完成电动机的各种动作。

7.3.4 CANopen 主站卡扩展功能函数

本节主要介绍 CANopen 通信卡作为主站时的常用函数库以及开发流程。开发流程如图 7-11 所示。

下面对开发流程中设备初始化步骤涉及的主要函数做一下解释说明，主要有以下步骤：打开主站卡设备、添加从站设备以及启动 CANopen 协议栈等。初始化步骤中所调用的部分库函数如下。

1. ZCOMA_Open

ZCOMA_Open(DWORDDevType,DWORDDevIndex,DWORDReserved)函数的作用是打开主站卡设备。

DevType：设备型号值，具体参见表 7-12。

DevIndex：设备索引号，对于同种型号的主站设备来说，最靠近 CPU 的设备索引号为 0，依此递增（此处只有一个主站卡设备，故该参数值为 0）。

Reserved：保留，无意义，填 0。

图 7-11 开发流程图

表 7-12 设备型号值

设 备 型 号	值
PCI—5010—P	1
USBCAN—E—P	101

2. ZCOMA_Init

ZCOMA_Init（DWORDDevType，DWORDDevIndex，DWORDChIndex，ZCOMA_INITCFG ∗ Config，HANDLE ∗ pOutHandle）函数的作用是初始化主站通道。

DevType：设备型号值，具体参见表 7-12。

DevIndex：设备索引号。

ChIndex：CAN 通道号，0 对应第一个通道。

Config：初始化参数。

pOutHandle：存储返回通道句柄。

3. ZCOMA_AddNode

ZCOMA_AddNode(HANDLEhdChannel, ZCOMA_NODECONFIG * Config) 函数的作用是添加从站。返回 0 表示成功，否则为错误码。

4. ZCOMA_Start

ZCOMA_Start(DWORDDevType, DWORDDevIndex) 函数的作用是启动所有通道的 CANopen 协议栈。

DevType：设备型号，具体参见表 7-12。

DevIndex：设备索引号。

5. ZCOMA_GetNodeStatus

ZCOMA_GetNodeStatus((HANDLEhdChannel, DWORDNodeID) 函数的作用是获取指定从站的工作状态。

hdChannel：通道句柄。

NodeID：从站地址。

6. ZCOMA_SetNodeState

ZCOMA_SetNodeState(HANDLEhdChannel, DWORDNodeID, DWORDState) 函数的作用是设置从站状态。

hdChannel：通道句柄。

NodeID：从站地址。

State：从站状态，具体见表 7-13。

表 7-13 从站状态值

状　态	值
启动从站	1
停止从站	2
使从站进入预工作状态	128
复位从站	129
复位从站连接	130

7. ZCOMA_DownloadDatabySDO

ZCOMA_DownloadDatabySDO(HANDLEhdChannel, DWORDNodeID, DWORDIndex, DWORDSubIndex, BYTE * pSendData, DWORDSendLen, DWORDWaitTm) 函数的作用是发送服务数据至从站并配置从站。

hdChannel：通道句柄。

NodeID：从站地址。

Index：服务数据索引号。

SubIndex：服务数据子索引号。

pSendData：发送数据的内容。

SendLen：发送数据的字节长度。

WaitTm：等待超时时间，取值为 100~30000ms。

8. ZCOMA_SetPDOOutputData

该函数的完整形式是 ZCOMA_SetPDOOutputData（HANDLEhdChannel，DWORDNodeID，DWORDPDOID，BYTE * pSendData，DWORDSendLen，DWORDdwReserved）。其作用是发送PDO 过程数据至从站。

hdChannel：通道句柄。

NodeID：从站地址。

PDOID：PDO 的 COB-ID，见表 7-14。

表 7-14　PDO 的 COB-ID

PDO	PDOID 值
TPDO1	0x180 ~ 0x1ff
RPDO1	0x200 ~ 0x27f
TPDO2	0x280 ~ 0x2ff
RPDO2	0x300 ~ 0x37f
TPDO3	0x380 ~ 0x3ff
RPDO3	0x400 ~ 0x47f
TPDO4	0x480 ~ 0x4ff
RPDO4	0x500 ~ 0x57f

pSendData：发送数据的内容。

SendLen：发送数据的字节长度。

dwReserved：保留，无意义，为 0。

9. ZCOMA_InstallPDOforInput

ZCOMA_InstallPDOforInput（HANDLEhdChannel，DWORDNodeID，DWORDPDOID）函数的作用是添加指定从站的 TPDO 到主站，使主站可以接收从站发过来的 TPDO 数据。

hdChannel：通道句柄。

NodeID：从站地址。

PDOID：PDO 的 COB-ID，见表 7-14。

10. ZCOMA_RemovePDOforInput

ZCOMA_RemovePDOforInput（HANDLEhdChannel，DWORDNodeID，DWORDPDOID）的作用是删除指定从站的 TPDO，使主站不再接收从站发过来的 TPDO 数据。

hdChannel：通道句柄。

NodeID：从站地址。

PDOID：PDO 的 COB-ID，见表 7-14。

11. ZCOMA_GetPDOInputData

ZCOMA_GetPDOInputData（HANDLEhdChannel，DWORDNodeID，DWORDPDOID，BYTE * pRecData，DWORD * pRecLen，DWORDWaitTm）的作用是获取指定从站的 TPDO 数据。

hdChannel：通道句柄。

NodeID：从站地址。

PDOID：PDO 的 COB-ID，见表 7-14。

pRecData：接收数据的内容。

pRecLen：接收数据的字节长度。

WaitTm：等待超时时间，取值为 0~30000ms。

12. ZCOMA_DownloadDatabySDO

ZCOMA_DownloadDatabySDO（HANDLEhdChannel，DWORDNodeID，DWORDIndex，DWORDSubIndex，BYTE * pSendData，DWORDSendLen，DWORDWaitTm）的作用是发送服务数据至从站。

hdChannel：通道句柄。

NodeID：从站地址。

Index：服务数据索引号。

SubIndex：服务数据子索引号。

pSendData：发送数据的内容。

SendLen：发送数据的字节长度。

WaitTm：等待超时时间，100~30000ms。

13. ZCOMA_InstallSYNC

ZCOMA_InstallSYNC（HANDLEhdChannel，DWORDSYNCID，DWORDCycleTm）的作用是加载同步帧到主站，主站周期发送同步帧至总线网络。

hdChannel：通道句柄。

SYNCID：同步帧 ID。

CycleTm：循环周期。

14. ZCOMA_RemoveSYNC

ZCOMA_RemoveSYNC（HANDLEhdChannel，DWORDSYNCID）的作用是删除同步帧，使主站不再发送同步帧至总线网络。

hdChannel：通道句柄。

SYNCID：同步帧 ID。

15. ZCOMA_Stop

ZCOMA_Stop（DWORDDevType，DWORDDevIndex）的作用是停止所有通道的 CANopen 协议栈。

DevType：设备型号，具体见表 7-12。

DevIndex：设备索引号。

16. ZCOMA_Uninit

ZCOMA_Uninit（HANDLEhdChannel）的作用是关闭主站卡设备通道。

hdChannel：通道句柄。

17. ZCOMA_Close

ZCOMA_Close（DWORDDevType，DWORDDevIndex）的作用是关闭主站卡设备。

DevType：设备型号，具体见表 7-12。

DevIndex：设备索引号。

7.4 案例流程

7.4.1 工程项目建立

1. 建立 MFC 工程项目

1）启动 Visual Studio，主界面如图 7-12 所示。

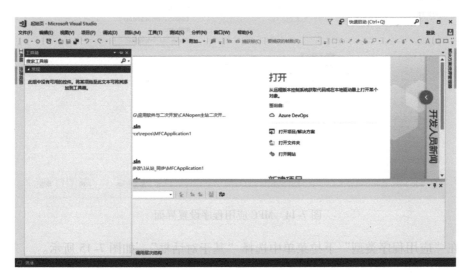

图 7-12 Visual Studio 主界面

2）单击菜单栏→文件→新建→项目，左边栏选择"MFC/ATL"，选择"MFC 应用"，根据需要设置项目"名称""位置"和"解决方案名称"，项目名称与解决方案名称一般应保持一致，如图 7-13 所示。

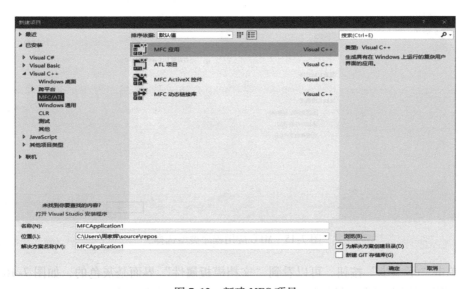

图 7-13 新建 MFC 项目

3）设置完毕后单击"确定"按钮，弹出 MFC 应用程序设置界面，如图 7-14 所示。

图 7-14　MFC 应用程序设置界面

4）在"应用程序类型"下拉菜单中选择"基于对话框"，如图 7-15 所示。

图 7-15　MFC 应用程序类型选择

5）单击"下一步"按钮，可以看到"文档模板属性"界面是灰色的，如图 7-16 所示，这是因为应用程序类型中选择的是对话框类型而不是文档类型。

图 7-16 "文档模板属性"界面

6）单击"下一步"按钮，进入"用户界面功能"界面，可以看到右边的"Command bar""Classic menu options"和"Menu bar and toolbar options"选项也是灰色的，如图 7-17 所示，原因同上，其他的主框架样式一般不做设置。

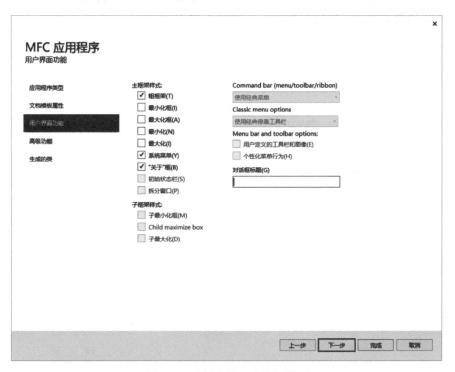

133

图 7-17 "用户界面功能"界面

7）单击"下一步"按钮，进入"高级功能"界面，一般保持默认选项即可，如图 7-18 所示。

图 7-18 "高级功能"界面

8）单击"下一步"按钮，进入"生成的类"界面，其中"生成的类"选择 Dlg，"基类"选择 CDialogEx 或者 CDialog，"类名"的命名规则为 C+项目名称+Dlg，"头文件"和".cpp 文件"的命名规则为项目名称+Dlg，如图 7-19 所示。

图 7-19 "生成的类"界面

9）单击"完成"按钮，可以看到正在加载的界面，如图 7-20 所示。

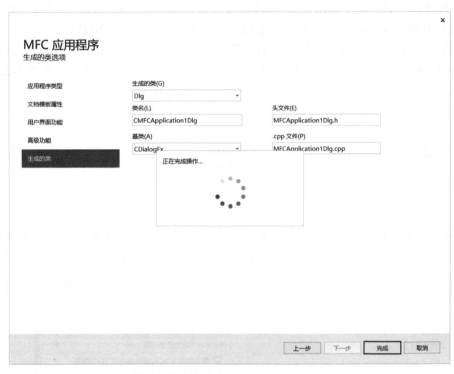

图 7-20　MFC 应用程序生成完成界面

10）打开右侧的"解决方案资源管理器"，此处包含"引用""外部依赖项""头文件""源文件"和"资源文件"五部分，在"头文件"和"源文件"中可以看到生成的 .h 文件和 .cpp 文件，如图 7-21 所示。

图 7-21　解决方案资源管理器

2. 导入主站卡接口库

为了能够在工程项目中调用主站卡接口库，从而在 PC 上控制主站卡与从站（即伺服驱动器）进行 CANopen 通信，需要将主站卡接口库相关文件导入工程项目中。

1）将文件夹中的"zcoma. h""zcoma. dll"和"zcoma. lib"三个文件复制粘贴至先前所创建工程项目的路径目录下，该文件夹是具有主站卡接口库文件的文件夹，如图 7-22 所示。

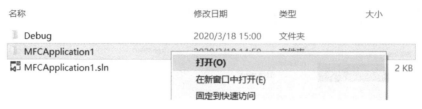

图 7-22　原工程项目路径

2）将主站卡接口库文件中的 . h 文件加入工程项目中。依次单击"解决方案资源管理器"→"头文件"（右键单击）→"添加"→"现有项"，在弹出的对话框中进入工程项目文件目录下，选中"zcoma. h"，单击"添加"按钮，如图 7-23 所示。

图 7-23　将主站卡接口库中的 . h 文件加入工程项目中

3）双击打开 pch. h 文件，如图 7-24 所示。

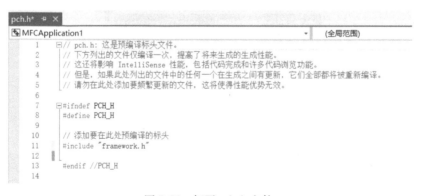

图 7-24　打开 pch. h 文件

4）在图 7-24 中#include"framework. h"下方添加如下程序代码，完成主站卡接口库的导入。

```
1. #include"zcoma.h";
2. #pragmacomment(lib,"zcoma.lib");
```

3. 基于对话框的 MFC 程序设计

基于对话框进行 MFC 程序设计时，首先需要解决对话框添加控件的问题。具体流程如下：

1）在"解决方案资源管理器"→"资源文件"中双击项目名称 .rc2 文件，进入资源视图，如图 7-25 所示。

图 7-25　资源视图

2）在资源视图中单击"Dialog"→"IDD_项目名称_DIALOG"，弹出对话框界面，如图 7-26 所示。

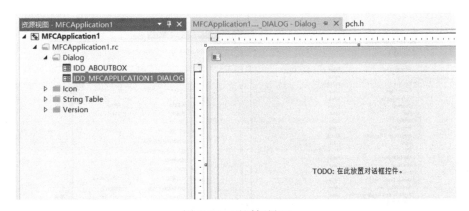

图 7-26　对话框界面

3）单击左侧"工具箱"→"对话框编辑器"，可以看到很多种类的控件，如图 7-27 所示。若没有左侧"工具箱"，可以单击"菜单栏"→"视图"→"工具箱"打开该界面，需要说明的是，"工具箱"中的"对话框编辑器"在打开对话框界面后才会出现；否则，在打开其他文件如 pch. h 时，"工具箱"中没有"对话框编辑器"这一选项。

图 7-27 对话框编辑器

4）单击"Button"选项并将其拖动到对话框界面，即可生成一个"Button1"按钮，如图 7-28 所示。

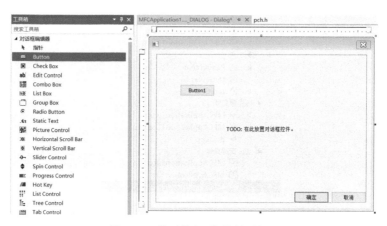

图 7-28 拖动按钮到对话框界面

5）右键单击"Button1"按钮→"属性"，可以查看这个按钮控件的属性信息，如图 7-29 所示。

图 7-29 查看按钮控件的属性信息

6）在"属性"→"Caption"中修改此按钮的名称，如 Calculate，如图 7-30 所示。

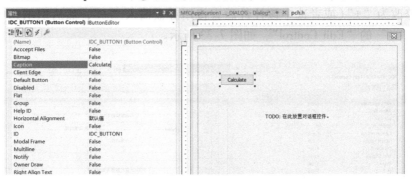

图 7-30　修改按钮名称

7）在"属性"→"ID"中修改此按钮控件的 ID，如 IDC_CALCULATE，如图 7-31 所示。注意：这里提到的控件 ID 在 MFC 编程中十分重要，在对一个控件进行函数编写、消息处理等操作时，往往需要获取该控件的 ID。

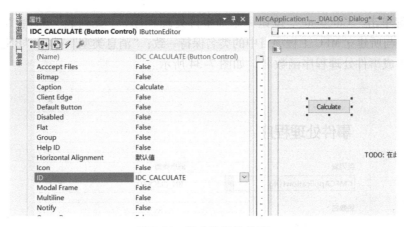

图 7-31　修改按钮控件 ID

8）在"工具箱"→"对话框编辑器"中选择"Edit Control"编辑框控件，此控件可以在程序运行时输入数据或者显示数据。拖动 3 个"Edit Control"编辑框控件，并根据需要修改控件 ID，如图 7-32 所示。

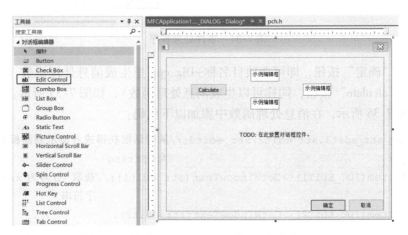

图 7-32　拖动"Edit Control"控件到对话框界面

139

9）在"工具箱"→"对话框编辑器"中选择"Static Text（静态文本）"，将其"Caption"修改为"+"（或者选中该控件后直接用键盘输入"+"，然后取消选中），同理，添加内容为"="的"Edit Control"，如图7-33所示。

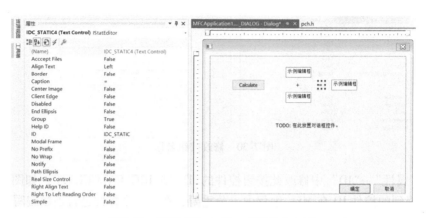

图7-33　编辑"Static Text（静态文本）"

10）右键单击"Calculate"按钮→添加事件处理程序，"类列表"选择"CMFCApplication1Dlg"，与所建立MFC工程项目中的类名保持一致；"消息类型"选择"BN_CLICKED"，系统会自动生成事件处理程序函数名，如图7-34所示。

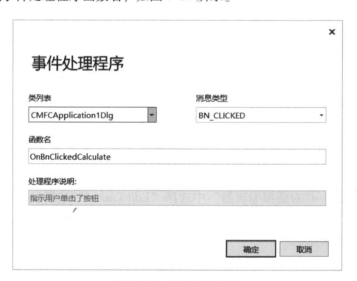

图7-34　事件处理程序

11）单击"确定"按钮，即可在项目名称+Dlg.cpp里生成消息处理函数（或者在对话框界面双击"Calculate"按钮，同样可以生成消息处理函数），如图7-35所示。

12）如图7-36所示，在消息处理函数中添加以下代码：

```
1. CString str_edit1,str_edit2,str_edit3;//从对话框获得或者显示到面板上的数据一般
                                          为CString
2. GetDlgItem(IDC_EDIT1)->GetWindowText(str_edit1);//获取ID号为xxx的CString
                                                    字符串
3. GetDlgItem(IDC_EDIT2)->GetWindowText(str_edit2);
```

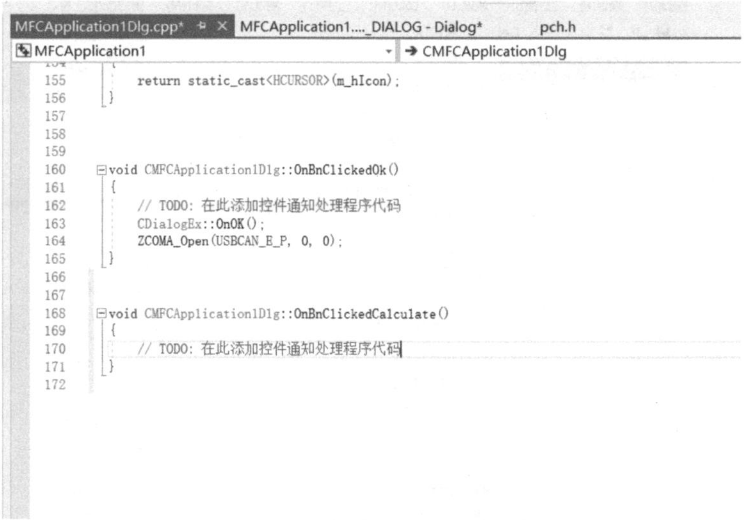

图 7-35　生成消息处理函数

4. inta,b,c;

5. a=_ttoi(str_edit1);//将 CString 转换为 int 数据类型

6. b=_ttoi(str_edit2);

7. c=a+b;

8. str_edit3.Format(_T("%d"),c);//将 int 类型数据转化为 CString

9. SetDlgItemText(IDC_EDIT3,str_edit3);//在 ID 为 xxx 的控件上显示转换为 CString 的
数据

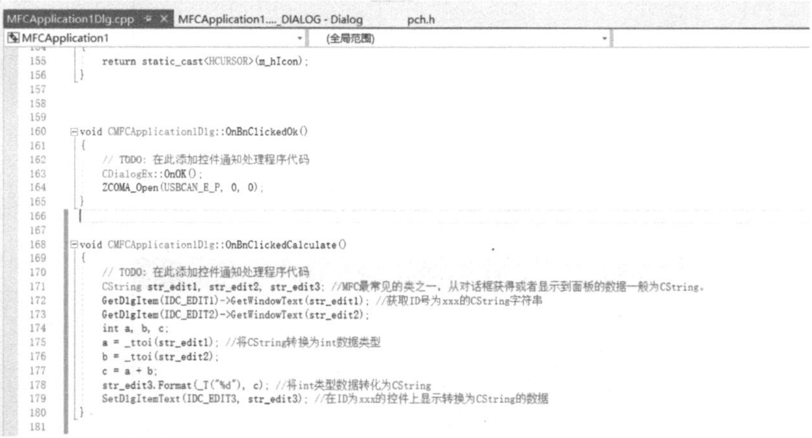

141

图 7-36　添加程序代码

13）依次单击"菜单栏"→"调试"→"开始调试"运行程序，或者单击菜单栏下一行的本地 Windows 调试器运行程序，如图 7-37 所示。

14）程序运行结果如图 7-38 所示。

15）在图 7-38 所示的文本框里分别输入 6 和 16，单击"Calculate"按钮，可以得到结果：6+16=22，如图 7-39 所示。结果的正确显示验证了程序的正确性。

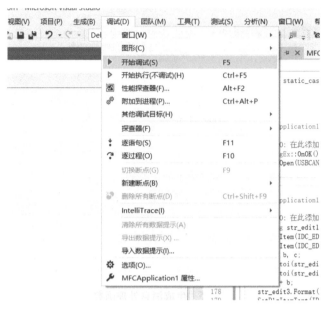

图 7-37　调试运行程序

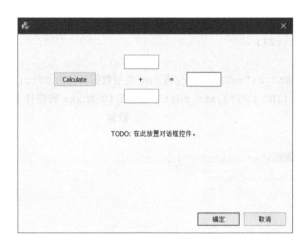

图 7-38　程序运行结果

142

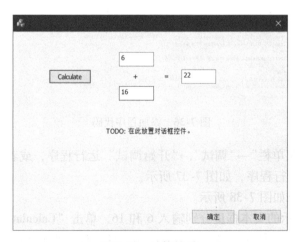

图 7-39　计算结果

7.4.2 设备开启与关闭

本小节主要介绍如何通过调用主站卡接口来开启/关闭主站卡、启动/停止 CANopen 协议栈，以及控制伺服设备 ON/OFF 等。设备开启与关闭功能主要集中在"机器人状态控制"界面，如图 7-40 所示。

图 7-40 "机器人状态控制"界面

1. 开启设备

设备开启部分的函数调用流程如图 7-41 所示。

双击"开启设备"按钮，在生成的函数体内添加如下处理代码（以从站 1 为例）：

1. ZCOMA_Open(USBCAN_E_P,0,0);//打开设备
2. ZCOMA_INITCFGinitConfig;//以 ZCOMA_INITCFG 为类型声明结构体变量
3. initConfig.dwBaudrate=500;//CAN 波特率，500kbit/s
4. initConfig.dwNodeID=127;//主站卡节点 ID,默认为 127
5. initConfig.dwHeartbeat=3000;//主站心跳周期,3000ms
6. DWORDInit_err=ZCOMA_Init(USBCAN_E_P,0,0,&initConfig,&hChannel);//初始化主站通道
7. ZCOMA_NODECONFIGnodeConfig_1;//以 ZCOMA_NODECONFIG 为类型声明结构体变量 nodeConfig_1
8. nodeConfig_1.dwNodeID=1;//从站 ID,为 1
9. nodeConfig_1.dwGuardMode=1;//从站在线检查方式,1:心跳包
10. nodeConfig_1.dwGuardTime=1000;//从站在线检查周期,1000ms
11. nodeConfig_1.dwRetryFactor=3;//没有检测到从站时重试检查次数
12. DWORDAddNode_err_1=ZCOMA_AddNode(hChannel,&nodeConfig_1);//添加 ID 为 1 的从站
13. ZCOMA_Start(USBCAN_E_P,0);//启动(主站卡上)所有通道的 CANopen 协议栈
14. while((SLAVESTATUS_WORK!=ZCOMA_GetNodeStatus(hChannel,1)))//循环判断
15. {
16. ZCOMA_StartRoute(hChannel);//启动指定通道的 CANopen 协议栈
17. };//获取从站工作状态,判断从站是否正在工作

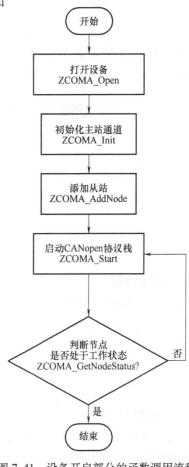

图 7-41 设备开启部分的函数调用流程

开启设备部分需要注意以下两点：

1）大多数主站卡接口函数中都含有 HANDLEhChannel 通道句柄参数，如 ZCOMA_AddNode（HANDLEhChannel，ZCOMA_NODECONFIG * Config）；因此需要在全局范围中进行定义，如图 7-42 所示。

图 7-42　定义通道句柄

2）设备类型参数 DWORDDevType 在 zcoma.h 中定义为 enum 枚举类型，如图 7-43 所示。

图 7-43　定义参数类型

2. 关闭设备

设备关闭部分的函数调用流程如图 7-44 所示。程序如下（以从站 1 为例）：

1. ZCOMA_SetNodeState(hChannel,1,SLAVE_RESET);//复位从站 1
2. ZCOMA_Stop(USBCAN_E_P,0);//停止 CANopen 协议栈
3. ZCOMA_Uninit(hChannel);//关闭通道
4. ZCOMA_Close(USBCAN_E_P,0);//关闭主站卡设备

3. 电动机使能

此部分通过 controlword（控制字）来完成对驱动器的控制，通过读驱动器的 statusword（状态字）知道驱动器当前状态。

设备开启并运行后，驱动器的状态自动过渡至 Switch On Disabled，只有在驱动器状态为 Operation Enable 时，电动机才上电，如图 7-10 所示。因此，电动机上电时，状态机的状态切换流程为：Switch On Disabled→Ready to Switch On→Switched On→Operation Enable。结合控制命令与状态切换关系表（见表 7-15），对应的控制命令流程为 0x06→0x07→0x0f。程序如下（以从站 1 为例）：

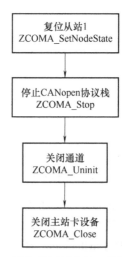

图 7-44　设备关闭部分的函数调用流程

144

```
1. struct{
2. DWORDIndex;
3. DWORDSubIndex;
4. DWORDDataLen;
5. BYTEData[4];
6. }sdo_list_controlword[]=
7. {
8. 0x6040,0,2,{0x06,0x00},
9. 0x6040,0,2,{0x07,0x00},
10. 0x6040,0,2,{0x0f,0x00},
11. };
12. ZCOMA_DownloadDatabySDO(hChannel,1,sdo_list_controlword[0].Index,sdo_
    list_controlword[0].SubIndex,sdo_list_controlword[0].Data,sdo_list_
    controlword[0].DataLen,1);
13. ZCOMA_DownloadDatabySDO(hChannel,1,sdo_list_controlword[1].Index,sdo_
    list_controlword[1].SubIndex,sdo_list_controlword[1].Data,sdo_list_
    controlword[1].DataLen,1);
14. ZCOMA_DownloadDatabySDO(hChannel,1,sdo_list_controlword[2].Index,sdo_
    list_controlword[2].SubIndex,sdo_list_controlword[2].Data,sdo_list_
    controlword[2].DataLen,1);
```

表 7-15　控制命令与状态切换关系表

序号	状 态 切 换	控制字 6040h
0	Start→Not Ready to Switch On	自然过渡，无需控制命令
1	Not Ready to Switch On→Switch On Disabled	自然过渡，无需控制命令
2	Switch On Disabled→Ready to Switch On	0x06
3	Ready to Switch On→Switched On	0x07
4	Switched On→Operation Enable	0x0f
5	Operation Enable→Switched On	0x07
6	Switched On→Ready to Switch On	0x06
7	Ready to Switch On→Switch On Disabled	0x00
8	Operation Enable→Ready to Switch On	0x06
9	Operation Enable→Switch On Disabled	0x00
10	Switched On→Switch On Disabled	0x00
11	Operation Enable→Quick Stop Active	0x02
12	Quick Stop Active→Switch On Disabled	快速停机方式由 605Ah 决定，停机完成后自然过渡，无需控制指令

4. 电动机消磁

要通过伺服驱动器控制电动机，必须对电动机励磁，根据图 7-10，只有在驱动器状态为 Operation Enable 时，电动机才处于上电状态（电动机励磁）。但有时需要手动调整并联机器人末端执行器位置，此时要求电动机可以手动转动，故需要将电动机调至其他状态。根据图 7-10，当电动机处于 Operation Enable 时，可经路线 5 将伺服驱动器切换至 Switch On 状态，可经路线 8 切换至 Ready to Switch On 状态，同样可经路线 9 切换至 Switch On Disabled 状态，都能起到电动机消磁的作用。因此，状态机的状态切换有多种流程：

流程 1：Operation Enable→Switched On。

流程 2：Operation Enable→Ready to Switch On。

流程 3：Operation Enable→Switch On Disabled。

结合控制命令与状态切换关系表，可知各状态切换流程对应的控制命令为：流程 1，0x07；流程 2，0x06；流程 3，0x00。

程序如下（以从站 1 为例）：

```
1. struct{
2. DWORDIndex;
3. DWORDSubIndex;
4. DWORDDataLen;
5. BYTEData[4];
6. }sdo_list_controlword[]=
7. {
8. 0x6040,0,2,{0x07,0x00},
9. };
10. ZCOMA_DownloadDatabySDO(hChannel,1,sdo_list_controlword[0].Index,sdo_
    list_controlword[0].SubIndex,sdo_list_controlword[0].Data,sdo_list_
    controlword[0].DataLen,100);
```

该程序通过服务数据对象（SDO）发送数据，使伺服驱动器处于消磁状态。前文提到服务数据对象（SDO）主要用于一些对实时性要求不高的数据，因此对于该段代码中函数 ZCOMA_DownloadDatabySDO（）的最后一个参数，等待时间应尽量长一些，这里选择 100ms。

7.4.3　控制模式配置

本案例中并联机器人使用的伺服驱动器支持 CANopen 设备子协议 DSP402 中的 4 种控制模式：位置控制模式、速度控制模式、位置控制模式、插补控制模式、同步模式和回零模式。本小节主要介绍上述各种控制模式的主要功能、控制字/状态字以及相关参数，同时对 PDO 重映射流程进行介绍。

控制模式相关索引见表 7-16。

表 7-16　控制模式相关索引

索　引	名　称	类　型	Attr.
6060h	modes_of_operation	INT8	RW
6061h	modes_of_operation_display	INT8	RO

伺服驱动器的控制模式由参数 modes_of_operation 决定，该参数不同，伺服驱动器采用的控制模式也不同。控制模式的详细参数见表 7-17。

6060h 中不同的 Value Range 值，代表不同的控制模式，见表 7-18。

表 7-17 控制模式的详细参数

索 引	6060h	6061h
名称	modes_of_operation	modes_of_operation_display
目标代码	VAR	VAR
数据类型	INT8	INT8
可读写性	RW	RO
PDO 映射	YES	YES
单位	—	—
范围	1，3，6，7	1，3，6，7
默认值	0	0

表 7-18 控制模式及其对应值

值	说 明
0	空控制模式（NOP MODE）
1	位置控制模式（PROFILE POSITION MODE）
3	速度控制模式（PROFILE VELOCITY MODE）
6	回零模式（HOMING MODE）
7	插补控制模式（INTERPOLATED POSITION MODE）

1. 位置控制模式

位置控制模式主要用于点到点定位运行，在该控制模式下，伺服驱动器根据给定的目标位置、最大运行速度、加速度和减速度规划运行曲线。将控制模式 6060h 配置为 0x03，则伺服运行在位置控制模式。位置控制模式的控制字见表 7-19。

表 7-19 位置控制模式的控制字

9~15	8	7	6	5	4	0~3
*	Halt	*	abs/rel	Changesetimmediately	Newset-point	*

控制字的 0~3 位组成了状态机的传输控制命令，用于控制驱动器的当前状态；控制字的 4、5、6、8 位组成了控制模式的命令字。在位置控制模式下发送不同的数据给伺服控制器时伺服电动机的不同运动效果见表 7-20。

表 7-20 控制字对应值的含义

名 称	值	描 述
Newset-point	0	不设定目标位置
	1	设定目标位置
Changesetimmediately	0	完成当前位置再开始下一位置
	1	中断当前位置并开始下一位置
abs~rel	0	目标位置是绝对值
	1	目标位置是相对值
Halt	0	执行定位
	1	减速停止轴

位置控制模式的控制字由状态机的 4、5、6、8 位组成，每个位又有 0、1 两种状态。例如，如果第 4 位的值为 0，则表示不设定目标位置；如果为 1，则表示设定目标位置。再如，如果第 5 位为 0，则表示完成当前位置再开始下一位置；如果为 1，则表示中断当前位置并开始下一位置。

设置位置控制模式的步骤如下：

1）创建需要发送的 SDO 结构体，结构体由索引、子索引、数据长度和具体的数据内容组成；控制模式的索引为 0x6060，将控制模式配置为位置控制模式，所以其内容为 1，即 {0x01}。因此，结构体内容依次为 0x6060, 0, 1, {0x01}。具体代码如下：

```
1. struct{
2. DWORDIndex;
3. DWORDSubIndex;
4. DWORDDataLen;
5. BYTEData[4];
6. }sdo_list_pp_1[]=
7. {
8. 0x6060,0,1,{0x01},//设置控制模式:位置控制模式
9. }
```

2）通过 ZCOMA_DownloadDatabySDO() 函数向从站 1 发送该 SDO，使控制模式为位置控制模式。伺服驱动器当前的控制模式可以通过读 modes_of_operation_display 参数知道。

```
1. ZCOMA_DownloadDatabySDO(hChannel,1,sdo_list_pp_1[0].Index,sdo_list_pp_1[0].
   SubIndex,sdo_list_pp_1[0].Data,sdo_list_pp_1[0].DataLen,100);//向从站1写
   SDO,使控制模式为位置模式
```

3）配置状态机控制字。首先使电动机进入 Shutdown 状态，之后进入 Switchon 状态，然后进入 Enableoperation 状态。由表 7-11 可知，要使伺服驱动器处于 Shutdown 状态，控制字应设置为 0x06；处于 Switchon 状态时，控制字设为 0x07；处于 Enableoperation 状态时，控制字设为 0x0f。将控制模式设置为位置控制模式后，首先需要设置目标位置，则第 4 位为 1（见表 7-18）；接着将 Changesetimmediately 设置为 "完成当前位置再开始下一位置"，则第 5 位为 0；设置目标位置是绝对值，则第 6 位为 0；设置执行定位，则第 8 位也为 0，因此控制字为 0x0001；然后结合状态机控制字，则 6040h 内容为 {0x1f}。具体代码如下：

```
1. struct{
2. DWORDID;
3. DWORDDataLen;
4. BYTEData[8];
5. }pdo_list_controlword_1[]=
6. {
7. 0x201,2,{0x06,0x00},
8. 0x201,2,{0x07,0x00},
9. 0x201,2,{0x0f,0x00},
10. 0x201,2,{0x1f,0x00},//触发伺服运行
11. };
```

4）配置 RPDO1 的映射对象为控制字。由于 RPDO1 的映射参数是 0x1600，则结构体的索引是 0x1600，子索引是 1；映射的对象是 6040h，子索引是 0，数据长度是 16 位。具体代码如下：

```
1. struct{
2. DWORDIndex;
3. DWORDSubIndex;
4. DWORDDataLen;
5. BYTEData[4];
6. }sdo_list_pp_1[]=
7. {
8. 0x1600,1,4,{0x10,0x00,0x40,0x60},//重新配置RPDO1映射对象:6040controlword(控制字)
9. }
```

5）调用函数 ZCOMA_DownloadDatabySDO（）向从站 1 写入 SDO，实现位置控制模式。具体代码如下：

```
1. ZCOMA_DownloadDatabySDO(hChannel,1sdo_list_pp_1[i].Indexsdo_list_pp_1[i].
   SubIndex,sdo_list_pp_1[i].Data,sdo_list_pp_1[i].DataLen,100);//向从站写入SDO
```

6）为了确认当前状态，可以读取模式状态字来确认当前状态，可以通过读 modes_of_operation_display（6061h）参数来确认伺服驱动器当前的控制模式。当 6061h 的值为 1 时，说明电动机的位置模式设置成功。注意：电动机的模式状态只能通过 6061h 参数来读取，6061h 反映了电动机的当前运行模式，读取 6060h 参数是无效的。

位置控制模式相关索引见表 7-21。其中 target_position 是给定的目标位置，该位置可以是相对值，也可以是绝对值，这取决于控制字（controlword）的 bit6。profile_velocity 是指位置控制模式启动后，完成加速后最终达到的速度。end_velocity 是到达给定位置 target_position 时的速度，为了在到达给定位置时停止驱动器，该参数通常设置为 0；但在连续多点位置时，该参数可以设置成非零值。profile_acceleration 是到达给定位置期间的加速度。profile_deceleration 是到达给定位置期间的减速度。

表 7-21 位置控制模式相关索引

索 引	名 称	类 型	可读写性
607Ah	target_position	Int32	RW
6081h	profile_velocity	Uint32	RW
6082h	end_velocity	Uint32	RW
6083h	profile_acceleration	Uint32	RW
6084h	profile_deceleration	Uint32	RW
6085h	quick_stop_deceleration	Uint32	RW
6086h	motion_profile_type	Int16	RW

注：RW—可录写。

由此可总结出 PDO 发送流程如下：

1）发送控制模式 6060h＝0x03，使伺服运行在速度控制模式。

2）发送最大运行速度 6081h＝0x300，给定目标位置 604Ah＝0x6000。

149

3）发送加速度 6083h＝0x50、减速度 6084h＝0x50，若不发送，则加速度和减速度均为默认值。

4）发送绝对位置控制字 6040h＝0x1F。

2. 速度控制模式

在工业现场，如果对电动机的运行速度有较高的控制精度要求，则可以将伺服电动机配置为速度控制模式。在速度控制模式下，伺服驱动器根据给定的速度、加速度和减速度规划电动机的速度曲线。速度控制模式相关索引见表 7-22。

表 7-22　速度控制模式相关索引

索　引	名　　称	类　型	可读写性
6069h	velocity_sensor_actual_value	Int32	RO
606Bh	velocity_demand_value	Int32	RO
606Ch	velocity_actual_value	Int32	RO
609Dh	velocity_window	Uint16	RW
606Eh	velocity_window_time	Uint16	RW
606Fh	velocity_threshold	Uint16	RW
6070h	velocity_threshold_time	Uint16	RW
60FFh	target_velocity	Int32	RW

注：RO—只读格式；RW—可录写格式。

主站可以通过读 velocity_sensor_actual_value 参数确定电动机当前转速，该参数单位是内部速度单位 r/min。target_velocity 是给定目标速度，其索引为 60FFh。

伺服电动机速度控制模式的实现过程如下：

1）设置电动机模式。伺服驱动器的控制模式由 modes_of_operation（6060h）参数决定。根据表 7-18，启用速度控制模式时，应将 6060h 设置为"3"。首先创建所要发送的 SDO 结构体，其中控制模式的索引为 0x6060，将控制模式设置为速度控制模式，所以其值为 3，即｛0x03｝。因此，结构体内容依次为 0x6060，0，1，｛0x03｝。具体代码如下：

```
1. struct{
2. DWORDIndex;
3. DWORDSubIndex;
4. DWORDDataLen;
5. BYTEData[4];
6. }sdo_list_pp_1[]=
7. {
8. 0x6060,0,1,{0x03},//设置控制模式:速度控制模式
9. }
```

2）控制模式设置完成后，可以通过模式状态读取来确认当前设置的控制模式。伺服驱动器当前的控制模式通过 modes_of_operation_display（6061h）参数读取，当读取到的 6061h 的值为"3"时，则说明电动机的速度控制模式设置成功。

3. 插补控制模式

插补控制模式可以实现多轴协调控制或者单轴控制，一般配合同步（SYNC）报文进行

多轴的同步控制。在本案例中，利用插补控制模式具体实现两个点之间的门型轨迹运动，在两个点之间插入 N 个点，每两个点之间的运动时间固定，以保证运动的平滑、稳定。插补控制模式示例如图 7-45 所示。

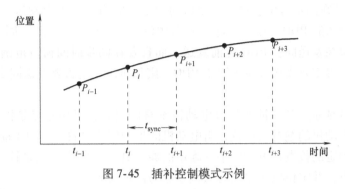

图 7-45　插补控制模式示例

在图 7-45 中，P_i 表示上位机给定的插补位置；t_{sync} 表示设定的同步周期，一般小于或等于插补周期。注意：

1）由于所使用的伺服驱动器没有位置缓存，因此需要上位机定时更新插补位置数据。为了实现多轴同步控制，上位机需要先发送插补位置数据，然后发送同步帧（SYNC 报文）使所有伺服驱动器同步更新插补位置数据，同步周期应小于或等于插补周期，以保证插补位置数据的及时更新。

2）若插补位置数据出现延迟，伺服驱动器将以上一次更新的插补位置数据进行插补。

插补控制模式相关索引见表 7-23。

表 7-23　插补控制模式相关索引

索　引	名　称	类　型	可 读 写 性
60C0h	interpolation_submode_select	INT16	RW
60C1h	interpolation_data_record	INT32	RW
60C2h	interpolation_time_period	INT32	RW

表 7-23 中的 interpolation_data_record 是插补位置给定值，该值是以绝对方式给定的。

由此总结 PDO 发送流程（执行此流程前，电动机应已上电）如下：

1）发送控制模式 6060h = 0x07，使伺服运行处于插补控制模式。

2）预先规划插补位置数据。

3）发送插补位置数据 60C1_01h = 当前位置与同步帧（SYNC 报文）。

4）发送控制字 6040h = 0x1F 与同步帧，激活插补控制模式。

5）定时发送预先规划好的插补位置数据以及同步帧。

注意：发送控制字或者插补位置数据时，后面要加上一个同步帧，这是因为 PDO 重映射时，控制字与插补位置数据所映射的 RPDO 的通信参数（140xh_02h）为 0x01，同步触发，伺服在接收到同步帧后才会更新 PDO 数据。

4. 同步模式

在通过网络进行通信的应用中，经常需要多个从站之间的协调同步，如并联机器人多个机械臂的协调配合。为此，CANopen 引入了同步对象（同步帧）的概念来解决这个问题。

同步对象的 CAN 标识符为 80h。该值保存在对象字典中 Sync-COB-ID（索引 1005h）的对象中，且可配置。此外，用户还可以配置"循环周期"（通信时间）和"同步窗口长度"对同步机制进行参数设置。

同步 PDO 必须在同步对象发送完毕之后的同步时间窗口范围内发送，而对于超出同步时间窗口之后才发送的 PDO，在 CANopen 规范中没有明确规定。因此，同步 PDO 的发送方必须保证同步对象在发送同步 PDO 之前发送，而且要在同步时间窗口范围内。若在同步时间窗口范围内无法确定要发送多少个同步 PDO，则很难决定是否要发送同步 PDO。

5. 回零模式

机械零点和机械原点都是针对伺服电动机本身的概念：机械零点是机械上的绝对零位置，也就是伺服电动机的绝对零位置，由电动机的生产厂家设置，用户不能更改；机械原点是指机械上某一固定的位置，可对应某一确定的原点开关。回零模式是针对电动机而言的，用于寻找机械原点，并定位机械原点与机械零点的位置关系。

回零成功后，电动机停止位置为机械原点，也就是说，回零模式可视为设置机械原点。通过设置 607Ch，可以设定机械原点与机械零点的关系：机械原点=机械零点+607Ch（原点偏置）。当 607Ch=0 时，机械原点与机械零点重合。

回零模式下，首先选择回零方式（6098h），设置回零速度和回零加速度，给出回零触发信号后，伺服将按照设定移动至机械原点，并完成机械原点与机械零点的相对位置关系设置。

回零模式相关索引见表 7-24，607Ch 表示原点偏置，该参数确定了原点位置与零点位置之间的距离。6099h 代表回零速度，609Ah 代表回零加速度，此处不做详细介绍。6098h 用于选择回零方式，见表 7-25。回零方式有 35 种，通过对比选择适合本案例的回零方式 35，故回零方式 1~34 此处不做介绍。

表 7-24　回零模式相关索引

索　引	名　称	类　型	可读写性
607Ch	Home_offset	INT32	RW
6098h	Homing_method	INT8	RW
6099h	Homing_speeds	UINT32	RW
609Ah	Homing_acceleration	INT32	RW

表 7-25　6098h 的参数详情

索　引	6098h
名称	Homing_method
数据类型	INT8
单位	—
取值范围	1~14*，17~22，23~30*，33~35
默认值	1

有 4 种信号可作为回零信号：正限位开关、负限位开关、参考点开关和 C 脉冲。回零方式 35 是指当前位置即为系统零点，即设置当前位置为机械原点，称为零点。

回零流程如下：

1）PDO 发送流程，控制字为 0x0F。

2）发送控制模式 6060h = 0x06，使伺服运行在回零模式。

3）发送回零方式 35 的 16 进制控制字 6098h = 0x23。

4）发送控制字 6040h = 0x1F，伺服执行回零操作。

在回零方式 6098h = 35 时，伺服执行回零操作后，监控参数 6064h 位置实际值 xxxxxxxxh 转换为 00000000h，即将当前位置设置为机械原点。

7.4.4 单电动机运动控制

本小节是在 CANopen 的速度和位置控制模式下对单个电动机进行控制；结合 CANopen 回零模式，构成电动机轴点动模式，实现点动模式功能。在设计程序之前，工程项目需要在 zcoma. h 同一目录下添加 zcoma_ex. h、zcoma_ex. cpp 两个文件。

1. 速度控制模式设置

速度控制模式下对单个电动机的控制流程如下：

1）PDO 发送控制模式 6060h 为 0x03，使伺服运行在速度控制模式下。具体程序如下：

```
1. struct{
2. DWORDID;
3. DWORDDataLen;
4. BYTEData[8];
5. }pdo_list_modes_of_operation[]=
6. {
7. 0x300,1,{0x01},//位置控制模式
8. 0x300,1,{0x03},//pv 速度控制模式
9. 0x300,1,{0x06},//hm 回零模式
10. 0x300,1,{0x07},//ip 插补控制模式
11. };
12. ZCOMA_SetPDOOutputData(hChannel1,pdo_list_modes_of_operation[1].ID+1,pdo_
    list_modes_of_operation[1].Data,pdo_list_modes_of_operation[1].DataLen,1);
```

2）SDO 写加速度 6083h 为 0x50、减速度 6084h 为 0x50。

3）SDO 写目标速度 60FFh 为 0x500，单位为 0.1r/m。具体程序如下：

```
13. struct{
14. DWORDIndex;
15. DWORDSubIndex;
16. DWORDDataLen;
17. BYTEData[4];
18. }sdo_list_pv_param[]=
19. {
20. 0x6083,0,4,{0x50,0x00,0x00,0x00},//加速度 6083h
21. 0x6084,0,4,{0x50,0x00,0x00,0x00},//加速度 6084h
22. 0x60FF,0,4,{0x00,0x05,0x00,0x00},//目标速度 60FFh
23. };
24. //写加速度 6083h
```

25. ZCOMA_DownloadDatabySDO(hChannel,1,sdo_list_pv_param[0].Index,sdo_list_pv_param[0].SubIndex,sdo_list_pv_param[0].Data,sdo_list_pv_param[0].DataLen,1);

26. //写减速度6084h

27. ZCOMA_DownloadDatabySDO(hChannel,1,sdo_list_pv_param[1].Index,sdo_list_pv_param[1].SubIndex,sdo_list_pv_param[1].Data,sdo_list_pv_param[1].DataLen,1);

28. //写目标速度60FFh

29. ZCOMA_DownloadDatabySDO(hChannel,1,sdo_list_pv_param[2].Index,sdo_list_pv_param[2].SubIndex,sdo_list_pv_param[2].Data,sdo_list_pv_param[2].DataLen,1);

4）PDO 发送控制字 6040h 为 0x1F，由于 6040h 映射的 PDO 通信方式为同步触发，因此需要发送一个同步帧，使伺服运行。具体程序如下：

30. //发送6040h+一个同步帧,触发伺服运行

31. ZCOMA_RemoveSYNC(hChannel,0x80);

32. ZCOMA_SetPDOOutputData(hChannel,1,pdo_list_controlword[3].ID+1,pdo_list_controlword[3].Data,pdo_list_controlword[3].DataLen,1);

33. ZCOMA_InstallSYNC(hChannel,0x80,1);

34. Sleep(1);

35. ZCOMA_RemoveSYNC(hChannel,0x80);

36. //装载同步帧,避免伺服同步超时

37. ZCOMA_InstallSYNC(hChannel,0x80,10);

5）在监控参数方面，通过 TPDO 读取速度实际值。具体程序如下：

1. BYTEtpdo3_1[4];

2. DWORDtpdo3_1_len=sizeof(tpdo3_1);

3. CStringstr_tpdo3_1;

4. inttpdo_err=ZCOMA_GetPDOInputData(hChannel,1,0x381,tpdo3_1,&tpdo3_1_len,1);

5. str_tpdo3_1=BYTE2HexString(tpdo3_1,sizeof(tpdo3_1));

6. SetDlgItemText(IDC_ACTUALVEL,str_tpdo3_1);

2. 位置控制模式设置

位置控制模式下对单个电动机的控制流程如下：

1）PDO 发送控制模式 6060h 为 0x01，使伺服运行在位置模式下。具体程序如下：

1. struct{

2. DWORDID;

3. DWORDDataLen;

4. BYTEData[8];

5. }pdo_list_modes_of_operation[]=

6. {

7. 0x300,1,{0x01},//pp 位置控制模式

8. 0x300,1,{0x03},//pv 速度控制模式

9. 0x300,1,{0x06},//hm 回零模式

10. 0x300,1,{0x07},//ip插补控制模式
11. };
12. ZCOMA_SetPDOOutputData(hChannel,1,pdo_list_modes_of_operation[0].ID+1,pdo_list_modes_of_operation[0].Data,pdo_list_modes_of_operation[0].DataLen,1);

2）SDO写加速度6083h为0x50、减速度6084h为0x50，而PDO配置中没有对加速度6083h和减速度6084h的映射。

3）PDO发送最大运行速度6081h为0x300，目标位置607Ah＝0x1000。具体程序如下：

13. struct{
14. DWORDIndex;
15. DWORDSubIndex;
16. DWORDDataLen;
17. BYTEData[4];
18. }sdo_list_pp_acceleration[]=
19. {
20. 0x6083,0,4,{0x50,0x00,0x00,0x00},//加速度6083h＝°/s²；
21. 0x6084,0,4,{0x50,0x00,0x00,0x00},//加速度6084h＝°/s²
22. };
23. //SDO写加速度6083h、减速度6084h
24. ZCOMA_DownloadDatabySDO(hChannel,1,sdo_list_pp_acceleration[0].Index,sdo_list_pp_acceleration[0].SubIndex,sdo_list_pp_acceleration[0].Data,sdo_list_pp_acceleration[0].DataLen,1);
25. ZCOMA_DownloadDatabySDO(hChannel,1,sdo_list_pp_acceleration[1].Index,sdo_list_pp_acceleration[1].SubIndex,sdo_list_pp_acceleration[1].Data,sdo_list_pp_acceleration[1].DataLen,1);
26. //输入6081h和607Ah的数值，然后进行单位转换
27. DWORDprofile_velocity=1;//单位:°/s
28. inttarget_position=30;//单位:°
29. DWORDserv_profile_velocity=profile_velocity*30*600/360;
30. //profile_velocity6081h发送至伺服的数据单位为0.1r/min
31. intserv_target_position=target_position*30*131072/360;
32. //target_position607Ah发送至伺服的数据单位为脉冲

4）PDO发送控制字6040h＝0x1F，由于6040h映射的PDO通信方式为同步触发，因此需要发送一个同步帧。具体程序如下：

33. BYTErpdo2[8];
34. Make_OBJ_2_PDO(serv_profile_velocity,serv_target_position,rpdo2);
35. ZCOMA_SetPDOOutputData(hChannel,1,0x301,rpdo2,sizeof(rpdo2),1);
36. //发送控制字6040h＝0x1F,由于控制字6040h所映射的rpdo1为同步触发方式,所以要先卸载同步帧
37. ZCOMA_RemoveSYNC(hChannel,0x80);//如果没有预先卸载同步帧,那么从站接收到rpdo1后会立即运行
38. ZCOMA_SetPDOOutputData(hChannel,1,pdo_list_controlword[3].ID+1,pdo_list_controlword[3].Data,pdo_list_controlword[3].DataLen,1);

39. //发送一个同步帧(形式如下),伺服运行

40. ZCOMA_InstallSYNC(hChannel,0x80,1);

41. Sleep(1);//Sleep 时间与上一行程序中的 CycleTm 一致

42. ZCOMA_RemoveSYNC(hChannel,0x80);

43. //位置控制模式运行结束,必须再次装载同步帧,以防止伺服同步超时

44. ZCOMA_InstallSYNC(hChannel,0x80,10);

3. 点动模式设置

在进行机器人运动试验之前,需要对机器人零点进行设置,即设置各个轴的机械原点。在本案例中,将电动机的 3 个轴分别命名为 J1、J2 和 J3。零点设置方式如下:首先在电动机未上电时,手动托举并联机器人动平台向上移动,使并联机器人的 3 条主动臂都达到一个大致水平的位置;然后对电动机上电,通过回零模式下的回零方式 35 设置机器人末端当前位置为零点;接着用水平仪等工具测量各个主动臂是否达到完全水平,如果还未达到完全水平,需要通过 J 轴点动确认按钮与设置 J 轴零点按钮对机器人各轴主动臂进行进一步的调平操作,然后通过 J 轴回零按钮检验机器人主动臂是否达到预定的水平位置。调平操作除了要使机器人各轴主动臂更加水平外,还要让机器人各轴主动臂与从动臂的交点保持水平,从而减小机器人末端的定位误差。

点动模式由 CANopen 中的位置控制模式与回零模式构成,通过位置控制模式,使 J1 按照给定的速度运行至指定位置,然后通过回零模式设置 J1 零点,即机械原点,那么该指定位置即为当前零点,之后 J1 回零即回到本次设置的位置。

(1)J1 点动确认 J1 点动确认的作用是使 J1 按照编辑框给定的速度运行至编辑框内的指定位置。具体程序如下:

1. struct{

2. DWORDID;

3. DWORDDataLen;

4. BYTEData[8];

5. }pdo_list_modes_of_operation[]=

6. {

7. 0x400,2,{0x01,0x00},

8. 0x400,2,{0x06,0x00},

9. 0x400,2,{0x07,0x00},

10. };

11. voidCMFCApplication1Dlg::OnBnClickedButton6()//J1 点动确认,即按照按钮上方的角速度、角位移运动

12. {

13. //TODO:在此添加控件通知处理程序代码

14. ZCOMA_SetPDOOutputData(hChannel,1,pdo_list_modes_of_operation[0].ID+1,pdo_list_modes_of_operation[0].Data,pdo_list_modes_of_operation[0].DataLen,1);

15. UpdateData(TRUE);

16. DWORDserv_profilevelocity_1=_tcstoul(m_edit_profilevelocity_j1,NULL,10)*30*600/360;

17. intserv_targetposition_1=_ttoi(m_edit_targetposition_j1)*30*131072/360;

18. BYTErpdo2[8];

```
19. Make_OBJ_2_PDO(serv_profilevelocity_1,serv_targetposition_1,rpdo2);
20. ZCOMA_SetPDOOutputData(hChannel,1,0x301,rpdo2,sizeof(rpdo2),1);
21. ZCOMA_RemoveSYNC(hChannel,0x80);
22. ZCOMA_SetPDOOutputData(hChannel,1,pdo_list_controlword[3].ID+1,pdo_list_
    controlword[3].Data,pdo_list_controlword[3].DataLen,1);
23. ZCOMA_InstallSYNC(hChannel,0x80,1);
24. Sleep(1);
25. ZCOMA_RemoveSYNC(hChannel,0x80);
26. ZCOMA_SetPDOOutputData(hChannel,1,pdo_list_controlword[2].ID+1,pdo_list_
    controlword[2].Data,pdo_list_controlword[2].DataLen,1);
27. ZCOMA_InstallSYNC(hChannel,0x80,1);
28. Sleep(1);
29. ZCOMA_RemoveSYNC(hChannel,0x80);
30. ZCOMA_InstallSYNC(hChannel,0x80,10);
31. }
```

（2）设置 J1 零点　设置 J1 零点的作用是设置 J1 当前所在位置为零点。具体程序如下：

```
1. //发送6060h=0x06,使伺服运行在回零模式下
2. ZCOMA_SetPDOOutputData(hChannel,1,pdo_list_modes_of_operation[1].ID+1,pdo_
   list_modes_of_operation[1].Data,pdo_list_modes_of_operation[1].DataLen,1);
3. //写回零方式6098h=0x23
4. struct{
5. DWORDIndex;
6. DWORDSubIndex;
7. DWORDDataLen;
8. BYTEData[4];
9. }sdo_list_6098h[]=
10. {
11. 0x6098,0,1,{0x23},//回零方式:35,设置当前位置为原点
12. };
13. ZCOMA_DownloadDatabySDO(hChannel,1,sdo_list_6098h[0].Index,sdo_list_6098h
    [0].SubIndex,sdo_list_6098h[0].Data,sdo_list_6098h[0].DataLen,1);
14. //发送控制字6040h=0x1F,加同步帧,伺服运行
15. ZCOMA_RemoveSYNC(hChannel,0x80);
16. ZCOMA_SetPDOOutputData(hChannel,1,pdo_list_controlword[3].ID+1,pdo_list_
    controlword[3].Data,pdo_list_controlword[3].DataLen,1);
17. ZCOMA_InstallSYNC(hChannel,0x80,1);
18. ZCOMA_RemoveSYNC(hChannel,0x80);
19. //再次装载同步帧,避免伺服同步超时
20. ZCOMA_InstallSYNC(hChannel,0x80,10);
```

（3）J1 回零　J1 回零的作用是使 J1 回到零点位置，该零点位置是最初始的零点位置或者新设置的零点位置。具体程序如下：

```
1. //发送6060h=0x01,使伺服运行在位置控制模式下
```

157

2. ZCOMA_SetPDOOutputData(hChannel,1,pdo_list_modes_of_operation[0].ID+1,pdo_list_modes_of_operation[0].Data,pdo_list_modes_of_operation[0].DataLen,1);

3. //定义目标位置(原点)、速度,并转换为伺服用户单位

4. DWORDprofile_velocity_hom_1=3;

5. inttarget_position_hom_1=0;

6. DWORDserv_profile_velocity_hom_1=profile_velocity_hom_1*30*600/360;

7. intserv_target_position_hom_1=target_position_hom_1*30*131072/360;

8. //将单位转换后的参数放进rpdo2并发送

9. BYTErpdo2_hom[8];

10. Make_OBJ_2_PDO(serv_profile_velocity_hom_1,serv_target_position_hom_1,rpdo2_hom);

11. ZCOMA_SetPDOOutputData(hChannel,1,0x301,rpdo2_hom,sizeof(rpdo2_hom),1);

12. //发送控制字6040h=0x1F,加同步帧,伺服运行

13. ZCOMA_RemoveSYNC(hChannel,0x80);

14. ZCOMA_SetPDOOutputData(hChannel,1,pdo_list_controlword[3].ID+1,pdo_list_controlword[3].Data,pdo_list_controlword[3].DataLen,1);

15. ZCOMA_InstallSYNC(hChannel,0x80,1);

16. ZCOMA_RemoveSYNC(hChannel,0x80);

17. //再次装载同步帧,避免伺服同步超时

18. ZCOMA_InstallSYNC(hChannel,0x80,10);

7.4.5 三电动机运动控制

为了实现三个轴的同步控制,上位机需要先发送插补位置数据,然后发送同步报文(SYNC)使三个伺服驱动器同步更新插补位置数据。本小节介绍三电动机运动控制中需要用到的同步报文(SYNC),分别对同步控制下电机的位置模式设置与插补模式设置进行介绍。

1. 同步通信

同步对象用于控制数据在网络设备间的同步传输,如同时起动三台电动机。同步报文的传输是基于生产者-消费者模型,所有支持同步PDO的节点都可以作为消费者同时接收到同步报文,然后使用同步对象与其他节点(支持同步PDO)进行同步。

上述同步PDO是指该PDO的触发方式为同步周期触发。PDO通信具有以下传输类型:同步周期触发和异步触发。

1)同步周期触发是通过接收同步对象实现同步,旨在使得网络上的所有节点在同一时刻实现上传或下载应用指令,这样可以有效避免异步传输所导致的逻辑混乱和总线负载不平衡的问题。

2)异步触发是由特定事件触发的传输方式。异步触发分为两类:一类是发送远程帧触发该PDO,所发送远程帧的COB-ID与该PDO的COB-ID相同;另一类是通过类似输入值改变等由设备子协议中规定的对象特定事件实现触发。

PDO触发方式由PDO通信参数中的传输类型决定,传输类型值与PDO触发方式的对应关系见表7-26。

PDO的传输类型位于通信参数(RPDO:1400h~1403h;TPDO:1800h~1803h)的子索引02上,决定该PDO遵循何种传输方式,以RPDO1为例:1400h_02h=0x01。

表 7-26 PDO 传输值与 PDO 触发方式的对应关系

传输类型值	描　　述	PDO
0	保留	—
1~240	同步周期触发	TPDO/RPDO
241~253	保留	—
254	异步触发	TPDO
255	异步触发	TPDO/RPDO

SDO 结构体程序如下：

1. 0x1400,2,1,{0x01},//R-PDO1 传输类型为 01 同步

将 RPDO1 的传输类型设置为 01，使得从站在接收同步对象后触发执行 RPDO1 所要执行的内容。在没有接收到同步对象之前，即使已经接收到 RPDO1，其内容也不会被执行。

此外，还需要设定从站的同步循环周期 1006h 与同步窗口长度 1007h，一般同步循环周期 1006h = 同步窗口长度 1007h。表 7-27 列出了 1006h 和 1007h 的参数详情。

表 7-27 1006h 和 1007h 的参数详情

索　　引	1006h	1007h
名称	同步循环周期	同步窗口长度
数据类型	UINT32	UINT32
可读写性	RW	RW
单位	μs	μs
范围	—	—
默认值	0	0

2. 0x1006,0,4,{0x10,0x27,0x00,0x00},//同步循环周期 10ms
3. 0x1007,0,4,{0x10,0x27,0x00,0x00},//同步窗口长度 10ms

由于同步窗口长度 1007h 的存在，主站需要及时发送同步报文给从站，否则从站将出现同步超时的问题。因此，应在启动从站前装载同步报文，设置同步对象的发送周期为 10ms，即每 10ms 发送一次同步对象。

1. ZCOMA_InstallSYNC(hChannel,0x80,10);//装载同步报文
2. ZCOMA_SetNodeState(hChannel,1,SLAVE_START);//启动从站 1,设置从站 NMT 状态为工作状态
3. ZCOMA_SetNodeState(hChannel,2,SLAVE_START);//启动从站 2
4. ZCOMA_SetNodeState(hChannel,3,SLAVE_START);//启动从站 3

通过调用主站卡接口发送一帧同步报文的方式如下。同时，为了避免同步周期型的 PDO 发送至从站后立即触发，而不是在接收到一个同步帧后再触发，在发送同步周期型的 PDO 前，需要先卸载同步报文。

1. ZCOMA_RemoveSYNC(hChannel,0x80);//卸载同步报文
2. ZCOMA_SetPDOOutputData(hChannel,1,pdo_list_controlword[3].ID+1,pdo_list_controlword[3].Data,pdo_list_controlword[3].DataLen,1);//发送 RPDO1

最终，往三个从站发送同步周期触发的 RPDO1 再加上一个同步帧来触发三个伺服同步运行的程序如下：

1. //发送 6040h 一个同步帧,触发伺服运行
2. ZCOMA_RemoveSYNC(hChannel,0x80);//卸载 SYNC
3. //往从站 1 发送 RPDO1
4. ZCOMA_SetPDOOutputData(hChannel,1,pdo_list_controlword[3].ID+1,pdo_list_controlword[3].Data,pdo_list_controlword[3].DataLen,1);
5. //往从站 2 发送 RPDO1
6. ZCOMA_SetPDOOutputData(hChannel,2,pdo_list_controlword[3].ID+2,pdo_list_controlword[3].Data,pdo_list_controlword[3].DataLen,1);
7. //往从站 3 发送 RPDO1
8. ZCOMA_SetPDOOutputData(hChannel,3,pdo_list_controlword[3].ID+3,pdo_list_controlword[3].Data,pdo_list_controlword[3].DataLen,1);
9. ZCOMA_InstallSYNC(hChannel,0x80,1);
10. Sleep(1);
11. ZCOMA_RemoveSYNC(hChannel,0x80);
12. //装载同步帧,避免伺服同步超时
13. ZCOMA_InstallSYNC(hChannel,0x80,10);

2. 同步位置模式

三电动机同步位置模式设置流程与单电动机位置模式设置流程基本相同，主要步骤如下：

1）通过 PDO 给三个从站发送控制模式 6060h = 0x01，使三个伺服运行在位置模式下。本节所有程序的映射关系以表 7-28 为准。

表 7-28 PDO 映射表

PDO 名称	COB-ID	映射索引	映射对象
RPDO1	200h+Node-ID	6040h-00h	控制字
RPDO2	300h+Node-ID	6081h-00h	运行速度
RPDO2	300h+Node-ID	607Ah-00h	目标位置
RPDO3	400h+Node-ID	6060h-00h	控制模式
RPDO4	500h+Node-ID	60C1h-01h	插补位置数据
TPDO1	180h+Node-ID	6041h-00h	状态字
TPDO1	180h+Node-ID	6064h-00h	位置实际值
TPDO2	280h+Node-ID	6061h-00h	控制模式显示

由表 7-28 可知具体映射关系，因此，发送 6060h = 0x01，使伺服在位置模式下运行的具体代码如下：

1. //发送 6060h=0x01,使伺服在位置模式下运行
2. struct{
3. DWORDID;
4. DWORDIDataLen;
5. BYTEData[8];
6. }pdo_list_modes_of_operation[]=

```
7.  {
8.  0x400,1,{0x01},//pp 位置模式
9.  0x400,1,{0x06},//hm 回零模式
10. 0x400,1,{0x07},//ip 插补模式
11. };
12. ZCOMA_SetPDOOutputData(hChannel,1,pdo_list_modes_of_operation[0].ID+1,pdo_
    list_modes_of_operation[0].Data,pdo_list_modes_of_operation[0].DataLen,1);
13. ZCOMA_SetPDOOutputData(hChannel,2,pdo_list_modes_of_operation[0].ID+2,pdo_
    list_modes_of_operation[0].Data,pdo_list_modes_of_operation[0].DataLen,1);
14. ZCOMA_SetPDOOutputData(hChannel,3,pdo_list_modes_of_operation[0].ID+3,pdo_
    list_modes_of_operation[0].Data,pdo_list_modes_of_operation[0].DataLen,1);
```

2）通过 PDO 给三个从站发送最大运行速度 6081h = 0x300，目标位置 607Ah = 0x10000。

```
1.  //输入 6081h 和 607Ah 的数值，然后进行单位转换
2.  DWORDprofile_velocity=1;//单位为°/s
3.  inttarget_position=30;
4.  DWORDserv_profile_velocity=profile_velocity*30*600/360;//profile_veloci-
    ty6081h 发送至伺服的数据单位为 0.1r/min
5.  intserv_target_position=target_position*30*131072/360;//target_posi-
    tion607Ah 发送至伺服的数据单位为脉冲
6.  //rpdo2 映射对象为最大运行速度 6081h+目标位置 607Ah,将上面单位转换后的参数放进 rpdo2
    发送给三个从站
7.  BYTErpdo2_j1[8],rpdo2_j2[8],rpdo2_j3[8];
8.  Make_OBJ_2_PDO(serv_profile_velocity,serv_target_position,rpdo2_j1);
9.  Make_OBJ_2_PDO(serv_profile_velocity,serv_target_position,rpdo2_j2);
10. Make_OBJ_2_PDO(serv_profile_velocity,serv_target_position,rpdo2_j3);
11. ZCOMA_SetPDOOutputData(hChannel,1,0x300+1,rpdo2_j1,sizeof(rpdo2_j1),1);
12. ZCOMA_SetPDOOutputData(hChannel,2,0x300+2,rpdo2_j2,sizeof(rpdo2_j2),1);
13. ZCOMA_SetPDOOutputData(hChannel,3,0x300+3,rpdo2_j3,sizeof(rpdo2_j3),1);
```

3）通过 PDO 给三个从站发送控制字 6040h = 0x1F。

```
14. struct{
15. DWORDID;
16. DWORDDataLen;
17. BYTEData[8];
18. }pdo_list_controlword[]=
19. {
20. 0x200,2,{0x06,0x00},
21. 0x200,2,{0x07,0x00},
22. 0x200,2,{0x0f,0x00},
23. 0x200,2,{0x1f,0x00},
24. };
25. //发送控制字 6040h=0x1F,由于控制字 6040h 所映射的 RPDO1 为同步触发方式,所以要先卸载同
    步帧
```

26. ZCOMA_RemoveSYNC(hChannel,0x80);//如果没有预先卸载同步帧,那么从站接收到 rpdo1 后会立即运行

27. ZCOMA_SetPDOOutputData(hChannel,1,pdo_list_controlword[3].ID+1,pdo_list_ controlword[3].Data,pdo_list_controlword[3].DataLen,1);

28. ZCOMA_SetPDOOutputData(hChannel,2,pdo_list_controlword[3].ID+2,pdo_list_ controlword[3].Data,pdo_list_controlword[3].DataLen,1);

29. ZCOMA_SetPDOOutputData(hChannel,3,pdo_list_controlword[3].ID+3,pdo_list_ controlword[3].Data,pdo_list_controlword[3].DataLen,1);

4）发送一个同步帧，同步触发三个伺服开始在位置模式下运行。

30. //发送一个同步帧(形式如下),伺服运行

31. ZCOMA_InstallSYNC(hChannel,0x80,1);

32. Sleep(1);//Sleep 时间与上一行程序中的 CycleTm 一致

33. ZCOMA_RemoveSYNC(hChannel,0x80);

34. //位置模式运行流程结束,不要忘记再次装载同步帧,防止伺服同步超时

35. ZCOMA_InstallSYNC(hChannel,0x80,10);

3. 同步位置插补模式

三电动机同步位置插补模式的设置流程如下:

1）通过 PDO 给三个从站发送控制模式 6060h=0x07，使三个伺服运行在插补控制模式下。

1. ZCOMA_SetPDOOutputData(hChannel,1,pdo_list_modes_of_operation[2].ID+1,pdo_ list_modes_of_operation[2].Data,pdo_list_modes_of_operation[2].DataLen,1);

2. ZCOMA_SetPDOOutputData(hChannel,2,pdo_list_modes_of_operation[2].ID+2,pdo_ list_modes_of_operation[2].Data,pdo_list_modes_of_operation[2].DataLen,1);

3. ZCOMA_SetPDOOutputData(hChannel,3,pdo_list_modes_of_operation[2].ID+3,pdo_ list_modes_of_operation[2].Data,pdo_list_modes_of_operation[2].DataLen,1);

4. ZCOMA_RemoveSYNC(hChannel,0x80);

2）预先规划插补位置数据。将前文中的门型路径进行离散化，离散成 n 个坐标点，并将这 n 个坐标点转换成电动机脉冲，作为预先规划的插补位置数据。

3）通过 PDO 给三个从站发送插补位置数据 60C1h-01h = 当前位置。由表 7-28 可知，60C1h-01h 是插补位置给定值，该值通过绝对方式给定。将当前位置作为插补位置起始点，发送到 60C1h-01h。

4）发送同步帧，使三个伺服更新插补位置数据。

5）通过 PDO 给三个从站发送控制字 6040h=0x1F，再发送一个同步帧，使三个伺服激活插补模式。

6）按照插补周期定时给三个从站发送预先规划好的插补位置数据，再发送一个同步帧，使三个伺服同步更新插补位置数据，实现三个电动机的插补运行。

7.4.6 并联机器人回零与急停

1. 并联机器人回零

并联机器人回零与前文介绍的 J 轴回零基本相同。在位置模式下，给定目标位置 607Ah 为 0，设定最大运行速度 6081h，发送控制字 6040h=0x1F，使电动机轴回到零点。与 J 轴回零不

同的地方在于，并联机器人回零是使并联机器人三个电动机轴同时回到零点，从而带动并联机器人末端执行器回到零点。PDO 发送流程如下：

1）设置电动机运动模式为位置模式：6060h＝0x01。

2）定义目标位置（原点）、速度，并转换为伺服用户单位。

```
1. voidCMFCApplication1Dlg::OnBnClickedButton19()//机器人回零
2. {
3. //TODO:在此添加控件通知处理程序代码
4. inttargetpositon_home_1=0;//单位是脉冲个数
5. inttargetpositon_home_2=0;
6. inttargetpositon_home_3=0;
7. DWORDtime_home=10;//无符号长整型,表示10s
8. ZCOMA_InstallPDOforInput(hChannel,1,0x181);//使主站可以接收从站数据
9. ZCOMA_InstallPDOforInput(hChannel,2,0x182);
10. ZCOMA_InstallPDOforInput(hChannel,3,0x183);
11. intactual_position_home_1=Read_Instant_Position(hChannel,1);//读取当前位置,
    单位是脉冲个数
12. intactual_position_home_2=Read_Instant_Position(hChannel,2);
13. intactual_position_home_3=Read_Instant_Position(hChannel,3);
14. ZCOMA_RemovePDOforInput(hChannel,1,0x181);
15. ZCOMA_RemovePDOforInput(hChannel,2,0x182);
16. ZCOMA_RemovePDOforInput(hChannel,3,0x183);
17. DWORDprofilevelocity_home_1=(int)round(fabs(targetpositon_home_1-actual_
    position_home_1)*600.0/1310720);//fabs 表示取绝对值
18. DWORDprofilevelocity_home_2=(int)round(fabs(targetpositon_home_2-actual_
    position_home_2)*600.0/1310720);
19. DWORDprofilevelocity_home_3=(int)round(fabs(targetpositon_home_3-actual_
    position_home_3)*600.0/1310720);
20. BYTERPDO_2_home_1[8],RPDO_2_home_2[8],RPDO_2_home_3[8];
21. Make_OBJ_2_PDO(profilevelocity_home_1,targetpositon_home_1,RPDO_2_home_1);
22. Make_OBJ_2_PDO(profilevelocity_home_2,targetpositon_home_2,RPDO_2_home_2);
23. Make_OBJ_2_PDO(profilevelocity_home_3,targetpositon_home_3,RPDO_2_home_3);
24. ZCOMA_SetPDOOutputData(hChannel,1,0x301,RPDO_2_home_1,sizeof(RPDO_2_
    home_1),1);
25. ZCOMA_SetPDOOutputData(hChannel,2,0x302,RPDO_2_home_2,sizeof(RPDO_2_
    home_2),1);
26. ZCOMA_SetPDOOutputData(hChannel,3,0x303,RPDO_2_home_3,sizeof(RPDO_2_
    home_3),1);
```

3）将转换单位之后的参数放入 PDO，并发送给三台电动机，具体程序如下：

```
27. ZCOMA_RemoveSYNC(hChannel,0x80);
28. ZCOMA_SetPDOOutputData(hChannel,1,pdo_list_controlword[3].ID+1,pdo_list_
    controlword[3].Data,pdo_list_controlword[3].DataLen,1);
29. ZCOMA_SetPDOOutputData(hChannel,2,pdo_list_controlword[3].ID+2,pdo_list_
```

```
   controlword[3].Data,pdo_list_controlword[3].DataLen,1);
30. ZCOMA_SetPDOOutputData(hChannel,3,pdo_list_controlword[3].ID+3,pdo_list_
   controlword[3].Data,pdo_list_controlword[3].DataLen,1);
31. ZCOMA_InstallSYNC(hChannel,0x80,1);
32. Sleep(1);
33. ZCOMA_RemoveSYNC(hChannel,0x80);
34. ZCOMA_SetPDOOutputData(hChannel,1,pdo_list_controlword[2].ID+1,pdo_list_
   controlword[2].Data,pdo_list_controlword[2].DataLen,1);
35. ZCOMA_SetPDOOutputData(hChannel,2,pdo_list_controlword[2].ID+2,pdo_list_
   controlword[2].Data,pdo_list_controlword[2].DataLen,1);
36. ZCOMA_SetPDOOutputData(hChannel,3,pdo_list_controlword[2].ID+3,pdo_list_
   controlword[2].Data,pdo_list_controlword[2].DataLen,1);
37. ZCOMA_InstallSYNC(hChannel,0x80,1);
38. Sleep(1);
39. ZCOMA_RemoveSYNC(hChannel,0x80);
40. ZCOMA_InstallSYNC(hChannel,0x80,10);
41. }
```

单位转换：PDO 所需的速度单位是 $0.1r/min$，电动机轴位置以脉冲个数为单位，电动机轴转动一圈所需的脉冲个数为 131072，所以 $0.1r$ 代表 13107.2 个脉冲。机器人回零的时间是 $10s$，即 $(1/6)$ min，在这 $(1/6)$ min 内共需要发 m 个脉冲，故速度为 $6m$ 个脉冲/min。将 $6m$ 个脉冲/min 转换为 $0.1r/min$，$6m$ 个脉冲共有 $6m/13107.2$ 个 $0.1r$，所以计算公式为 $600m/1310720$，单位为 $0.1r/min$。

4）在速度、位置数据处理完成后，将速度与位置信息封装在一起成为 RPDO_2_home_1，根据前文的重映射可知，0x1601 代表 RPDO2，映射的内容就是速度与位置信息，其 COB-ID 是 0x300+Node-ID，采用下列代码使并联机器人回到零点位置。

```
42. ZCOMA_SetPDOOutputData(hChannel,1,0x301,RPDO_2_home_1,sizeof(RPDO_2_home_1),1);
43. ZCOMA_SetPDOOutputData(hChannel,2,0x302,RPDO_2_home_2,sizeof(RPDO_2_home_2),1);
44. ZCOMA_SetPDOOutputData(hChannel,3,0x303,RPDO_2_home_3,sizeof(RPDO_2_home_3),1);
```

2. 并联机器人急停

电动机急停是通过主站给伺服发送控制命令，使伺服状态机状态由当前的 OperationEnable 转为 QuickStopActive，电动机按照 605Ah 中的值对应的方式停止。因此，机器人急停就是通过使三个从站伺服同步急停，进而使机器人末端急停。

```
1. struct{
2. DWORDIndex;
3. DWORDSubIndex;
4. DWORDDataLen;
5. BYTEData[4];
6. }sdo_list_controlword1[]=
7. {
8. 0x6040,0,2,{0x07,0x00},
9. 0x6040,0,2,{0x02,0x00},
```

```
10. };
11. voidCMFCApplication1Dlg::OnBnClickedButton20()
12. {
13. //TODO:在此添加控件通知处理程序代码
14. ZCOMA_DownloadDatabySDO(hChannel,1,sdo_list_controlword1[1].Index,sdo_
    list_controlword1[1].SubIndex,sdo_list_controlword1[1].Data,sdo_list_
    controlword1[1].DataLen,100);
15. ZCOMA_DownloadDatabySDO(hChannel,2,sdo_list_controlword1[1].Index,sdo_
    list_controlword1[1].SubIndex,sdo_list_controlword1[1].Data,sdo_list_
    controlword1[1].DataLen,100);
16. ZCOMA_DownloadDatabySDO(hChannel,3,sdo_list_controlword1[1].Index,sdo_
    list_controlword1[1].SubIndex,sdo_list_controlword1[1].Data,sdo_list_
    controlword1[1].DataLen,100);
17. }
```

3. 并联机器人的零点设置

并联机器人的零点设置需要同时设置 J1、J2、J3 轴的零点，再按照方式 35 设置零点，设置完成后，主动臂当前所处的位置就是零点位置。并联机器人的零点可视为其在工作空间中的某一特定位置，可基于该位置对并联机器人进行调试。图 7-46 所示为"电机轴点动"界面。当 Delta 并联机器人的三条主动臂与末端执行器平行时设定为并联机器人零点，单击机器人回零按钮后，并联机器人将从工作空间的任意位置回到零点位置。

图 7-46 "电机轴点动"界面

PDO 发送流程如下：

1）设置电动机运动模式为回零模式：6060h = 0x06。

```
1. //发送 6060h=0x06,使伺服在回零模式下运行
2. ZCOMA_SetPDOOutputData(hChannel,1,pdo_list_
   modes_of_operation[1].ID+1,pdo_list_modes_
   of_operation[1].Data,pdo_list_modes_of_operation[1].DataLen,1);
```

2）设置回零方式为方式 35：6098h = 0x23。

```
3. //写回零方式 6098h=0x23
4. struct{
5. DWORDIndex;
6. DWORDSubIndex;
7. DWORDDataLen;
8. BYTEData[4];
9. }sdo_list_6098h[]=
10. {
11. 0x6098,0,1,{0x23},//回零方式 35,设置当前位置为零点
12. };
```

3）将回零方式 35 添加到 PDO 中并发送给三个从站。

13. ZCOMA_DownloadDatabySDO(hChannel,1,sdo_list_6098h[0].Index,sdo_list_6098h[0].SubIndex,sdo_list_6098h[0].Data,sdo_list_6098h[0].DataLen,1);

14. ZCOMA_DownloadDatabySDO(hChannel,2,sdo_list_6098h[0].Index,sdo_list_6098h[0].SubIndex,sdo_list_6098h[0].Data,sdo_list_6098h[0].DataLen,1);

15. ZCOMA_DownloadDatabySDO(hChannel,3,sdo_list_6098h[0].Index,sdo_list_6098h[0].SubIndex,sdo_list_6098h[0].Data,sdo_list_6098h[0].DataLen,1);

4）发送控制字 6040h = 0x1F，加同步帧，伺服运行使并联机器人处于零点位置。

16. //发送控制字 6040h=0x1F,加同步帧,伺服运行

17. ZCOMA_RemoveSYNC(hChannel,0x80);

18. ZCOMA_SetPDOOutputData(hChannel,1,pdo_list_controlword[3].ID+1,pdo_list_controlword[3].Data,pdo_list_controlword[3].DataLen,1);

19. ZCOMA_SetPDOOutputData(hChannel,2,pdo_list_controlword[3].ID+1,pdo_list_controlword[3].Data,pdo_list_controlword[3].DataLen,1);

20. ZCOMA_SetPDOOutputData(hChannel,3,pdo_list_controlword[3].ID+1,pdo_list_controlword[3].Data,pdo_list_controlword[3].DataLen,1);

21. ZCOMA_InstallSYNC(hChannel,0x80,1);

22. ZCOMA_RemoveSYNC(hChannel,0x80);

23. //再次装载同步帧,避免伺服同步超时

24. ZCOMA_InstallSYNC(hChannel,0x80,10);

7.4.7　并联机器人运动控制的实现

本节将对并联机器人运动控制的实现进行研究。并联机器人的运动控制包含两个过程：末端执行器根据优化轨迹到达目标位置的运动过程，以及到达目标位置后的末端执行机构对目标工件的抓取过程。运动控制流程图如图 7-47 所示。

主从设备起动后，将电动机上电进行并联机器人运动控制，可以通过两种方式获得起始点坐标：一种是由操作者在界面输入始末坐标点，该方式通常用于并联机器人示教试验；另一种是通过机器人视觉技术获取工件坐标点，该方式可完成对选定工件的分拣，近几年发展迅速，具有较大的应用意义。

1. 获取工件坐标

前文已述，利用并联机器人视觉技术可以得到观察目标的空间位姿，本章通过并联机器人视觉技术来获取传送带上选定目标工件的坐标，将获取的坐标在编辑框中显示并作为门型轨迹的起始坐标。并联机器人视觉技术主要实现两个功能：一是对目标工件进行选择，即从不同工件中准确识别目标工件；二是获取目标工件在图像中的像素坐标，求解像素当量后转换为实际位置坐标。

在本系统中，工业相机固定于传送带上方，便于对传送带上的工件进行检测。在上位机界面选择某形状工件如正方形工件后，则相机只会匹配正方形工件，并获取工件位置坐标。该坐标显示在图 7-48 所示的界面上，可作为门形轨迹运动起点和末端执行器抓取起点。

图 7-49 所示为进行分拣操作的并联机器人。在进行分拣操作时，首先在界面上选择识别正方形工件，摄像机将准确匹配正方形工件并获取其位置坐标；然后并联机器人运动到工件上方，将末端执行器下放进行抓取操作；接着并联机器人上升至门型轨迹起点位置，开始按照门型轨迹做插补运动。

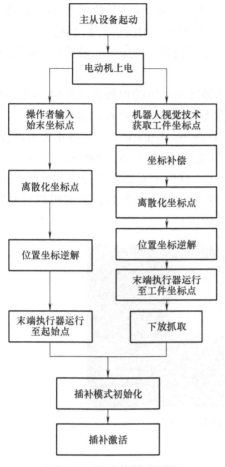

图 7-47　运动控制流程图

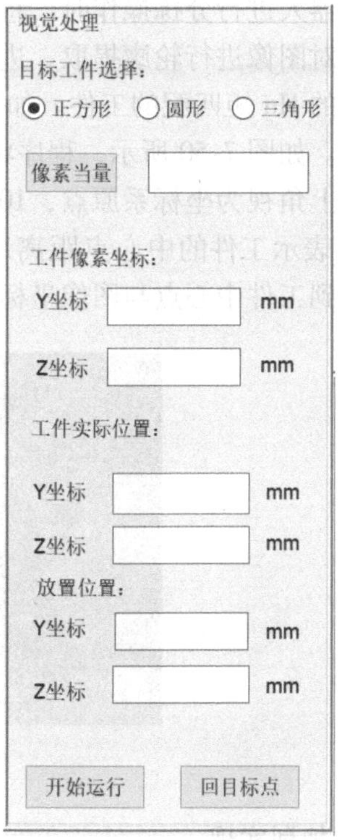

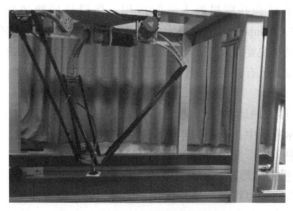

图 7-48　"视觉处理"界面

图 7-49　进行分拣操作的并联机器人

第 6 章中已经对配置视觉系统运行环境的方法进行了介绍，在 Visual Studio 环境下配置相机 SDK 后，即可采用厂家提供的库函数与 OpenCV 库函数进行图像采集和保存。采集过程中，相机获取的是视频流，而后续图像处理的过程需要对图像进行处理，因此需要对视频流中的图像进行保存。但如果保存每一帧的图像，势必造成处理时间增加，引起不必要的资源浪费。因此，采用周期性采样对视频流中的图像进行保存。

图像采集时获得的图像为 Pylon 相机内部图像，而 OpenCV 库函数不能对其进行处理，因此，需要将 Pylon image 转成 OpenCV image。对 Pylon 相机进行初始化，然后创建相机对象，对相机成像大小、输出格式等进行设置，定义视频、图像等，最后对视频每隔 7 帧保存一次图片。

并联机器人进行分拣操作时，将拍摄到的图像与设置的模板进行匹配，如选择正方形模板时，首先对图像进行轮廓提取，进而对图像进行二值化等处理，得到 Hu 矩，然后选择与正方形模板的 Hu 矩匹配的工件。如果 Hu 矩差很小，则匹配成功，将正方形图像的像素坐标显示出来。如图 7-50 所示，程序将工件像素坐标（1023.95，396.32）显示在图像上，可将图像的右上角视为坐标系原点，1023.95 表示工件的中心点距离原点的 y 轴方向的像素个数，396.32 表示工件的中心点距离原点的 x 轴方向的像素个数，因此可以计算像素当量，继而可以得到工件中心点与图像坐标系原点的距离。

图 7-50　工件像素坐标

2. 轨迹规划实现

第 2 章中设计了一种运动轨迹平滑、无振荡的并联机器人运动轨迹，并通过 MATLAB 进行了仿真验证。本节结合并联机器人实际应用，将设计的轨迹规划方案移植到 Visual Studio 软件平台，通过 CANopen 通信协议完成对并联机器人的运动控制。

并联机器人轨迹规划主要涉及三部分：轨迹点生成、运动学逆解和插补生成。轨迹点生成涉及的理论部分在前文已有详细介绍，本节不再对公式进行推导和验证，直接使用前文涉及的公式。

结合 Delta 并联机器人的运动特点设计了一段位移曲线函数。前文公式推导中是保持 y 轴坐标不变，但在实际应用中，y 轴方向与工件传送带方向保持一致，因此，保持 x 轴方向在整个轨迹规划过程中坐标不变更符合工程实际。

图 7-51 所示为理想的门形轨迹示意图，在 ab 段，y 轴坐标不变；在 bf 段，y 轴坐标开始变化，此时需要代入曲线位移函数进行优化。同理，在 z 轴方向上，ac、eg 段轨迹需要代入曲线位移函数进行优化；ce 段 z 轴坐标不变。在整个过程中，x 轴坐标始终不变。

曲线位移函数表示不同时间点对应的位移的值，即时间与位移量的映射，其自变量参数共三个。第一个参数为周期 T，它表示整个插补周期，根据运动过程又将周期 T 分为 $0 \sim 0.125T$、$0.125T \sim 0.375T$、$0.375T \sim 0.625T$、$0.625T \sim 0.875T$ 和 $0.875T \sim T$ 共五段；第二个参数为 z 轴方向的最大位移 h，设为固定值 104mm 即可；第三个参数为时刻 t，表示当前时间，t 处于不同的时间段时，需要代入不同的函数段计算该时刻的位移。该函数的返回值 S 表示位移量。具体步骤如下：

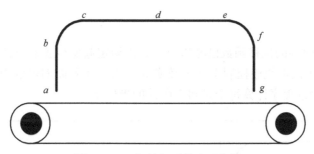

图7-51　理想的门形轨迹示意图

1）定义分段函数的各个分段点 T_i，将整个运动轨迹分为图7-51中对应的 ab、bc、ce、ef、fg 段。

```
1. doubleDisp(doubleT,doubleh,doublet)
2. {
3. doubleT1=(double)T/8;
4. doubleT2=(double)(T*3)/8;
5. doubleT3=(double)(T*5)/8;
6. doubleT4=(double)(T*7)/8;
7. }
```

2）根据式（2-43）求得分段函数的系数 A、B、C、D、E，将各系数代入位移函数式（2-42）中得到位移函数程序。

```
8. doubleDisp(doubleT,doubleh,doublet)
9. {
10. doubleamax=(double)h/(((double)23/128+(double)3/(32*pow(PI,2)))*pow(T,
    2));
11. doubleA=(double)-amax*pow(T,2)/(128*pow(PI,2));
12. doubleB=((double)1/256-(double)1/(64*pow(PI,2)))*amax*pow(T,2);
13. doubleC=((double)-17/125+(double)3/(64*pow(PI,2)))*amax*pow(T,2);
14. doubleD=((double)-67/256+(double)7/(64*pow(PI,2)))*amax*pow(T,2);
15. doubleE=((double)-19/128+(double)13/(128*pow(PI,2)))*amax*pow(T,2);
16. }
17. doubleDisp(doubleT,doubleh,doublet)
18. {
19. doubleS=((double)amax*pow(t,2)/4+(double)amax*pow(T,2)*cos((double)8*
    PI*t/T)/(128*pow(PI,2))+A)*((t>=0)&&(t<T1))
20. +((double)amax*pow(t,2)/2-(double)amax*T*t/16+B)*((t>=T1)&&(t<T2))
21. +(double)(-amax*pow(T,2)*cos((double)4*PI*(t-(double)3*T/8)/T)/(16*
    pow(PI,2))+(double)5*amax*t*T/16+C)*((t>=T2)&&(t<T3))
22. +((double)-amax*pow(t,2)/2+(double)15*amax*T*t/16+D)*((t>=T3)&&(t<
    T4))
23. +((double)-amax*pow(t,2)/4+(double)amax*pow(T,2)*cos((double)8*PI*(t-
    (double)7*T/8)/T)/(128*pow(PI,2))+(double)amax*T*t/2+E)*((t>=T4)&&
    (t<=T5));
```

```
24. returnS;
25. }
```

3）至此，门形轨迹的位移函数已经生成，只需给定起始位置和终点位置坐标即可确定轨迹。图 7-52 所示为门形轨迹控制系统示教实验界面，在界面编辑框中输入起点和终点坐标，给定坐标后，通过程序计算每个时间点所处的坐标点。

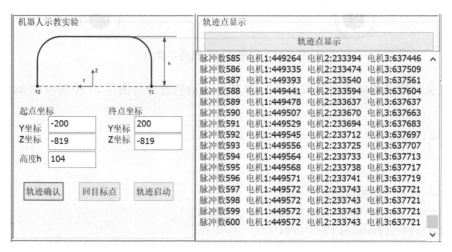

图 7-52　机器人门形轨迹控制系统示教实验界面

4）将并联机器人门形轨迹运动周期设为 6s，将函数分段点分别设在 1s、2s、3s、4s、5s 处，X 坐标在运动过程中始终为 0。在程序中定义整型变量 a 为起点 Y 坐标，b 为起点 Z 坐标，c 为终点 Y 坐标，d 为终点 Z 坐标。在下示程序中定义四个字符串类型的变量 str1、str2、str3 和 str4，然后通过 GetDlgItem(IDC_EDIT1)->GetWindowText(str1) 代码获得编辑框输入的字符，并赋值给四个字符串变量 str1、str2、str3 和 str4，接着将字符串变量转换为整型变量分别赋值给代表坐标的 a、b、c、d，从而完成起点和终点坐标的自主输入程序。

```
1. double*CMFCApplication1Dlg::Multi_Surve3(doublet)
2. {
3. doublet0=0*1;
4. doublet1=1*1;
5. doublet2=2*1;
6. doublet3=3*1;
7. doublet4=4*1;
8. doublet5=5*1;
9. doublet6=6*1;
10. staticdoublePoint_M3[3];
11. CStringstr1,str2,str3,str4;
12. inta,b,c,d;
13. //起点 Y 坐标
14. GetDlgItem(IDC_EDIT1)->GetWindowText(str1);
15. a=_ttoi(str1);//将字符串转换为整型数据类型
16. //起点 Z 坐标
```

```
17. GetDlgItem(IDC_EDIT2)->GetWindowText(str2);
18. b=_ttoi(str2);
19. //终点 Y 坐标
20. GetDlgItem(IDC_EDIT10)->GetWindowText(str3);
21. c=_ttoi(str3);
22. //终点 Z 坐标
23. GetDlgItem(IDC_EDIT3)->GetWindowText(str4);
24. d=_ttoi(str4);
25. }
26. double*CMFCApplication1Dlg::Multi_Surve3(doublet)
27. {
28. doubleX=0;
29. doubleY=(a) * ((t>=t0)&&(t<t1))
30. +(a+Disp((t5-t1),c-a,t-t1)) * ((t>=t1)&&(t<t5))
31. +(c) * ((t>=t5)&&(t<=t6));
32. doubleZ=(b+Disp((t2-t0),104,t)) * ((t>=t0)&&(t<t2))
33. +(b+104) * ((t>=t2)&&(t<t4))
34. +(b+104-Disp((t6-t4),104,t-t4)) * ((t>=t4)&&(t<=t6));
35. Point_M3[0]=X;
36. Point_M3[1]=Y;
37. Point_M3[2]=Z;
38. returnPoint_M3;
39. }
```

5) 至此，并联机器人运动过程中各点的坐标已全部得到，进而根据这些点的坐标进行运动学逆解计算。逆解程序根据第 2 章中的 MATLAB 程序修改得到。

```
1. double*Cal_Theta(doublex,doubley,doublez)
2. {
3. doubleR=280.00;
4. doubler=56.00;
5. doubleLa=326.45;
6. doubleLb=791.00;
7. doubleAlpha=0,Beta=2*PI/3,Gama=4*PI/3;
8. staticdoubleposition[3];
9. doubleK1=pow(R-r,2)+pow(x,2)+pow(y,2)+pow(z,2)+pow(La,2)-pow(Lb,2)+2*(La-
   R+r)*(x*cos(Alpha)+y*sin(Alpha))-2*La*(R-r);
10. doubleU1=4*z*La;
11. doubleV1=pow(R-r,2)+pow(x,2)+pow(y,2)+pow(z,2)+pow(La,2)-pow(Lb,2)+2*(r-
   R-La)*(x*cos(Alpha)+y*sin(Alpha))+2*La*(R-r);
12. doubleK2=pow(R-r,2)+pow(x,2)+pow(y,2)+pow(z,2)+pow(La,2)-pow(Lb,2)+2*
   (La-R+r)*(x*cos(Beta)+y*sin(Beta))-2*La*(R-r);
13. doubleU2=4*z*La;
14. doubleV2=pow(R-r,2)+pow(x,2)+pow(y,2)+pow(z,2)+pow(La,2)-pow(Lb,2)+2*(r-
   R-La)*(x*cos(Beta)+y*sin(Beta))+2*La*(R-r);
```

15. `doubleK3=pow(R-r,2)+pow(x,2)+pow(y,2)+pow(z,2)+pow(La,2)-pow(Lb,2)+2*` `(La-R+r)*(x*cos(Gama)+y*sin(Gama))-2*La*(R-r);`

16. `doubleU3=4*z*La;`

17. `doubleV3=pow(R-r,2)+pow(x,2)+pow(y,2)+pow(z,2)+pow(La,2)-pow(Lb,2)+2*(r-` `R-La)*(x*cos(Gama)+y*sin(Gama))+2*La*(R-r);`

18. `doublejudge1=pow(U1,2)-4*K1*V1;`

19. `doublejudge2=pow(U2,2)-4*K2*V2;`

20. `doublejudge3=pow(U3,2)-4*K3*V3;`

21. `if((judge1>=0)&&(judge2>=0)&&(judge3>=0))`

22. `{`

23. `doublet1=((double)(-U1-sqrtl(pow(U1,2)-4*K1*V1))/(2*K1));`

24. `doublet2=((double)(-U2-sqrtl(pow(U2,2)-4*K2*V2))/(2*K2));`

25. `doublet3=((double)(-U3-sqrtl(pow(U3,2)-4*K3*V3))/(2*K3));`

26. `doubletheta1=2*atan(t1);`

27. `doubletheta2=2*atan(t2);`

28. `doubletheta3=2*atan(t3);`

29. `position[0]=theta1;`

30. `position[1]=theta2;`

31. `position[2]=theta3;`

32. `}`

33. `returnposition;`

34. `}`

以上为 Delta 并联机器人的运动学逆解函数，可以通过该函数基于并联机器人的末端位置得到驱动关节转角。

3. 插补控制实现

并联机器人门形轨迹控制是在同步位置插补模式下进行的，将并联机器人末端轨迹离散化，通过运动学逆解和单位转换得到三个电动机的关节位置，进而通过三个电动机插补带动并联机器人末端按照设定的轨迹运行。工件分拣流程图如图 7-53 所示。

（1）主从站设备开启　并联机器人主从站设备开启流程图如图 7-54 所示，前文已经对主站卡接口库相关文件导入工程项目进行介绍，此处不再赘述，直接调用相关函数完成初始化。

1. `voidCMFCApplication1Dlg::OnBnClickedButton4()//设备初始化`

2. `{`

3. `//TODO:在此添加控件通知处理程序代码`

4. `ZCOMA_Open(USBCAN_E_P,0,0);//调用此函数打开主站卡设备`

5. `ZCOMA_INITCFGinitCfg;//初始化主站参数`

6. `initCfg.dwBaudrate=500;`

7. `initCfg.dwNodeID=127;`

8. `initCfg.dwHeartbeat=3000;`

9. `DWORDInit_err=ZCOMA_Init(USBCAN_E_P,0,0,&initCfg,&hChannel);`

10. `ZCOMA_NODECONFIGnodeConfig_1;//初始化从站1`

11. `nodeConfig_1.dwNodeID=1;`

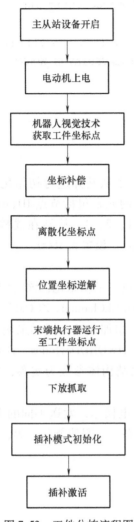

图 7-53　工件分拣流程图

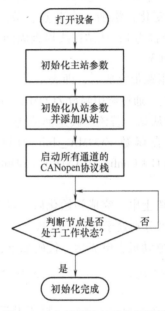

图 7-54　主从站设备开启流程图

12. nodeConfig_1.dwGuardMode=1;

13. nodeConfig_1.dwGuardTime=1000;

14. nodeConfig_1.dwRetryFactor=3;

15. DWORDAddNode_err_1=ZCOMA_AddNode(hChannel,&nodeConfig_1);

16. ZCOMA_NODECONFIGnodeConfig_2;//初始化从站 2

17. nodeConfig_2.dwNodeID=2;

18. nodeConfig_2.dwGuardMode=1;

19. nodeConfig_2.dwGuardTime=1000;

20. nodeConfig_2.dwRetryFactor=3;

21. DWORDAddNode_err_2=ZCOMA_AddNode(hChannel,&nodeConfig_2);

22. ZCOMA_NODECONFIGnodeConfig_3;//初始化从站 3

23. nodeConfig_3.dwNodeID=3;

24. nodeConfig_3.dwGuardMode=1;

25. nodeConfig_3.dwGuardTime=1000;

26. nodeConfig_3.dwRetryFactor=3;

```
27. DWORDAddNode_err_3=ZCOMA_AddNode(hChannel,&nodeConfig_3);
28. ZCOMA_Start(USBCAN_E_P,0);
29. while((SLAVESTATUS_WORK!=ZCOMA_GetNodeStatus(hChannel,1))||(SLAVESTATUS_
    WORK!=ZCOMA_GetNodeStatus(hChannel,2))||(SLAVESTATUS_WORK!=ZCOMA_GetNod-
    eStatus(hChannel,3)))
30. {
31. Sleep(10);
32. };//判断从站1、从站2、从站3是否正在工作
33. }
```

本节主要是对三个伺服进行控制，因此需要添加三个从站并进行初始化。CANopen 库函数中定义了一个 ZCOMA_INITCFG 结构体，该结构体的元素包括节点 ID（dwNodeID），根据节点的不同变化，添加三个节点，节点 ID 分别为 1、2、3；从站在线检查方式（dwGuardMode）设置为 1；从站在线检查周期（dwGuardTime）设置为 1000，单位为 ms；dwRetryFactor 默认为 3。

结构体元素赋值完成后，即表示对从站的相关参数进行了初始化，该结构体是添加从站函数所需的参数，通过调用函数 ZCOMA_AddNode（HANDLEhChannel, ZCOMA_NODECONFIG * Config）添加从站。若该函数返回值为 0，则表示从站添加成功。同样采用对结构体赋值的方式，然后在函数 ZCOMA_Init（DWORDDevType, DWORDDevIndex, DWORDChIndex, ZCOMA_INITCFG * Config, HANDLE * pOutHandle）中以结构体参数为实参，实现对主站的初始化。

（2）电动机上电　完成初始化后，对电动机执行上电操作，发送不同的 PDO 指令到控制字，使电动机分别处于准备通信状态、伺服去使能状态、伺服使能状态等，当控制器显示"on"，则表示电动机上电成功。代码如下：

```
1. voidCMFCApplication1Dlg::OnBnClickedServeOn()
2. {
3. //TODO:在此添加控件通知处理程序代码
4. struct{
5. DWORDIndex;
6. DWORDSubIndex;
7. DWORDDataLen;
8. BYTEData[4];
9. }sdo_list_controlword[]=
10. {
11. 0x6040,0,2,{0x06,0x00},
12. 0x6040,0,2,{0x07,0x00},
13. 0x6040,0,2,{0x0f,0x00},
14. };
15. ZCOMA_DownloadDatabySDO(hChannel,1,sdo_list_controlword[0].Index,sdo_list_
    controlword[0].SubIndex,sdo_list_controlword[0].Data,sdo_list_controlword
    [0].DataLen,100);//从站1,0x06
16. ZCOMA_DownloadDatabySDO(hChannel,2,sdo_list_controlword[0].Index,sdo_list_
    controlword[0].SubIndex,sdo_list_controlword[0].Data,sdo_list_controlword
```

```
    [0].DataLen,100);//从站 2,0x06
17. ZCOMA_DownloadDatabySDO(hChannel,3,sdo_list_controlword[0].Index,sdo_list_
    controlword[0].SubIndex,sdo_list_controlword[0].Data,sdo_list_controlword
    [0].DataLen,100);//从站 3,0x06
18. ZCOMA_DownloadDatabySDO(hChannel,1,sdo_list_controlword[1].Index,sdo_list_
    controlword[1].SubIndex,sdo_list_controlword[1].Data,sdo_list_controlword
    [1].DataLen,100);//从站 1,0x07
19. ZCOMA_DownloadDatabySDO(hChannel,2,sdo_list_controlword[1].Index,sdo_list_
    controlword[1].SubIndex,sdo_list_controlword[1].Data,sdo_list_controlword
    [1].DataLen,100);//从站 2,0x07
20. ZCOMA_DownloadDatabySDO(hChannel,3,sdo_list_controlword[1].Index,sdo_list_
    controlword[1].SubIndex,sdo_list_controlword[1].Data,sdo_list_controlword
    [1].DataLen,100);//从站 3,0x07
21. ZCOMA_DownloadDatabySDO(hChannel,1,sdo_list_controlword[2].Index,sdo_list_
    controlword[2].SubIndex,sdo_list_controlword[2].Data,sdo_list_controlword
    [2].DataLen,100);//从站 1,0x0f
22. ZCOMA_DownloadDatabySDO(hChannel,2,sdo_list_controlword[2].Index,sdo_list_
    controlword[2].SubIndex,sdo_list_controlword[2].Data,sdo_list_controlword
    [2].DataLen,100);//从站 2,0x0f
23. ZCOMA_DownloadDatabySDO(hChannel,3,sdo_list_controlword[2].Index,sdo_list_
    controlword[2].SubIndex,sdo_list_controlword[2].Data,sdo_list_controlword
    [2].DataLen,100);//从站 3,0x0f
24. }
```

（3）轨迹规划　电动机上电后，可通过机器人视觉技术获取工件坐标点，获取方式此处不再赘述。根据工件坐标与期望位置完成运动学逆解、轨迹规划、单位转换等准备工作，然后将 PDO 发送至从站节点驱动并联机器人运行。这里将这些准备工作统称为轨迹规划部分，其流程图如图 7-55 所示。

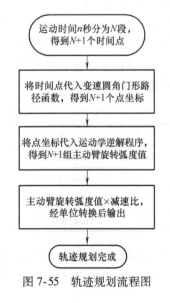

```
1. staticdouble * point_i;
2. point_i=Multi_Surve3(ti[a]);
3. for(intb=0;b<3;b++)
4. {
5. Point[a][b]=point_i[b];
6. }
7. }
8. for(inti=0;i<N;i++)
9. {
10. X[i]=Point[i][0];
11. Y[i]=Point[i][1];
12. Z[i]=Point[i][2];
13. }
14. for(inta=0;a<N;a++)
15. {
16. staticdouble * theta_i;
```

运动时间 n 秒分为 N 段，得到 $N+1$ 个时间点

将时间点代入变速圆角门形路径函数，得到 $N+1$ 个点坐标

将点坐标代入运动学逆解程序，得到 $N+1$ 组主动臂旋转弧度值

主动臂旋转弧度值×减速比，经单位转换后输出

轨迹规划完成

图 7-55　轨迹规划流程图

```
17. theta_i=Cal_Theta(X[a],Y[a],Z[a]);
18. for(intb=0;b<3;b++)
19. {
20. Theta_M[a][b]=theta_i[b];
21. }
22. }
23. for(inti=0;i<N;i++)
24. {
25. Theta1[i][0]=ti[i],Theta1[i][1]=Theta_M[i][0];
26. Theta2[i][0]=ti[i],Theta2[i][1]=Theta_M[i][1];
27. Theta3[i][0]=ti[i],Theta3[i][1]=Theta_M[i][2];
28. }
29. for(inti=0;i<N;i++)
30. {
31. Pulse_1[i]=(int)round(Theta1[i][1] * (65536.0/PI) * 30);
32. Pulse_2[i]=(int)round(Theta2[i][1] * (65536.0/PI) * 30);
33. Pulse_3[i]=(int)round(Theta3[i][1] * (65536.0/PI) * 30);
34. }
```

1）为插补做准备，首先定义一个浮点型数组 ti［N］，将整个轨迹的运行时间 6s 分为 600 段，通过 for 循环，得到 601 个时间点，程序如下：

```
1. floatti[N];//定义时间点
2. for(inti=0;i<N;i++)
3. {
4. ti[i]=((float)6/(N-1)) * i;//将运动时间6s分为600段,得到601个时间点
5. }
```

根据前文对轨迹规划的分析，将时间点代入门形轨迹函数可以得到 601 个坐标点，即为并联机器人要经过的坐标。创建一个 601 行、3 列的二维数组 doublePoint［N］［3］，其中行代表 601 个时间点，第一列代表 X 坐标，第二列代表 Y 坐标，第三列代表 Z 坐标。该二维数组被初始化为 0，然后通过 for 循环代入门形轨迹函数得到不同时间点对应的坐标，再通过双层 for 循环得到各个时间点与坐标对应的数组，写入二维数组 doublePoint［N］［3］中，其数组结构见表 7-29。

表 7-29 末端位置数组结构表

	X	Y	Z
t_0	Point［0］［0］	Point［0］［1］	Point［0］［2］
t_1	Point［1］［0］	Point［1］［1］	Point［1］［2］
$\vdots$	$\vdots$	$\vdots$	$\vdots$
t_{600}	Point［600］［0］	Point［600］［1］	Point［600］［2］

```
6. doublePoint[N][3]={0};//时间点与坐标
7. for(inta=0;a<N;a++)//将时间点转换为坐标
8. {
```

```
9. staticdouble * point_i;//定义一个数组指针
10. point_i=Multi_Surve3(ti[a]);//完成从起点到终点坐标的函数,返回值是601个坐标
11. for(intb=0;b<3;b++)
12. {
13. Point[a][b]=point_i[b];
14. }
15. }
```

2) 曲线位移函数的起点坐标与终点坐标可以在编辑框内直接获取,而编辑框内的数据可以利用机器人视觉技术获得,也可以由操作者手动键入。程序如下:

```
1. double * Multi_Surve3(doublet)
2. {
3. double * CMFCApplication1Dlg::Multi_Surve3(doublet)
4. doublet0=0*1;
5. doublet1=1*1;
6. doublet2=2*1;
7. doublet3=3*1;
8. doublet4=4*1;
9. doublet5=5*1;
10. doublet6=6*1;
11. staticdoublePoint_M3[3];
12. CStringstr1,str2,str3,str4,str5;
13. inta,b,c,d;
14. //起点Y坐标
15. GetDlgItem(IDC_EDIT21)->GetWindowText(str1);
16. a=_ttoi(str1);//将字符串转换为整型数据类型
17. //起点Z坐标
18. GetDlgItem(IDC_EDIT41)->GetWindowText(str2);
19. b=_ttoi(str2);
20. //终点Y坐标
21. GetDlgItem(IDC_EDIT42)->GetWindowText(str3);
22. c=_ttoi(str3);
23. //终点Z坐标
24. GetDlgItem(IDC_EDIT67)->GetWindowText(str4);
25. d=_ttoi(str4);
26. inth=104;
27. doubleX=0;
28. doubleY=(a) * ((t>=t0)&&(t<t1))
29. +(a+Disp((t5-t1),c-a,t-t1)) * ((t>=t1)&&(t<t5))
30. +(c) * ((t>=t5)&&(t<=t6));
31. doubleZ=(b+Disp((t2-t0),104,t)) * ((t>=t0)&&(t<t2))
32. +(b+h) * ((t>=t2)&&(t<t4))
33. +(b+h-Disp((t6-t4),104,t-t4)) * ((t>=t4)&&(t<=t6));
34. Point_M3[0]=X;
```

```
35. Point_M3[1]=Y;
36. Point_M3[2]=Z;
37. returnPoint_M3;
38. }
```

3）通过上述程序建立了并联机器人末端坐标与时间的映射关系，然后通过 for 循环，将并联机器人末端的离散点分别赋值给 X[i]、Y[i]、Z[i]。程序如下：

```
1. for(inti=0;i<N;i++)
2. {
3. X[i]=Point[i][0];//单独把所有的 X 坐标写出来
4. Y[i]=Point[i][1];//单独把所有的 Y 坐标写出来
5. Z[i]=Point[i][2];//单独把所有的 Z 坐标写出来
6. }
```

4）对并联机器人末端坐标进行运动学逆解，得到三个电动机的转角。首先创建一个 601 行、3 列的二维数组 Theta_M[N][3]，用于放置时间点与运动学逆解得到的关节角度值。其中行代表 601 个时间点，第一列代表电动机 1 转动的弧度值，第二列代表电动机 2 转动的弧度值，第三列代表电动机 3 转动的弧度值。该二维数组被初始化为 0，然后通过 for 循环将不同时间点代入门形轨迹函数得到对应的转动弧度，再通过双层 for 循环得到各个时间点与弧度值对应的数组，写入二维数组 Theta_M[N][3] 中，其数组结构见表 7-30。

表 7-30 关节角度数组结构表

	rad1	rad2	rad3
t_0	Theta_M[0][0]	Theta_M[0][1]	Theta_M[0][2]
t_1	Theta_M[1][0]	Theta_M[1][1]	Theta_M[1][2]
⋮	⋮	⋮	⋮
t_{600}	Theta_M[600][0]	Theta_M[600][1]	Theta_M[600][2]

```
1. doubleTheta_M[N][3]={0};//创建 601 个点坐标和角度的 601×3 矩阵
2. for(inta=0;a<N;a++)
3. {
4. staticdouble * theta_i;
5. theta_i=Cal_Theta(X[a],Y[a],Z[a]);//a=0 时,得到第一组逆解角度值
6. for(intb=0;b<3;b++)
7. {
8. Theta_M[a][b]=theta_i[b];//得到所有角度和 601 个时间点的列表
9. }
10. }
11. for(inti=0;i<N;i++)
12. {
13. Theta1[i][0]=ti[i],Theta1[i][1]=Theta_M[i][0];//时间点与角度值的对应函数
14. Theta2[i][0]=ti[i],Theta2[i][1]=Theta_M[i][1];
15. Theta3[i][0]=ti[i],Theta3[i][1]=Theta_M[i][2];
16. }
```

5）通过以上程序可以得到三个电动机在各时间点的期望转动角度，由于电动机接收信号为脉冲个数，因此需要在程序中将角度转换成对应的脉冲个数，才能使电动机转动到期望的位置。并联机器人主动臂转角与电动机弧度、脉冲之间的转换关系为：电动机旋转 1r（圈）= 131072 个脉冲 = 2π（rad）= 主动臂旋转 $1/j$ 圈。（j 为电动机减速比）。所以脉冲个数与电动机转动弧度之间的关系如下：

```
1. Pulse_1[i]=(int)round(Theta1[i][1]*(65536.0/PI)*30);
2. Pulse_2[i]=(int)round(Theta2[i][1]*(65536.0/PI)*30);
3. Pulse_3[i]=(int)round(Theta3[i][1]*(65536.0/PI)*30);
```

其中，Pulse_1[i]、Pulse_2[i]、Pulse_3[i] 分别表示电动机 1、电动机 2、电动机 3 的 601 个脉冲值。为了便于在界面上显示，需要进行类型转换。程序代码如下：

```
4.  for(inti=0;i<N;i++)
5.  {
6.  Pulse_1[i]=(int)round(Theta1[i][1]*(65536.0/PI)*30);
7.  Pulse_2[i]=(int)round(Theta2[i][1]*(65536.0/PI)*30);
8.  Pulse_3[i]=(int)round(Theta3[i][1]*(65536.0/PI)*30);
9.  }
10. for(inti=0;i<N;i++)
11. {
12. CStringstr_Pulse_1;
13. CStringstr_Pulse_2;
14. CStringstr_Pulse_3;
15. CStringstr_i;
16. str_i.Format(_T("%d"),i);//%d:十进制整数(int)
17. //将整型转换为字符串型
18. str_Pulse_1.Format(_T("电动机1脉冲个数:%d"),Pulse_1[i]);
19. str_Pulse_2.Format(_T("电动机2脉冲个数:%d"),Pulse_2[i]);
20. str_Pulse_3.Format(_T("电动机3脉冲个数:%d"),Pulse_3[i]);
21. m_edit7.ReplaceSel(str_i+""+str_Pulse_1+""+str_Pulse_2+""+str_Pulse_3+"\r\n");
22. }
```

6）得到所有轨迹坐标后，在位置模式下，使电动机由当前位置回到初始点位置等待工件达到抓取位置后进行抓取。等待时间根据传送带运行时间调试确定。程序如下：

```
1. ZCOMA_SetPDOOutputData(hChannel,1,pdo_list_modes_of_operation[0].ID+1,pdo_
   list_modes_of_operation[0].Data,pdo_list_modes_of_operation[0].DataLen,1);
2. ZCOMA_SetPDOOutputData(hChannel,2,pdo_list_modes_of_operation[0].ID+2,pdo_
   list_modes_of_operation[0].Data,pdo_list_modes_of_operation[0].DataLen,1);
3. ZCOMA_SetPDOOutputData(hChannel,3,pdo_list_modes_of_operation[0].ID+3,pdo_
   list_modes_of_operation[0].Data,pdo_list_modes_of_operation[0].DataLen,1);
4. inttarget_position_home_1=Pulse_1[0];
5. inttarget_position_home_2=Pulse_2[0];
6. inttarget_position_home_3=Pulse_3[0];
7. DWORDtime_home=10;
```

```
8. ZCOMA_InstallPDOforInput(hChannel,1,0x181);

9. ZCOMA_InstallPDOforInput(hChannel,2,0x182);

10. ZCOMA_InstallPDOforInput(hChannel,3,0x183);

11. intactual_position_home_1=Read_Instant_Position(hChannel,1);

12. intactual_position_home_2=Read_Instant_Position(hChannel,2);

13. intactual_position_home_3=Read_Instant_Position(hChannel,3);

14. ZCOMA_RemovePDOforInput(hChannel,1,0x181);

15. ZCOMA_RemovePDOforInput(hChannel,2,0x182);

16. ZCOMA_RemovePDOforInput(hChannel,3,0x183);

17. DWORDprofile_velocity_home_1=(int)round(fabs(Pulse_1[0]-actual_position_
    home_1)*600.0/1310720);

18. DWORDprofile_velocity_home_2=(int)round(fabs(Pulse_2[0]-actual_position_
    home_2)*600.0/1310720);

19. DWORDprofile_velocity_home_3=(int)round(fabs(Pulse_3[0]-actual_position_
    home_3)*600.0/1310720);

20. BYTERPDO_2_home_1[8],RPDO_2_home_2[8],RPDO_2_home_3[8];

21. Make_OBJ_2_PDO(profile_velocity_home_1,target_position_home_1,RPDO_2_home_1);

22. Make_OBJ_2_PDO(profile_velocity_home_2,target_position_home_2,RPDO_2_home_2);

23. Make_OBJ_2_PDO(profile_velocity_home_3,target_position_home_3,RPDO_2_home_3);

24. ZCOMA_SetPDOOutputData(hChannel,1,0x301,RPDO_2_home_1,sizeof(RPDO_2_home_1),1);

25. ZCOMA_SetPDOOutputData(hChannel,2,0x302,RPDO_2_home_2,sizeof(RPDO_2_home_2),1);

26. ZCOMA_SetPDOOutputData(hChannel,3,0x303,RPDO_2_home_3,sizeof(RPDO_2_home_3),1);

27. ZCOMA_RemoveSYNC(hChannel,0x80);

28. ZCOMA_SetPDOOutputData(hChannel,1,pdo_list_controlword[3].ID+1,pdo_list_
    controlword[3].Data,pdo_list_controlword[3].DataLen,1);

29. ZCOMA_SetPDOOutputData(hChannel,2,pdo_list_controlword[3].ID+2,pdo_list_
    controlword[3].Data,pdo_list_controlword[3].DataLen,1);

30. ZCOMA_SetPDOOutputData(hChannel,3,pdo_list_controlword[3].ID+3,pdo_list_
    controlword[3].Data,pdo_list_controlword[3].DataLen,1);

31. ZCOMA_InstallSYNC(hChannel,0x80,1);

32. Sleep(1);

33. ZCOMA_RemoveSYNC(hChannel,0x80);

34. ZCOMA_SetPDOOutputData(hChannel,1,pdo_list_controlword[2].ID+1,pdo_list_
    controlword[2].Data,pdo_list_controlword[2].DataLen,1);

35. ZCOMA_SetPDOOutputData(hChannel,2,pdo_list_controlword[2].ID+2,pdo_list_
    controlword[2].Data,pdo_list_controlword[2].DataLen,1);

36. ZCOMA_SetPDOOutputData(hChannel,3,pdo_list_controlword[2].ID+3,pdo_list_
    controlword[2].Data,pdo_list_controlword[2].DataLen,1);

37. ZCOMA_InstallSYNC(hChannel,0x80,1);

38. Sleep(1);

39. ZCOMA_RemoveSYNC(hChannel,0x80);

40. ZCOMA_InstallSYNC(hChannel,0x80,10);

41. Sleep(1770);
```

7）以上程序表示并联机器人在等待 1.77s 后末端下放进行抓取操作。抓取工件后，并联机器人进入插补模式。将生成的离散化机器人末端轨迹坐标，经过运动学逆解和单位转换得到三个电动机期望转角，然后通过三个电动机插补驱动并联机器人末端按照期望轨迹运行。

8）将伺服驱动器设置为插补控制模式，并对从站进行相关配置。如图 7-56 所示，首先将从站设置为预工作状态，然后创建结构体映射同步循环周期和同步窗口长度，将时间设置为 10ms，控制模式设置为插补模式，插补周期也为 10ms。接着进行重映射流程，将配置 RPDO2 映射对象映射为插补位置给定值，每隔 10ms 给定一个插补位置，直到完成整个插补流程。最后使能电动机，进行插补模式激活。

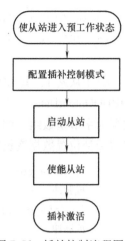

图 7-56　插补控制流程图

```
1. voidCMFCApplication1Dlg::OnBnClickedButton1()//插补激活
2. {
3. //TODO:在此添加控件通知处理程序代码
4. ZCOMA_RemoveSYNC(hChannel,0x80);//如果不卸载,要防止一些PDO立即触发,而不是同步触发
5. intip_data_position_active_1,ip_data_position_active_2,ip_data_position_active_3;
6. ip_data_position_active_1=Pulse_1[0];//第一次逆解得到电动机1转角度并转换成脉冲
7. ip_data_position_active_2=Pulse_2[0];//第一次逆解得到电动机2转角度并转换成脉冲
8. ip_data_position_active_3=Pulse_3[0];//第一次逆解得到电动机3转角度并转换成脉冲
9. BYTEip_RPDO_2_active_1[4],ip_RPDO_2_active_2[4],ip_RPDO_2_active_3[4];
10. Make_OBJ_1_PDO(ip_data_position_active_1,ip_RPDO_2_active_1);
11. Make_OBJ_1_PDO(ip_data_position_active_2,ip_RPDO_2_active_2);
12. Make_OBJ_1_PDO(ip_data_position_active_3,ip_RPDO_2_active_3);
13. ZCOMA_SetPDOOutputData(hChannel,1,0x301,ip_RPDO_2_active_1,sizeof(ip_RPDO_2_active_1),1);
14. ZCOMA_SetPDOOutputData(hChannel,2,0x302,ip_RPDO_2_active_2,sizeof(ip_RPDO_2_active_2),1);
15. ZCOMA_SetPDOOutputData(hChannel,3,0x303,ip_RPDO_2_active_3,sizeof(ip_RPDO_2_active_3),1);
16. ZCOMA_InstallSYNC(hChannel,0x80,1);
17. Sleep(1);
18. ZCOMA_RemoveSYNC(hChannel,0x80);
19. ZCOMA_SetPDOOutputData(hChannel,1,pdo_list_controlword_1[3].ID,pdo_list_controlword_1[3].Data,pdo_list_controlword_1[3].DataLen,1);//插补模式激活
20. ZCOMA_SetPDOOutputData(hChannel,2,pdo_list_controlword_2[3].ID,pdo_list_controlword_2[3].Data,pdo_list_controlword_2[3].DataLen,1);
21. ZCOMA_SetPDOOutputData(hChannel,3,pdo_list_controlword_3[3].ID,pdo_list_controlword_3[3].Data,pdo_list_controlword_3[3].DataLen,1);
22. TimerCtrl(TRUE);//开启多媒体定时器
```

```
23. GetDlgItem(IDC_BUTTON1)->EnableWindow(FALSE);
24. GetDlgItem(IDC_BUTTON2)->EnableWindow(TRUE);
25. }
```

对于从站 1，其 COB-ID 为 0x301，表示各时间点的插补位置，需要通过函数 ZCOMA_SetPDOOutputData（）发送到从站 1。由于轨迹规划得到的脉冲个数为整型，而 RPDO2 里的数据为字节型数组，即高位在后、低位在前，中间有空格的 16 进制字符串，因此，需要把整型插补位置数据变量转换成字节型数组。

```
26. ip_data_position_active_1=Pulse_1[0];//第一次逆解得到的电动机 1 转动角度并转换
    成脉冲
27. ip_data_position_active_2=Pulse_2[0];//第一次逆解得到的电动机 2 转动角度并转换
    成脉冲
28. ip_data_position_active_3=Pulse_3[0];//第一次逆解得到的电动机 3 转动角度并转换
    成脉冲
29. BYTEip_RPDO_2_active_1[4],ip_RPDO_2_active_2[4],ip_RPDO_2_active_3[4];
30. Make_OBJ_1_PDO(ip_data_position_active_1,ip_RPDO_2_active_1);
31. Make_OBJ_1_PDO(ip_data_position_active_2,ip_RPDO_2_active_2);
32. Make_OBJ_1_PDO(ip_data_position_active_3,ip_RPDO_2_active_3);
```

9）数据转换完成后，定时发送每个脉冲，电动机使能完成插补，并联机器人末端执行器进行分拣抓取操作，并将工件放置到期望位置。

```
1. voidCMFCApplication1Dlg::OnMMTimer()//定时器定时执行内容
2. {
3. m_ms++;
4. intmax_position_limit=1092267;
5. intmin_position_limit=-218453;
6. CStringstr_current_position_1;
7. CStringstr_current_position_2;
8. CStringstr_current_position_3;
9. n++;
10. if((n>=0)&&(n<N))
11. {
12. ZCOMA_RemoveSYNC(hChannel,0x80);
13. BYTEip_RPDO_2_1[4],ip_RPDO_2_2[4],ip_RPDO_2_3[4];
14. ip_data_position_1=Pulse_1[n];
15. ip_data_position_2=Pulse_2[n];
16. ip_data_position_3=Pulse_3[n];
17. Make_OBJ_1_PDO(ip_data_position_1,ip_RPDO_2_1);
18. Make_OBJ_1_PDO(ip_data_position_2,ip_RPDO_2_2);
19. Make_OBJ_1_PDO(ip_data_position_3,ip_RPDO_2_3);
20. ZCOMA_SetPDOOutputData(hChannel,1,0x301,ip_RPDO_2_1,sizeof(ip_RPDO_2_1),1);
21. ZCOMA_SetPDOOutputData(hChannel,2,0x302,ip_RPDO_2_2,sizeof(ip_RPDO_2_2),1);
22. ZCOMA_SetPDOOutputData(hChannel,3,0x303,ip_RPDO_2_3,sizeof(ip_RPDO_2_3),1);
23. ZCOMA_InstallSYNC(hChannel,0x80,1);
```

```
24. Sleep(1);
25. ZCOMA_RemoveSYNC(hChannel,0x80);
26. }
27. elseif(n>=N)
28. {
29. ZCOMA_SetPDOOutputData(hChannel,1,pdo_list_controlword_1[2].ID,pdo_list_
    controlword_1[2].Data,pdo_list_controlword_1[2].DataLen,1);
30. ZCOMA_SetPDOOutputData(hChannel,2,pdo_list_controlword_2[2].ID,pdo_list_
    controlword_2[2].Data,pdo_list_controlword_2[2].DataLen,1);
31. ZCOMA_SetPDOOutputData(hChannel,3,pdo_list_controlword_3[2].ID,pdo_list_
    controlword_3[2].Data,pdo_list_controlword_3[2].DataLen,1);
32. ZCOMA_InstallSYNC(hChannel,0x80,10);
33. }
34. CStringstr_n;
35. str_n.Format(_T("n=%d"),n);
36. m_edit7.ReplaceSel(str_n+"\r\n");
37. }
```

4. 过程数据监控

为了实时获取并联机器人的末端位置、末端速度、关节角度以及关节速度等信息，搭建了过程数据的监控界面，如图 7-57 所示。通过 Read_Instant_Position(hChannel,ID) 和 Read_Instant_Velocity(hChannel,ID) 函数获取并联机器人各轴的转动角度、角速度，得到关节角度和角速度后，可以利用并联机器人的正解函数，得到并联机器人的末端位移和速度。

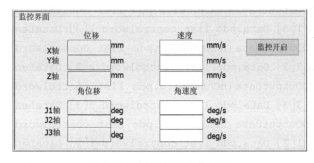

图 7-57　过程数据监控界面

5. 系统复位

系统复位包括并联机器人重新回到轨迹起点、电动机消磁、关闭 CANopen 协议栈、关闭主站卡设备等操作。门型轨迹的起点即为并联机器人的起点，进行回零操作时，使并联机器人的末端位置回到门形轨迹起点即可。

```
1. voidCMFCApplication1Dlg::OnBnClickedButton6()//轨迹起点准备
2. {
3. //TODO:在此添加控件通知处理程序代码
4. DWORDtarget_position_home_1=Pulse_1[0];
5. DWORDtarget_position_home_2=Pulse_2[0];
6. DWORDtarget_position_home_3=Pulse_3[0];
```

7. DWORDtime_home=10;

8. ZCOMA_InstallPDOforInput(hChannel,1,0x181);

9. ZCOMA_InstallPDOforInput(hChannel,2,0x182);

10. ZCOMA_InstallPDOforInput(hChannel,3,0x183);

11. intactual_position_home_1=Read_Instant_Position(hChannel,1);

12. intactual_position_home_2=Read_Instant_Position(hChannel,2);

13. intactual_position_home_3=Read_Instant_Position(hChannel,3);

14. ZCOMA_RemovePDOforInput(hChannel,1,0x181);

15. ZCOMA_RemovePDOforInput(hChannel,2,0x182);

16. ZCOMA_RemovePDOforInput(hChannel,3,0x183);

17. DWORDprofile_velocity_home_1=(int)round(fabs(Pulse_1[0]-actual_position_
    home_1)*600.0/1310720);//速度

18. DWORDprofile_velocity_home_2=(int)round(fabs(Pulse_2[0]-actual_position_
    home_2)*600.0/1310720);

19. DWORDprofile_velocity_home_3=(int)round(fabs(Pulse_3[0]-actual_position_
    home_3)*600.0/1310720);

20. BYTERPDO_2_home_1[8],RPDO_2_home_2[8],RPDO_2_home_3[8];

21. Make_OBJ_2_PDO(profile_velocity_home_1,target_position_home_1,RPDO_2_home_1);

22. Make_OBJ_2_PDO(profile_velocity_home_2,target_position_home_2,RPDO_2_home_2);

23. Make_OBJ_2_PDO(profile_velocity_home_3,target_position_home_3,RPDO_2_home_3);

24. ZCOMA_SetPDOOutputData(hChannel,1,0x301,RPDO_2_home_1,sizeof(RPDO_2_home_1),1);

25. ZCOMA_SetPDOOutputData(hChannel,2,0x302,RPDO_2_home_2,sizeof(RPDO_2_home_2),1);

26. ZCOMA_SetPDOOutputData(hChannel,3,0x303,RPDO_2_home_3,sizeof(RPDO_2_home_3),1);

27. ZCOMA_SetPDOOutputData(hChannel,1,pdo_list_controlword_1[3].ID,pdo_list_
    controlword_1[3].Data,pdo_list_controlword_1[3].DataLen,1);

28. ZCOMA_SetPDOOutputData(hChannel,2,pdo_list_controlword_2[3].ID,pdo_list_
    controlword_2[3].Data,pdo_list_controlword_2[3].DataLen,1);

29. ZCOMA_SetPDOOutputData(hChannel,3,pdo_list_controlword_3[3].ID,pdo_list_
    controlword_3[3].Data,pdo_list_controlword_3[3].DataLen,1);

30. ZCOMA_SetPDOOutputData(hChannel,1,pdo_list_controlword_1[2].ID,pdo_list_
    controlword_1[2].Data,pdo_list_controlword_1[2].DataLen,1);

31. ZCOMA_SetPDOOutputData(hChannel,2,pdo_list_controlword_2[2].ID,pdo_list_
    controlword_2[2].Data,pdo_list_controlword_2[2].DataLen,1);

32. ZCOMA_SetPDOOutputData(hChannel,3,pdo_list_controlword_3[2].ID,pdo_list_
    controlword_3[2].Data,pdo_list_controlword_3[2].DataLen,1);

33. }

调用相关函数将从站复位，停止所有通道的 CANopen 协议栈，之后关闭通道，最后关闭主站设备。可以直接调用下述程序：

1. voidCMFCApplication1Dlg::OnBnClickedButton8()//关闭设备

2. {

3. //TODO:在此添加控件通知处理程序代码

4. ZCOMA_SetNodeState(hChannel,1,SLAVE_RESET);//复位从站

5. ZCOMA_SetNodeState(hChannel,2,SLAVE_RESET);

```
6.  ZCOMA_SetNodeState(hChannel,3,SLAVE_RESET);
7.  ZCOMA_Stop(USBCAN_E_P,0);//停止所有通道的 CANopen 协议栈
8.  ZCOMA_Uninit(hChannel);//关闭通道
9.  ZCOMA_Close(USBCAN_E_P,0);//关闭设备
10. }
```

第 **8** 章

Delta并联机器人的开发及工程应用

8.1 引言

国家工信部等三部委联合印发了《机器人产业发展规划（2016—2020 年）》（下文简称《规划》），为"十三五"期间我国机器人产业的发展描绘了清晰的蓝图。其中指出大力发展机器人关键零部件是这五年我国机器人工业发展的主要任务之一。

工业机器人的五大关键零部件主要有高精密减速器、高性能机器人专用伺服电动机和驱动器、高速高性能控制器、传感器以及末端执行器。《规划》针对上述关键零部件，提出了主攻方向。

（1）高精密减速器　通过发展高强度耐磨材料技术、加工工艺优化技术、高速润滑技术、高精度装配技术、可靠性及寿命检测技术以及探索新型传动机理，发展适合机器人应用的高效率、低重量、长期免维护的系列化减速器。

（2）高性能机器人专用伺服电动机和驱动器　通过对高磁性材料优化、一体化优化设计、加工装配工艺优化等技术的研究，提高伺服电动机的效率，降低功率损失，实现高功率密度。发展高转矩直接驱动电动机、盘式中空电动机等机器人专用电动机。

（3）高速高性能控制器　通过发展高性能关节伺服、振动抑制、惯量动态补偿、多关节高精度运动解算及规划等技术，提高高速变负载应用过程中的运动精度，改善动态性能。发展并掌握开放式控制器软件开发平台技术，提高机器人控制器的可扩展性、可移植性和可靠性。

（4）传感器　重点开发关节位置、力矩、视觉、触觉等传感器，满足机器人产业的应用需求。

（5）末端执行器　重点开发具有抓取与操作功能的多指灵巧手和具有快换功能的夹持器等末端执行器，满足机器人产业的应用需求。

本章根据《规划》的指导，着重介绍工业机器人控制器、传感器及伺服驱动器等的开发和应用，并给出机器人控制系统集成的案例。

8.2　Delta 并联机器人控制系统的设计

8.2.1　工业机器人控制系统

工业机器人控制系统作为机器人的大脑，一般采用上下位机结构，由人机交互系统

（如示教器）、主控制系统和伺服驱动系统等组成。机器人控制系统可以通过示教器在线编程（示教）或离线编程，然后机器人可以根据生成的程序自动运行。在示教模式下，操作者通过示教器界面的触控按钮向主控制系统发送驱动机械本体运动的命令，使末端执行器运动到相应的示教点，并记录示教点的位姿，这一过程主要是为了产生合适的示教点。在在线模式下，通过生成的示教点并结合机器人编程语言生成机器人程序代码，自动运行时，示教系统解释机器人程序代码，并将控制命令及数据信息传送到主控制系统；主控制系统根据相应信息进行轨迹规划、运动学分析及插补等，并结合相应传感器检测到的信号，通过工业以太网或者现场总线通信方式驱动电动机协调运动，使机器人产生期望的位姿输出，同时主控制系统向示教器反馈必要的信息。控制系统的整体结构如图8-1所示。

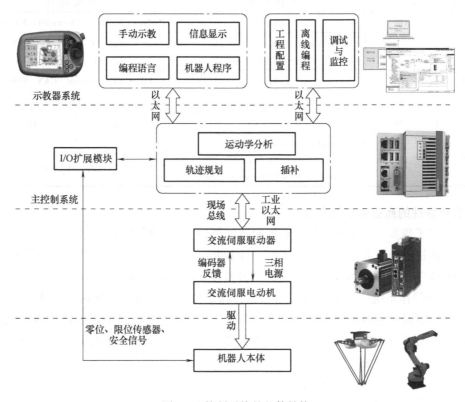

图 8-1　控制系统的整体结构

8.2.2　运动控制器设计

1. 现有的控制器架构

目前，实际生产对工业机器人的功能要求较多，同时对其运动精度和响应速度的要求也较高，对比移动机器人一般要高 1~2 个数量级。在不同的应用场合，要求工业机器人的控制精度达到 0.01~0.5mm。同时，工业机器人一般为多自由度，其控制器不仅要完成运动学正逆解、轨迹规划等任务，还要实现逻辑控制等操作。因此对比移动机器人，工业机器人控制器的计算量更大、控制周期更短，一般要求控制周期为 $100\mu s \sim 10ms$。

传统的工业机器人控制器采用"PC+运动控制卡"的架构，复杂的运动规划、正逆解计算等功能在运动控制卡上完成，并借助 PC 的强大管理功能完成界面操作、任务协调等工作，典型代表为美国 Delta Tau 公司的 PMAC 运动控制卡。但是，由于基于此架构的控制器系统存在开放性和拓展性差、布线复杂等缺点，现在已经被基于高速伺服总线架构的控制器所取代。采用总线式架构的工业机器人控制器通常是基于"工控机（IPC）/嵌入式处理器+实时操作系统+工业现场总线"的模式实现，具有拓展性好、布线简单、实时性好、抗干扰能力强等优点，是目前工业机器人控制器技术研究的主流方向。

目前，国际知名品牌公司的硬件平台一般采用 x86 的平台，并基于实时操作系统搭建底层软件。知名品牌控制器架构见表 8-1。

表 8-1　知名品牌控制器架构

厂　　家	硬　件	操 作 系 统	总 线 接 口
ABB	x86	VxWorks	Profinet、Profibus、DeviceNet、Ethernet/IP
KUKA	x86	VxWorks+Windows（KRC2），Windows+INTime（KRC4）	Profinet、Profibus、EtherCAT、Ethernet/IP、ProfiSAFE
KEBA	x86	VxWorks	EtherCAT、Ethernet、CAN、SERCOS
B&R	x86	Windows 10/B&R Linux9	Ethernet、Ethernet/IP、CAN、Profibus-DP
固高	x86	Windows CE	gLink-Ⅱ 和 EtherCAT
倍福	x86	Windows Embedded Compact 7，Windows Embedded Standard 7P，Windows 10 IoT Enterprise LTSB	Profinet、Profibus、DeviceNet、Ethernet/IP、EtherCAT、Ethernet、CAN、SERCOS

2. 有代表性的商业控制器方案

上面介绍了现有的较为成熟的商业控制器的架构，接着对控制器的操作系统以及成熟的控制软件系统进行简单介绍，以充分了解"工控机（IPC）/嵌入式处理器+实时操作系统+工业现场总线"的形式，为今后深入研究与开发控制器打下基础。

（1）实时操作系统　工业机器人的控制，像数控系统一样，对实时性要求很高。工业机器人正朝着更高的运行速度和精度发展，每个关节间电动机运动的同步性、电动机运动轨迹的精确性、对系统中断的响应速度都非常重要。这就意味着操作系统需要具有极强的实时性，系统软件必须对相关任务进行快速计算，并且任务之间的切换也要非常快。因此，所选择的操作系统最好是实时操作系统（RTOS）。然而，目前常用的操作系统都不是实时的，如 Windows 和 Linux。要实现实时操作系统有以下两种方式：

1）放弃通用的操作系统，从底层重新开始进行设计，代表性的操作系统有 VxWorks（图 8-2）、QNX、Windows CE、μC/OS、LynxOS 等。这种方式的缺点是所有的任务都是实时的，即使任务本身没有实时的必要，如网络访问、文件系统访问等；用户必须专门开发适用于这种操作系统的应用程序，工作量可能比较大。

2）通过对通用的操作系统打补丁（添加扩展），使其具备实时性，代表性的操作系统有 Windows RTX（图 8-3）、Xenomai、RT Linux、RTAI 等。这种方式的缺点是对实时任务的支持没有第一种方式多。

（2）软件系统　目前，国外成熟的商用软 PLC 系统软件都提供了从开发端到运行端的成套解决方案，具有良好的通用性和开放性，支持二次开发功能，因此被广泛应用到包括机器人控制器在内的许多工控领域。例如，斯图加特大学 ISG 研究所的 ISG-Kernel 控制软件包是集 CNC、工业机器人和通用运动控制为一体的软件解决方案，目前支持 KW 公司的 Multi-

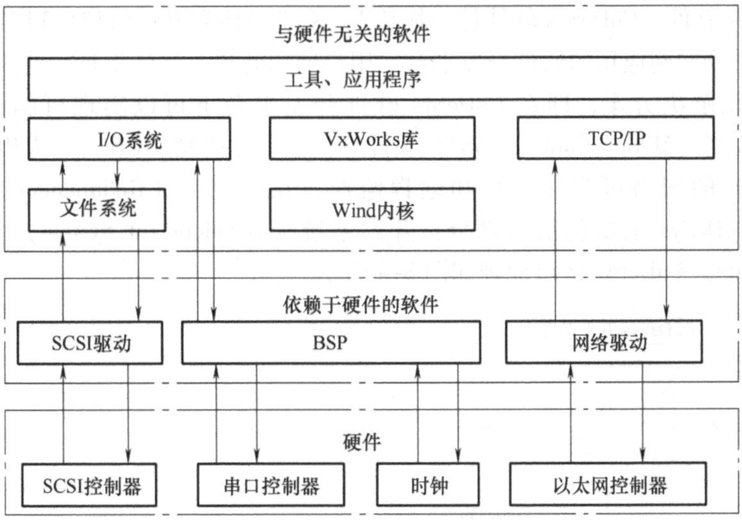

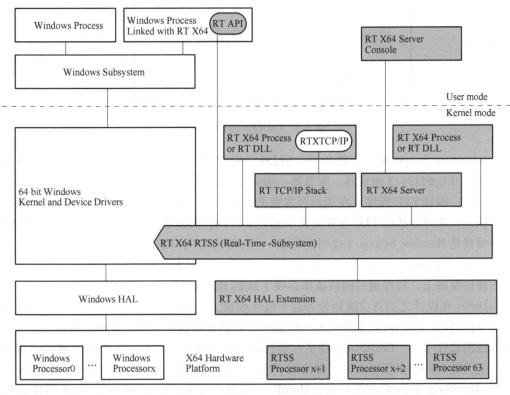

图 8-2　VxWorks 系统架构

图 8-3　Windows RTX 系统架构

Prog、3S 公司的 CoDeSys 和 Beckhoff 公司的 TwinCAT 软 PLC 软件平台。再如，奥地利 KEBA 公司的 KeMotion 系列机器人控制器，其配套的软 PLC 开发软件 KeStudio 基于 CoDeSys 的二次开发功能，开发了 PLCopen 的运动控制功能库以及通用的机器人控制功能库，实现了通用的机器人控制功能。

目前广泛应用的软 PLC 软件主要有 3S 公司的 CoDeSys、Beckhoff 公司的 TwinCAT，以及 KW 公司的 MultiProg 等。

1）CoDeSys 软件。CoDeSys 软件是一款基于 . NET 架构和 IEC 61131-3 国际编程标准的、面向工业 4.0 及物联网应用的软件开发平台。用户使用此单一软件工具套件即可实现一个完整的工业自动化解决方案，即在 CoDeSys 软件开发平台下可以实现可编程序逻辑控制（PLC）、运动控制（Motion Control，MC）及计算机数字化控制（CNC）、人机界面（HMI）、基于 WebService 的网络可视化编程和远程监控、冗余控制（Redundancy）和安全控制（Safety）等。CoDeSys 主要包括两部分：开发系统（Development System）和运行时系统（Runtime System）。CoDeSys 运行原理如图 8-4 所示。

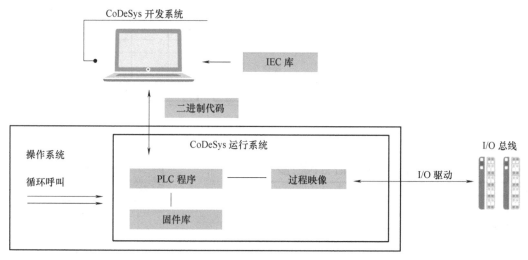

图 8-4　CoDeSys 运行原理

Development System 是一个符合 IEC 61131-3 标准的控制系统编程开发平台，该开发平台主要包括 IEC 61131-3 编辑器、配置器、编译器、调试器等功能模块。用户可在该平台上设计、调试、编译 PLC 程序。在用户开发完 PLC 程序后，需要对其进行编译并下载到硬件设备中执行。编译生成的 PLC 程序是无法独立运行的，只有在一定的软件环境中才能工作，这个环境就是 Runtime System（也叫运行核），这部分是用户看不到的。两者安装的位置通常不同，Development System 一般安装在用户的开发计算机上，Runtime System 则位于起控制作用的硬件设备上，程序通过网线或串口线下载到 Runtime System 中运行。

CoDeSys 在设计之初将功能划分为若干组件模块，如总线协议栈、可视化界面、运动控制、安全控制等，用户可以像搭积木一样选购必需的模块搭建自己的系统，最后形成一个定制化的控制软件平台。CoDeSys 软件平台架构如图 8-5 所示，它在工业控制领域的应用非常广泛，上面提到的很多机器人公司都使用了它的产品，如 KEBA、倍福、固高、台达等。

2）MultiProg 和 ProConOS 软件。MultiProg 编程系统和 ProConOS embedded CLR 高性能 PLC 运行时系统是德国科维软件公司（KW-Software）开发的两个配合完美的软件组件，使用该组件可开发出符合 IEC 61131-3 标准且上市时间极快的自动化系统。科维软件平台与 CoDeSys 软件平台的运行原理及架构相似，如图 8-6 所示。

ProConOS embedded CLR 是一个开放式标准化 PLC 运行时系统，由 C#开发，符合 IEC 61131-3 标准，可执行不同的自动化任务。与 CoDeSys 运行时系统的功能相似，它既可以运行在有操作系统的 PC 上作为实时内核，也可以单独运行在嵌入式控制器中。MultiProg 可以作为用户开发环境，用户可在该开发环境中开发出基于 IEC 61131-3 标准的用户程序。

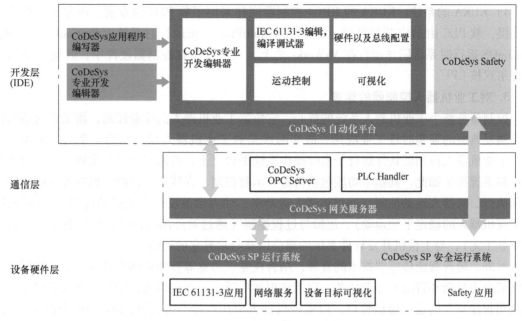

图 8-5 CoDeSys 软件平台架构

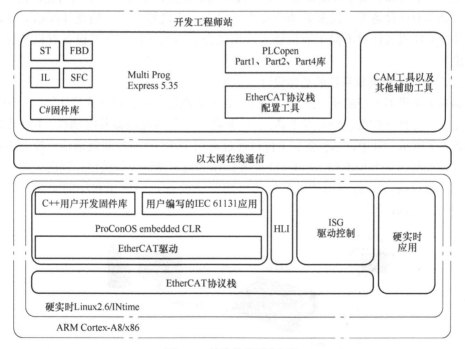

图 8-6 科维软件平台架构

3）KeMotion 系统。KeMotion 系统是由奥地利机器人控制器制造商 KEBA 开发的，其编程和控制软件全部建立在 CoDeSys 软 PLC 基础之上，CoDeSys 为 KEBA 提供了基本的编辑、编译、调试等功能。但 CoDeSys 本身与机器人相关的功能很少，因此涉及机器人的功能和函数是由 KEBA 开发的，以库的形式在 CoDeSys 中调用。为了保证实时性，控制器里的 CoDeSys 运行时系统安装在 VxWorks 中。

4）KUKA 的系统。KUKA 的 KRC4 控制器同样采用了软 PLC 的方案，该方案由科维公司提供，软 PLC 由集成开发环境（IDE）（MultiProg）和运行时系统（ProConOS）组成。ProConOS 运行时系统同样运行在 VxWorks 之上，它们安装在控制器硬件中，其硬件采用了英特尔双核 CPU。

3. 对工业机器人控制器的要求

控制器是整个工业机器人系统的核心，它负责工业机器人的作业控制，而工业机器人作业控制是典型的强实时性工业应用，故实时性是对工业机器人控制器的一个基本要求。通常，工业机器人控制器软件运行于实时操作系统平台之上，前面提到的几家控制器厂商研发的控制系统都是如此。其基本功能包括机器人示教控制、在线运行控制、机器人应用程序的解释执行、机器人运动控制（通过机器人运动学、动力学等模型完成运动规划、轨迹插补，以实现机器人的稳定平顺运动）、逻辑与过程控制（通过对外围硬件设备的控制来实现特定的作业工艺）、与上位机开发软件系统的通信以及与示教盒的通信等。

另外，随着智能传感器技术的发展，结合视觉、力觉等智能传感器设备，工业机器人可以完成更为复杂和智能的作业任务，应用将更加广泛。工业机器人控制器需要提供用于与外部应用程序交互的通用通信接口，以实现机器人应用程序与外部传感器应用程序的交互协作，从而完成特定的作业任务。

在硬件设备方面，要求控制器具有工业机器人末端执行器的硬件驱动功能，包括伺服驱动设备、外围 I/O 设备等。伺服驱动设备主要用于工业机器人运动轴及外部轴电动机的驱动，而外部 I/O 设备针对不同工业机器人应用场合会有所不同，常见设备有机械抓手、焊机、喷枪等。

4. 工业机器人控制器系统的总体设计

根据对工业机器人控制器的要求，可以得到工业机器人控制系统的整体架构：硬件由手持示教盒、上位机（作为应用开发工具）、控制器、伺服系统设备及电动机、I/O 模块等组成，如图 8-7 所示。其中，示教盒、上位机通过通用 TCP/IP 与控制器通信；控制器提供高速的工业以太网（如 EtherCAT、PowerLink 等）作为通用硬件设备接口。同时，为实现控制器与外部智能设备（支持通用接口通信的可编程序设备）中应用程序的交互，提供基于 TCP/IP 的远程通信接口。

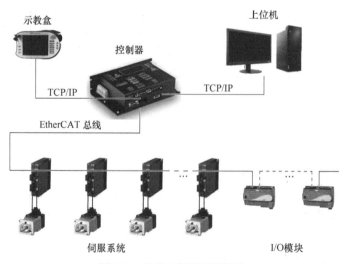

图 8-7　机器人控制系统架构

（1）实时系统运行平台的选择　前面介绍了几种控制器中常用的实时操作系统，考虑到 Linux 系统具有开源免费、可定制裁剪、功能强大且可移植性好等优点，这里选用 Linux/Xenomai 实时平台：通过 Xenomai 实时内核对 Linux 操作系统原生内核进行实时化拓展，结合 Linux 自身的强大功能，可满足工业机器人的应用需求，同时也方便向不同的控制器硬件平台（工控机或嵌入式处理器）移植。

Linux/Xenomai 实时平台是基于操作系统自适应域环境（Adaptive Domain Environment for Operating System，ADEOS）架构实现的，可以提供工业级实时操作系统（Real Time Operating System，RTOS）。该实时平台主要分为 Linux 内核域（非实时域）和 Xenomai 内核域（实时域），Xenomai 内核域负责处理系统的实时任务，而 Linux 内核域则负责处理非实时任务。ADEOS 在中断控制器硬件和 Linux 中断处理程序中提供中断处理的中间层，在系统运行过程中做到不关闭硬件中断，每个域可以有独立的地址空间和类似于进程、虚拟内存等的软件抽象层，在各个域下层有一个 ADEOS 层，通过虚拟中断等方法来调度上面的各个域。Xenomai 域的优先级高于 Linux 域，只有当实时内核不处理实时任务和中断任务时，Linux 内核域才能得到运行的机会，保证了 Xenomai 的中断响应速度和实时任务处理不受 Linux 的影响，所以可以快速响应实时性要求高的应用，如图 8-8 所示。

（2）控制器软件系统总体架构　工业机器人控制器软件系统架构应遵循模块化和分层化的原则，采用实时多任务的方式实现。如图 8-9 所示，整个控制器软件系统可分为 3 层、4 个进程，3 层是指运行管理层、核心业务层和硬件设备接口层，4 个进程分别为系统运行管理进程、软 PLC 子系统进程、RC 子系统进程和设备接口进程，每个进程级任务由一个或多个线程级任务组成。控制器硬件设备接口采用工业以太网（如 EtherCAT 等）接口，在控制器内部集成软主站，EtherCAT 协议栈模块运行于操作系统内核空间。机器人控制器通过标准以太网接口与示教盒以及上位机软件通信。

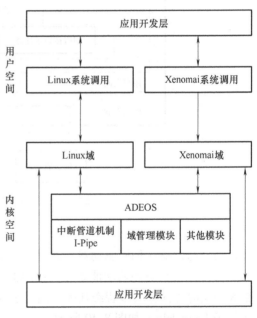

图 8-8　Xenomai 实时化实现原理

1）运行管理层负责控制器系统任务的管理，主要包括系统运行管理器子任务（负责工程配置文件加载、任务初始化、运行/停止控制以及与上位机应用开发系统的通信等）和系统运行监控器子任务（负责监控系统任务状态、设备状态及异常情况时的报警处理）。

2）核心业务层包括软 PLC 子系统和 RC 子系统，其中软 PLC 子系统负责工业机器人应用中外围设备的逻辑控制，RC 子系统负责多轴机器人的运动控制，两者通过 Xenomai 系统提供的共享内存和消息机制实现数据通信与同步运行。软 PLC 子系统借助 RC 子系统获取每个控制周期需要向伺服设备输出的运动数据，RC 子系统则需要借助软 PLC 子系统从外部伺服系统获取机器人各轴的实时运动状态数据。

3）硬件设备接口层主要实现总线通信功能，完成控制器与外部伺服设备或 I/O 设备的数据交互，是控制系统运行的基础。硬件设备接口层实际上是一个独立的进程任务，通过共

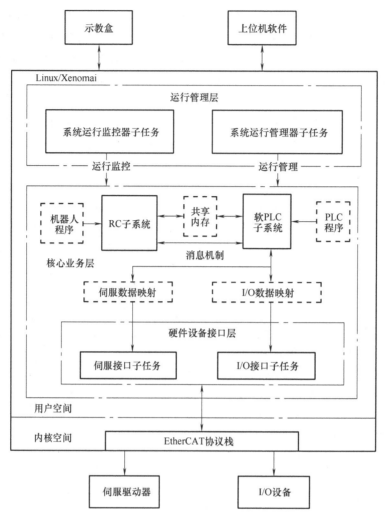

图 8-9　工业机器人控制器软件系统总体架构

享内存区（伺服映射区与 I/O 映射区）与软 PLC 子系统进行数据交互，通过 EtherCAT 总线协议与外部设备（伺服驱动器、远程 I/O 设备等）进行通信。

（3）系统任务模块功能划分　控制器系统任务主要划分为 4 个进程级任务，其中又包括 8 类实时子任务（线程级任务，运行于 Xenomai 域）和 2 类非实时子任务（线程级任务，运行于 Linux 域），如图 8-10 所示。

1）系统运行管理器子任务。主要用于控制器系统初始化（包括工程配置文件的加载、解析，各类共享内存区的创建以及其他进程的加载等工作）、工程文件下载、任务手动启动/停止控制、系统调试等功能。

2）系统运行监控器子任务。系统运行监控任务是一个周期性任务，且在整个控制器系统中的优先级最高。系统正常运行时，会周期性遍历系统任务，实时查看每个任务的当前状态及设备状态，并根据异常情况进行相关处理和报警。

3）软 PLC 子系统初始化任务。作为软 PLC 子系统进程的主线程，为非实时任务，用于加载 PLC 字节码文件，生成 PLC 应用程序内存映射，并启动软 PLC 虚拟机，初始化完成后阻塞等待进程退出。

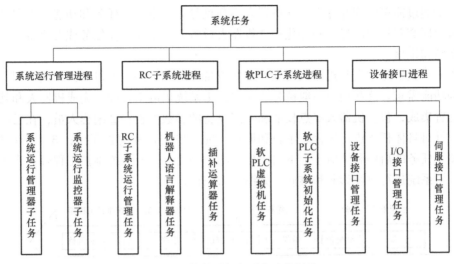

图 8-10 控制器任务系统功能划分

4）软 PLC 虚拟机任务。软 PLC 虚拟机是软 PLC 任务的核心，负责解释执行 PLC 程序，实现逻辑与过程控制功能，根据用户编写的 PLC 应用代码创建，可能会生成多个软 PLC 虚拟机任务。

5）RC 子系统运行管理任务。此任务负责对整个 RC 子系统的任务进行运行控制，主要通过与示教盒通信，根据示教器操作命令做出响应，对机器人语言解释器任务和插补运算器任务进行启动、运行、停止等控制，以完成示教和再现运动功能。

6）机器人语言解释器任务。负责解释执行机器人应用程序，完成运动再现任务。

7）插补运算器任务。负责机器人控制中的运动控制，完成轨迹插补、正逆解等计算任务。

8）设备接口管理任务。作为设备接口进程的主线程，为非实时任务，用于实现 EtherCAT 网络配置以及设备接口层的初始化工作。

9）I/O 接口管理任务。负责控制器系统与外部设备之间的数据交互功能，基于 EtherCAT 总线协议实现，完成与外部 I/O 设备的通信。

10）伺服接口管理任务。负责控制器系统与外部设备之间的数据交互功能，基于 EtherCAT 总线协议实现，完成与外部伺服设备的通信。

8.2.3 人机交互系统

相对于其他大多数设备，工业机器人的人机交互系统更为复杂。工业机器人的核心交互设备是示教器，其主要交互操作都是通过示教器进行的。图 8-11 所示为 ABB 机器人示教器。

1. 示教器系统

人与机器人的交互过程主要包括以下几大功能场景：①人把机器人需要完成的任务通过编程和示教的方式下达给机器人，并通过测试和验证手段确保任务被准确地下达给

图 8-11 ABB 机器人示教器

机器人；②通过简单的交互界面，让机器人不断重复人所下达的任务和功能，人只需要少量的交互来处理交互过程的异常和变化；③机器人设备需要变换工作任务或者设备出现故障需要进行调整和维修。

机器人示教器作为人与机器人交互的主要设备和终端，涵盖了机器人使用过程中不同用户的各种功能需求。这些用户一般被分成 4 类：①系统集成工程师，完成机器人和其他外围设备的配置集成，包括机器人零点校准和外围设备的参数配置；②编程人员，在已经配置好的系统上针对具体任务进行编程、示教和调试，完成既定任务的程序化；③生产操作人员，只负责整个任务的启停和类似于上下料操作等的中间交互；④系统维护工程师，当系统出现故障时，对系统进行故障诊断和维修，如图 8-12 所示。

图 8-12　机器人示教器用户分类

2. 示教系统的主要功能及其模块划分

（1）示教器的主要功能　在机器人调试阶段，主要采用手动示教方式，示教完成后，机器人会根据程序自动运行。工业机器人示教系统应具备以下主要功能：

1）伺服启动及使能功能。示教前，需要给整个系统供电。使能按钮能保证操作人员的安全，只有当使能键被按下，并保持"电动机开启"状态时，才能对机器人进行手动操作与程序调试。

2）轴运动和示教速度切换功能。以不同的示教速度操作各轴是示教器最基本的功能。

3）坐标系切换功能。机器人一般提供两种基本的坐标系：关节坐标系和直角坐标系。在不同的坐标系下，示教动作操作不同，显示的信息也不同。

4）I/O 功能。工业机器人 I/O 功能分为专用 I/O 和通用 I/O 功能。专用 I/O 功能用于机器人限位检测和状态检测等，用户不能对其进行编程；通用 I/O 功能用于机器人与周围设备的交互及协调运动。示教器应具有查询和显示 I/O 状态的功能，并可以修改通用 I/O 的状态。

5）状态显示和信息查询功能。示教器应将一些重要的状态显示给用户；对于那些不常用的状态，如系统信息、电动机状态等，示教器应该提供查询功能。

6）通信功能。示教器系统作为整个工业机器人控制系统的重要组成部分，需要与主控制系统进行数据和信息交换，以完成对工业机器人的控制任务。I/O 功能、状态显示和信息查询功能的实现都是通过通信功能将 I/O 信号以及状态信息在主控制系统与示教系统之间进行传输的。

除了上述功能以外，示教器还应该具有文件管理功能、测试和错误处理功能等。

（2）功能模块化划分　示教器是一个多功能的复杂系统，为了更好地对示教器系统进行研究和开发，需要将这些复杂的功能进行模块化划分，如图 8-13 所示。

1）人机交互模块。人机交互模块的硬件主要是触摸显示屏，软件主要是以图形化界面的方式展现给操作人员。人机交互模块是示教器系统中的重要模块，该模块集成了手动控制功能、程序编辑功能、参数设置功能和信息显示功能，分别以界面的方式展现，采用这种方式便于操作，提高了示教编程效率。

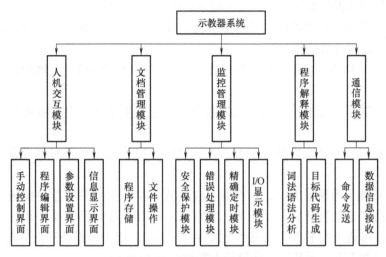

图 8-13　示教系统功能块

2）文档管理模块。文档管理模块分为文件操作和程序存储两部分，文件管理用于对机器人源程序进行基本的新建、删除、加载、保存、另存为等操作，同时还能进行实时管理、维护、更新等操作。程序存储用于机器人源程序存储介质［U 盘、安全数码（SD）卡或内存等］选择及存储规则格式选择。

3）监控管理模块。监控管理模块对示教系统的稳定性具有重要作用，通过实时监控管理来保障系统能够正常稳定的运行。I/O 显示模块用于保证在 I/O 接口状态或示教点位置发生变化时，示教器能够及时接收这些变化并将其显示出来；错误处理模块是为了保证在示教器系统发生各类错误时，具有一定的错误诊断和修复功能；精确定时模块用于监控在各定时时间段内模块功能是否能够正常响应，主要是与主控制系统通信的时间监控。

4）程序解释模块。程序解释模块是示教模式向再现模式转换的基础，主要是对机器人源程序进行逐条译码和数据处理，生成符合一定规则的目标代码。程序解释模块被放在示教系统而不是主控制系统中，可以使程序解释和代码传送并行进行，降低了主控制系统的压力，提高了执行效率。常见的解释程序应该包括错误检查及处理、信息提取和目标代码生成等过程。

5）通信模块。双向通信模块是保证整个工业机器人系统正常工作的前提和基础，主要用于实现示教器系统和主控制系统之间的双向稳定通信，通信过程中传输的不仅有示教命令，还有数据命令和获取信息请求命令等。目前，工业上常用的通信方式有 RS232、RS485、CAN 总线和工业以太网等。

3. 示教器硬件设计与实现

对于通用的工业机器人，考虑到功能完备性、操作便捷性和安全性，示教器应具备以下功能：

（1）存储功能　示教器应具有 256MB 以上的内存，以保证系统的快速性；应具有 256MB 以上的非易失存储空间，用于存储系统镜像、应用程序和配置参数等。

（2）显示和触摸输入功能　示教器应具有显示屏和触摸屏，以方便用户进行程序编辑，并对位姿等信息进行显示。

（3）以太网通信功能　示教器应当具有传输速率在 100Mbit/s 以上的以太网通信接口，

能和机器人主控制器进行高速通信、发送指令和接收状态信息。

（4）热插拔功能　示教器应当具有热插拔功能，便于在机器人运行时更换示教器，或者在不需要示教器时将其拔掉。

（5）摇杆　示教器应当具有摇杆等操作部件，以便分别控制各个轴的运动，调整机器人位姿。

（6）按键　为了方便地控制机器人的起动、停止、步进和步退，需要在示教器上设置按键。

（7）USB 接口　示教器应具有 USB 接口，以便连接 U 盘等外部存储设备，进行数据备份和配置加载。

（8）安全功能　为保证安全，示教器上应设置三位安全开关和急停按钮。只有在三位安全开关保持在"电动机开启"状态时，才可以对机器人进行手动操作和程序调试。当出现紧急情况时，可通过按下急停按钮停止机器人的运动，以保证设备和人员安全。

根据以上功能需求，示教器总体设计方案如图 8-14 所示。

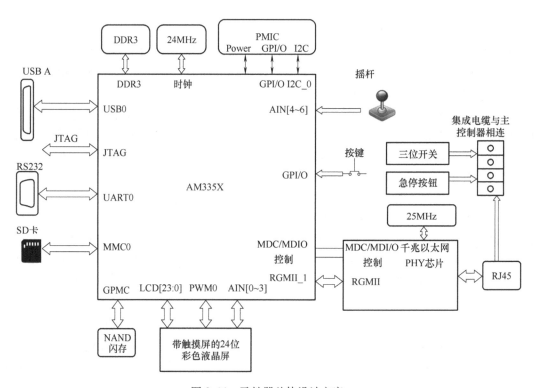

图 8-14　示教器总体设计方案

JTAG—联合测试工作组　UART—通用异步收发传输器　PMIC—集成电源管理电路　AIN—高级智能网
MDC—管理数据时钟　MDI/O—管理数据 I/O　GPI/O—通用 I/O　RGMII—精简吉比等独立接口

4. 示教器软件设计与实现

（1）示教器软件功能模块划分　示教器软件采用模块化设计，按功能分为以下 10 个模块，每个模块又可分为不同的子模块：

1）通信模块。负责与控制器进行通信，完成数据包的转发和接收，并对数据包进行解析。

2）数据库模块。可以采用轻量数据库 SQLite，存储在控制器端。负责读取和修改机器人控制系统的系统变量、通道变量、用户管理信息及日志信息等。

3）变量管理模块。负责存储从数据库读取的各种变量数据，并将其显示到变量界面上，支持变量的读取、修改和删除。

4）日志管理模块。负责将数据库中的日志信息读取并显示到界面上，并可根据日志级别、日志时间等进行筛选。

5）监视模块。负责监视机器人各个轴的当前位置及 I/O 状态，并可设置位置信息的格式。

6）程序编辑模块。通过使用辅助编程工具，来添加、删除和修改指令，完成对程序的编辑工作，并具备调试功能。

7）文件管理模块。负责对程序文件的管理以及文件的备份和恢复。

8）用户管理模块。负责对示教器软件系统用户进行权限管理，以防止越级操作或误操作。

9）系统设置模块。负责快速设置机械本体通道、运动模式等机器人属性，以及标定工具和工件坐标系。

10）其他辅助模块。负责系统重启以及设置输入法等。

（2）示教器软件系统架构设计与实现　结合示教器软件的功能划分，可以对其进行系统架构设计。如图 8-15 所示，整个软件系统架构分为 4 层：第 1 层为用户界面；第 2 层为程序编辑器、监控、文件管理等功能模块；第 3 层为接口类层，主要负责实现数据通信和数据库读写的接口操作功能；第 4 层为通信客户端和数据库。

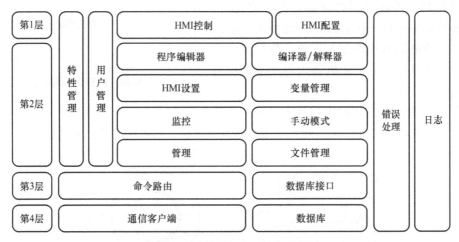

图 8-15　示教器软件系统架构设计

示教器软件可以采用基于 Qt 的框架来设计实现，采用 C++语言开发，运行于嵌入式 Linux 系统中。

8.2.4　传感系统

传感器是一种检测装置，能感受到被测量的信息（如位移、力、速度等），并能将感受到的信息按一定规律转换成电信号或其他所需形式的信息输出，以满足信息的传输、处理、存储、显示、记录和控制等要求。

传感器一般由敏感元件、转换元件和信号调理转换电路三部分组成，有时还需外加辅助电源提供转换能量。敏感元件是指传感器中能直接感受或响应被测量的部分；转换元件是指传感器中能将敏感元件感受或响应到的被测量转换成适合传输或测量的电信号的部分。由于传感器输出的信号一般都很微弱，因此一般需要在信号调理与转换、放大、运算与调制之后才能进行显示和参与控制。

传感器可以分为内部传感器与外部传感器两大类。内部传感器用于检测工业机器人各部分的内部状态，如各关节的位置、速度、加速度、温度、电动机转速、电动机载荷、电池电压等，并将所测得的信息作为反馈信息送至控制器，形成闭环控制；外部传感器用于检测对象情况及工业机器人与外界的关系，从而使工业机器人的动作能够适应外界状况，是工业机器人与周围环境进行交互的信息通道，用来实现视觉、接近觉、触觉、力觉等。

1. 内部传感器

工业机器人通过内部传感器来确定其自身在坐标系中的位姿，感知自身状态，以调整并控制自身行动。具体检测对象有关节的线位移、角位移等几何量，速度、加速度、角速度等运动量，倾斜角和振动等物理量。因此，内部传感器主要包括位移、速度及加速度传感器等。

位移传感器包括直线位移传感器和角位移传感器。电位计等可用于测量直线位移，也可用于测量角位移；编码器、旋转变压器等可用于测量角位移，如图 8-16 所示。

（1）电位计　电位计是典型的接触式位移传感器，它由一个绕线电阻（或薄膜电阻）和一个滑动触头组成，其中滑动触头通过机械装置受被检测量的控制。当被检测的位置量发生变化时，滑动触头也发生位移，从而改变滑动触头与电位计各端之间的电阻值和输出电压值，根据此电压值的变化，可以检测出工业机器人各关节的位置和位移量。

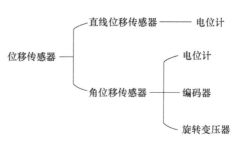

图 8-16　位移传感器的类型

如图 8-17 所示，常用的电位计有两种：直线位移电位计和旋转位移电位计，前者用于检测直线位移，后者用于检测角位移。

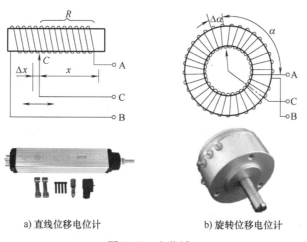

a) 直线位移电位计　　　　b) 旋转位移电位计

图 8-17　电位计

电位计结构简单、性能稳定、使用方便，不会因为失电而丢失已获得的信息。当电源因故断开时，电位计的触点将保持原来的位置不变；只要重新接通电源，原有的位置信号就会重新出现。

电位计的一个主要缺点是电刷（滑动触头）容易磨损，当电刷和电阻之间的接触面磨损或有尘埃附着时会产生噪声，使电位计的可靠性和寿命受到一定的影响。

（2）编码器　编码器（encoder）是对信号（如比特流）或数据进行编制、转换，使其成为可用于通信、传输和存储的信号形式的设备。编码器可把角位移或直线位移转换成电信号，前者称为码盘，后者称为码尺。

编码器的分类如下：

1）接触式和非接触式编码器。按照输出方式，编码器可以分为接触式和非接触式两种。接触式编码器采用电刷输出，以电刷接触导电区或绝缘区来表示代码的状态是"1"还是"0"；非接触式编码器的敏感元件是光敏元件或磁敏元件，采用光敏元件时，以透光区和不透光区来表示代码的状态是"1"还是"0"。

2）直线编码器和旋转编码器。目前，工业机器人上采用最多的编码器为旋转编码器。旋转编码器（图8-18）一般安装在工业机器人内部各关节的伺服电动机轴上，用来测量各关节旋转的角位移。旋转编码器将关节上连续的角度量转换为离散的数字量，并通过通信协议传递给控制器。

直线编码器可理解为将旋转编码器的编码部分由环形拉直而演变成直尺形。应用比较广泛的直线编码器主要有光栅尺（图8-19）和磁栅尺。直线编码器通常安装在数控机床上，与伺服驱动一起实现系统的全闭环控制。

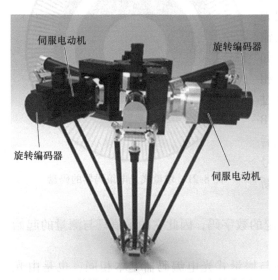

图8-18　旋转编码器在工业机器人中的应用

图8-19　光栅尺实物图

3）增量式、绝对式和混合式编码器。根据读数原理及信号输出形式、信号原理或者编码方式不同，编码器可分为增量式、绝对式和混合式三种。其中，混合式编码器是由增量式和绝对式编码器组合而成的。增量式和绝对式编码器一般用作速度控制或位置控制系统中的检测元件。

① 增量式编码器是将位移转换成周期性的电信号，再把这个电信号转变成计数脉冲，用脉冲的个数来表示位移的大小。

增量式光电编码器由光源、码盘、光栅板、光敏器件和转换电路等组成，如图 8-20 所示。

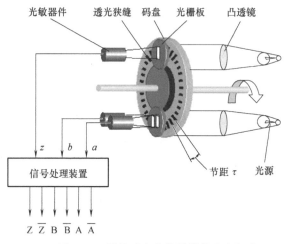

图 8-20 增量式光电编码器的基本组成

增量式光电编码器的码盘由明暗相间的刻度构成，明的可以透光，暗的不能透光，如图 8-21 所示。用光信号扫描码盘，当码盘随着编码器旋转时，光源发出的光线通过凸透镜散发出平行光被光敏器件检测到，再利用光电转换原理，把光信号转换成周期性变化的电脉冲信号输出，按输出通道数量可分为单路、双路和三通道输出。如图 8-20 所示，光路的通断可以转变为 A 相、B 相输出信号和 Z 相的零位信号 3 种脉冲信号，通过计数或相信号可以实现转速的测量。其中 A 相、B 相信号的输出相位差为 90°，通过比较信号的先后顺序可以实现转向的识别。由于输出的位置信号是相对的，故掉电后不能保持数据，需要重新计数。

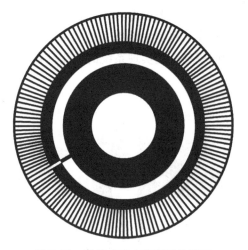

图 8-21 增量式光电编码器的码盘

② 绝对式编码器的每一个位置对应一个确定的数字码，因此它的示值只与测量的起始和终止位置有关，而与中间过程无关。

绝对式光电编码器的基本原理及组成部件与增量式光电编码器基本相同，也是由光源、码盘、光栅板、光敏器件和转换电路等组成的。与增量式光电编码器不同的是，绝对式光电编码器用不同的数码分别指示每个不同的增量位置，它是一种直接输出数字量的传感器。

绝对式光电编码器的圆形码盘上沿径向有若干同心码道，每条码道由透光和不透光的扇形区相间组成，如图 8-22 所示，黑色的部分表示有物质遮挡，不能透过光，而白色部分表示可以透过光。在码盘两侧分别设有光源和光敏器件，这样光敏器件就能够根据是否接收到光信号进行电平的转换，输出二进制数；并且在不同位置输出不同的数字码，从而可以检测绝对位置。

绝对式光电编码器的码道刻线依次以 2 线、4 线、8 线和 16 线编排，如图 8-22 所示，码道数就是二进制位数。在编码器的每一个位置，通过读取每道刻线的明暗，获得一组从 $2^0 \sim 2^{n-1}$ 的唯一二进制编码（格雷码），该编码器就称为 n 位绝对式编码器。

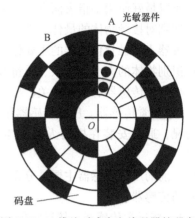

图 8-22 4 线绝对式光电编码器的码盘

这种编码器的特点是不需要计数器，在转轴的任意位置都可读出一个与位置对应的数字码。显然，码道越多，分辨率就越高，对于一个具有 n 位二进制分辨率的编码器，其码盘必须有 n 条码道。绝对式编码器由机械位置决定每个位置的唯一性，它无须记忆，无须找参考点，而且不用一直计数，可以随时读取位置信息。绝对式编码器的抗干扰特性、数据的可靠性具有极大提升。

③ 混合式编码器用绝对式编码器来确定初始位置，在确定由初始位置开始的变动角度的精确位置时，则采用增量式编码器。

2. 外部传感器

外部传感器主要用于检测机器人所处环境及目标状况，如抓取物体的形状、距离物体有多远、抓取的物体是否滑落等，从而使机器人能够与环境发生交互作用并对环境具有自我校正和适应能力。

机器人的外部传感器有触觉传感器、视觉传感器和听觉传感器等，见表 8-2。

表 8-2 外部传感器的种类

分 类 名 称	实物图及名称	
触觉传感器		接近觉传感器
视觉传感器	COGNEX	CMOS 视觉传感器
听觉传感器		驻极体电容传声器

（1）触觉传感器 触觉是接触、冲击、压迫等机械刺激感觉的综合，触觉可以用来实现机器人抓取，利用触觉可进一步感知物体的形状、软硬等物理性质。一般把检测感知和外部直接接触而产生的接触觉、压觉、滑觉等传感器称为机器人触觉传感器。

1）接触觉传感器。接触觉传感器装于机器人的运动部件或末端执行器（如手爪）上，用以判断机器人部件是否和对象物体发生了接触。接触觉是通过与对象物体彼此接触而产生的，所以最好使用手指表面高密度分布触觉传感器阵列，通过对阵列式触觉传感器信号的处理，达到对接触物体的最佳辨识。

机器人接触觉传感器的主要作用：感知手指与物体之间的作用力，确保手指动作力度适当；识别物体的大小、形状、质量及硬度等；保障安全，防止机器人碰撞障碍物等。

接触觉传感器有微动开关、导电橡胶、含碳海绵、碳素纤维、气动复位式装置等类型。

2）压觉传感器。压觉传感器用于检测机器人与其接触的对象物体之间的压力值以及分布情况，通常安装在机器人的手爪上。通常使用由压电器件组成的压电传感器来检测这些量。

目前的压觉传感器主要是分布式压觉传感器，它是一种把分散的敏感器件排列成矩阵式单元的传感器。

3）接近觉传感器。接近觉传感器用于判断机器人是否接触物体，可以感知机器人与周围障碍物的接近程度，检测到物体表面的距离、斜度和表面状态等。接近觉传感器可以使机器人在运动中接触到障碍物时向控制器发出信号。传感器距离物体越近，定位越精确。接近觉传感器属于非接触式传感器，可用于感知对象位置。

接近觉传感器在机器人中主要有两个用途：避障和防止冲击，如绕开避障物和抓取物体时实现柔性接触。

4）滑觉传感器。这是一种用于检测机器人与抓握对象间滑移程度的传感器。为了在抓握物体时确定一个适当的握力值，需要实时检测接触表面的相对滑动，然后判断握力，在不损伤物体的情况下逐渐增加力量。滑觉检测功能是实现机器人柔性抓握的必备条件。通过滑觉传感器可实现识别功能，对被抓取物体进行表面粗糙度和硬度的判断。滑觉传感器按被测物体滑动方向可分为三类：无方向性、单方向性和全方向性滑觉传感器。其中无方向性滑觉传感器只能检测是否产生滑动，无法判别方向；单方向性滑觉传感器只能检测单一方向上的滑移；全方向性滑觉传感器可检测各方向的滑动情况，这种传感器一般制成球形以满足需要。

（2）视觉传感器　视觉传感器是利用光学元件和成像装置获取外部环境图像信息的仪器，是整个机器人视觉系统信息的主要来源，主要由一个或者两个图像传感器组成，有时还要配以光投射器及其他辅助设备。它的主要功能是获取足够的机器人视觉系统要处理的最原始图像。

图像传感器可以使用激光扫描器、线阵和面阵 CCD 摄像机或者 TV 摄像机，也可以是数字摄像机和 CMOS 图像传感器等。

视觉传感器的性能通常是用图像分辨率来描述的，其精度不仅与分辨率有关，而且与被测物体的检测距离相关。被测物体距离越远，其绝对位置精度越差。

第一代工业机器人绝大部分都没有外部传感器。但是，对于新一代工业机器人，则要求具有自校正能力和对环境变化做出反应的能力。现在已有越来越多的新型工业机器人具备各种外部传感器。

视觉传感器可以分为二维视觉传感器和三维视觉传感器。

1）二维视觉传感器。二维视觉传感器主要就是一个摄像头，它可以完成物体运动的检测及定位等功能。二维视觉传感器已经出现了很长时间，许多智能相机可以配合协调工业机器人的行动路线，根据接收到的信息对机器人的行为进行调整。

2）三维视觉传感器。最近三维视觉传感器逐渐兴起，三维视觉系统必须具备两个摄像机在不同角度进行拍摄，这样物体的三维模型便可以被检测识别出来。相比于二维视觉系统，三维视觉传感器可以更加直观地展现事物。例如，工业机器人进行零件取放时，利用三维视觉技术检测物体并创建三维图像，以便分析并选择最好的拾取方式。

（3）听觉传感器　听觉传感器主要用于感受和解释在气体（非接触式感受）、液体或固体（接触式感受）中的声波，其复杂程度可从简单的声波存在检测到复杂的声波频率分析以及对连续自然语言中单独语音和词汇的辨识。

在工业环境中，机器人对人发出的各种声音进行检测，执行向其发出的命令。如果是在危险时发出的声音，机器人还必须对此产生回避的行动。机器人听觉系统中的听觉传感器，其基本形态与传声器相同，这方面的技术目前已经非常成熟。过去使用基于各种原理的传声器，现在则已改用小型、廉价且具有高性能的驻极体电容传声器。

8.2.5　伺服系统

工业机器人一般采用交流伺服系统作为执行单元来完成机器人特定的轨迹运动，并满足在运行速度、动态响应、位置精度等方面的技术要求。因而，交流伺服系统是工业机器人的重要核心部件。

基于电动机的伺服系统至今已有几十年的发展历史。随着电力电子技术、永磁材料技术、电动机设计及制造技术的发展，由数字式伺服驱动器、高精度位置编码器及交流永磁同步电动机等组成的典型交流伺服系统，已经在速度、响应、精度等方面有了极大的提高。目前国外一些著名公司都实现了全数字化、系列化与批量生产，占据了市场主导地位，如日本的发那科（FANUC）、安川、松下和三菱公司，美国的罗克韦尔自动化、丹纳赫和帕克公司，德国的西门子、伦茨、路斯特、博世力士乐、倍福和 SEW 公司，法国的 BBC 公司，韩国的三星公司，英国的 Control Technology 公司，奥地利的贝加莱（B&R）公司，瑞士的 ABB 公司等不断推出伺服系统产品。

目前，欧洲品牌工业机器人专用交流伺服系统主要由西门子、博世力士乐、倍福、贝加莱等公司提供，欧系伺服系统具有高过载能力、快速动态响应以及较强的驱动器开放性，同时兼具开放的总线接口，包括现场总线、工业以太网甚至无线网络技术；其缺点是价格昂贵、体积和重量大。相对于欧系伺服系统，日系工业机器人专用交流伺服系统则具有价格相对低、体积小、重量轻的优点，但其动态响应能力相对弱、开放性较差。主要的日系品牌有发那科、安川、松下、富士、三菱等。总体来说，国外交流伺服系统在工业机器人上的应用占据主导地位，占有约80%的市场份额。

国内主要有南京埃斯顿、广州数控等数十家规模较大的伺服品牌公司。国产品牌产品的功率范围多在 22kW 以内，技术路线上与日系产品接近，目前总市场占有率在10%左右。我国伺服系统的自主研发、制造生产及应用已基本成熟，形成了一定的产品系列和自主配套能力，但产品在高性能、高可靠性方面，与国外知名企业仍存在明显差距，已成为制约我国工业机器人产业的"瓶颈"。

1. 伺服驱动器的基本原理

交流伺服驱动器包括电流环、速度环和位置环三部分，它是典型的三环控制系统。最外层的位置环用于实现伺服驱动器的位置定位功能，它能够完成电动机位置和角度的低误差跟随控制；中间的速度环主要控制电动机的最终输出转速，它可以提高整个系统的抗负载扰动能力；最内层为电流环，主要控制电动机的输出转矩，通过调整电流环的相关参数，可以显著地提高系统的动态响应性，并有效抑制电流环内的干扰。如图 8-23 所示，三环控制策略是高性能交流伺服驱动器研究的重要组成部分。

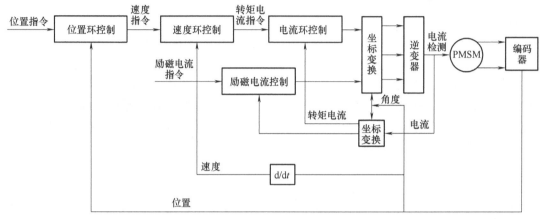

图 8-23　伺服驱动器控制系统结构图

PMSM—永磁同步电动机

2. 伺服驱动器硬件设计

基于模块化设计理念，将所设计的数字交流伺服驱动器分为控制模块、功率模块和操作面板三部分。

（1）控制模块设计　伺服驱动器的控制模块采用德州仪器（TI）公司的 TMS320F38377D 作为主控芯片、阿尔特拉（ALTERA）公司的现场可编程序逻辑门阵列（FPGA）作为辅助控制芯片，两者共同完成整个驱动器的控制工作。其中，TMS320F38377D 采用 1.2V 的内核电压和 3.3V 的 I/O 电压，主频高达 200MHz；包括 1MB 的闪存和 204KB 的随机存取存储器（RAM），拥有 4 个片上 12/16 位模数转换器（ADC）、3 个片上 12 位缓冲数模转换器（DAC）、4 个 SCI/UART 串行通信接口、2 个 6 通道直接内存访问控制器（DMA），以及 2 个支持异步静态 RAM（ASRAM）和同步动态 RAM（SDRAM）的外部存储器接口（EMIF）等丰富的外设。在控制模块中，TMS320F38377D 主要完成三环控制、上位机通信等功能，FPGA 主要完成编码器解析、功率模块的高速通信、高速脉冲的输入及输出等功能。

（2）功率模块设计　伺服驱动器的功率模块主要分为功率电路、驱动部分和电磁干扰（EMI）保护部分，如图 8-24 所示。其中，功率电路主要包括整流电路、制动电路和逆变电路，伺服驱动器的功率器件可以采用绝缘栅双极型晶体管（IGBT）模块，该模块整合了整流和逆变电路，具有损耗低、短时输出电流大、噪声抑制能力强等特点。驱动部分用于实现脉冲宽度调制（PWM）信号输出、风扇控制、短路保护、制动电路驱动等电动机控制相关功能。而 EMI 保护部分则用于滤波和保护电路等功能。

3. 伺服驱动器软件设计

伺服驱动器软件采用基于模块化的层次结构。每一层的实现均采用模块化设计理念，一个模块对应一种独立的功能，模块对外接口除了自身的成员变量和成员函数外，不存在跨模块的全局或静态变量。具体的软件设计模型如图 8-25 所示，包括芯片外设层、应用层、算法驱动层等。

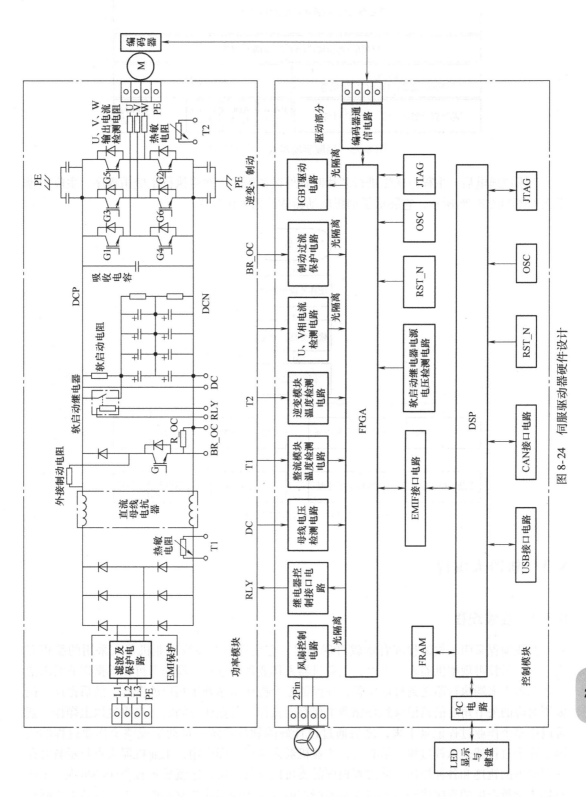

图 8-24　伺服驱动器硬件设计

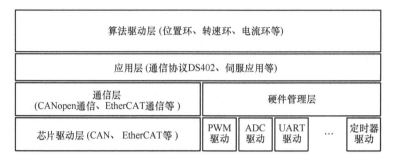

图 8-25　伺服驱动器软件设计模型

当系统通电后，主程序优先进行芯片时钟外设初始化，然后执行主应用程序。主应用程序流程图如图 8-26 所示，它展示了伺服驱动器软件的工作过程。

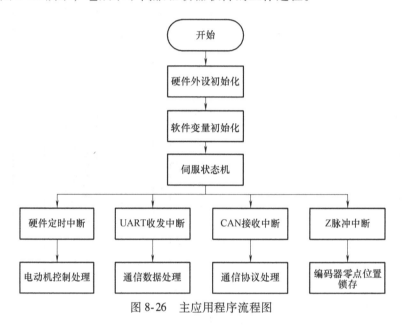

图 8-26　主应用程序流程图

8.3　机器人编程

8.3.1　在线编程

在线编程又叫示教编程或者示教再现编程，它是目前大多数工业机器人采用的编程方式，用于示教再现型机器人，可以在工业机器人作业现场进行。操作者可以根据作业需求把工业机器人末端执行器送到目标位置，并保证整个机械本体处于相应的姿态，然后把这一位姿所对应的关节角度信息记录到存储器中保存。操作者对作业空间的各点重复以上操作，就可以把整个作业过程记录下来，之后通过设计好的软件系统，自动生成整个作业过程的代码，这个过程就是示教过程。示教后，工业机器人可以立即应用，工业机器人重复示教时存入存储器的轨迹和各种操作，该过程根据需要可以重复多次，这就是示教程序的再现。工业机器人示教产生的程序代码与机器人编程语言的程序指令形式非常类似。工业机器人实际作业时，再现示教时的作业操作步骤就能完成预定工作。

示教编程的优点：编程简单方便，使用灵活，不需要环境模型；易于掌握，操作者不需要具备专门知识，不需要复杂的装置和设备，轨迹修改方便，再现过程快，对实际工业机器人进行示教时，可根据具体的运动状况来修正机械结构的位置误差，适用于大部分的小型工业机器人项目。示教编程的缺点：功能编辑比较困难，难以使用传感器、表现条件分支和实现复杂的工业机器人运行轨迹，编程质量取决于编程者的经验；在进行工业机器人示教时，要占用工业机器人，降低了生产效率。

1. 在线编程的种类

示教的方法有多种，如主从式示教、编程式示教、直接示教和示教器示教等。

（1）主从式示教　由结构相同的大、小两个机器人组成，两机器人的对应关节之间装有传感器。当操作者对主动小机器人手把手进行操作时，从动大机器人根据传感器反馈的速度、位置信息，以相同的运动姿态完成所有示教操作。

（2）编程式示教　采用上位机进行控制，将示教点以程序的形式输入计算机中，再现时按照程序语句一条一条地执行。这种方法只需要一台计算机，简单可靠，适用于小批量、单个机器人的控制。

示教器式只是由示教器中的处理器代替了计算机，从而使示教过程简单化。这种方法由于成本较高，所以适用于大批量的成型产品中。

（3）直接示教　又称手动示教、手把手示教或者拖动示教，是人机协作的主要方式之一，即人直接通过手动拖动的方式完成对机器人的示教编程工作。操作者操纵安装在机器人手臂内的操纵杆，按规定动作顺序示教动作内容，主要用于示教再现型机器人，通过引导或其他方式，先教会机器人动作，输入工作程序，机器人则自动重复动作进行作业。

直接示教方式比较直观，且对现场操作人员的要求大大降低。一个良好的直接示教控制方案的实现依赖于零力控制、示教轨迹记录及再现、安全技术等核心技术。示教过程进行得很快，示教后马上即可应用。

如果能从一个运输装置获得机器人的操作与搬运装置同步的信号，就可以用示教的方式来解决机器人与搬运装置配合的问题。

直接示教方式也有一些缺点：只能在人所能达到的速度下工作；难以与传感器的信息相配合；不能用于某些危险的情况；不适合操作大型机器人；难以获得高速度和直线运动；难以与其他操作同步。

图 8-27 所示为那智不二越机器人拖动示教示例。

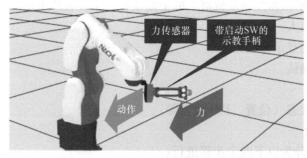

图 8-27　那智不二越机器人拖动示教

（4）示教器示教　示教器示教是指操作者利用示教器上的按钮控制机器人一步一步地运动到目标位置。它主要通过数值、语言等对机器人进行示教，利用控制盒上的按钮来驱动机器人按需要的顺序进行操作,机器人根据示教后形成的程序进行作业。

在示教器中,每一个关节都有一对按钮,分别控制该关节在两个方向上的运动,操作者通过调整每个关节的运动使机器人运动到目标位置。同时,示教器中还附加了最大允许速度与加速度的控制功能。

示教器示教的缺点:示教编程过程比较繁琐,机器人的有效工作时间短、工作效率比较低;对于复杂的路径,示教编程很难取得成功,同时也很难示教准确度要求高的直线;示教轨迹的重复性差,不同的操作者示教不出同一个轨迹,即使同一个操作者在不同时间也示教不出同一个轨迹。示教器一般用于对大型机器人或危险作业条件下的示教,但这种方法仍然难以获得高的控制精度,也难以与其他设备同步和与传感器信息相配合。

2. 机器人示教器的组成

示教器由显示屏、操作键、开关按钮和指示灯等组成。

(1)操作键主要类型

1)示教功能键。用于示教编程,如示教/再现、存入、删除、修改、检查、回零、路径规划等。

2)运动功能键。用于操纵机器人示教,如 x±移动、y±移动、z±移动、1~6 关节±移动等。

3)参数设定键。用于设定参数,如各轴的速度设定、摆动参数设定等。

4)特殊功能键。根据功能键所对应的相应功能菜单,打开各种不同的子菜单,并确定不同的控制功能。

(2)常用开关按钮

1)急停开关。按下此按钮时,机器人立即处于紧急停止状态,同时各机械手臂上的伺服控制器同时断电,机器人处于停止工作状态。

2)选择开关。与操作面板配合,用于选择示教模式或者再现模式。

3)使能键。该开关只有在示教模式下才有效,在该开关被按住时,机器人才可进行手动操作;紧急情况下释放该开关,机器人将立刻停止工作。

3. 示教器的功能

示教器为用户编辑程序、设定变量等提供良好的操作环境,它是机器人示教的人机交互接口,既是输入设备,也是输出显示设备。示教器是一个专用的功能终端,它不断扫描示教器上的功能,并将其全部信息送入控制器中。

在示教过程中,示教器控制着机器人的全部动作,主要有以下功能:

1)手动操作机器人。

2)位置、命令的登录和编辑。

3)示教轨迹的确认。

4)生产运行。

5)查阅机器人状态(位置、I/O 设置等)。

4. 示教再现步骤

机器人示教再现分为以下四个步骤进行:

(1)示教 操作者把规定的目标动作一步一步地教给机器人。示教过程的繁简程度标志着机器人自动化水平的高低。

(2)记忆 机器人将操作者所示教的各个点的动作顺序、动作速度、位姿信息等记录在存储器中。存储信息的形式、存储量的大小决定机器人能够进行的操作的复杂程度。

（3）再现 根据需要，将存储器所存储的信息读出，并向执行机构发出具体的指令。机器人根据给定顺序或者工作情况，自动选择相应程序再现，这一功能标志着机器人对工作环境的适应性。

（4）操作 机器人以再现信号作为输入指令，使执行机构重复示教过程规定的各种动作。

在示教再现这一动作循环中，示教和记忆同时进行，再现和操作同时进行。示教再现编程是机器人控制中比较方便和常用的一种方法。

8.3.2 离线编程

当今的工业生产逐步从大批量生产向单件、小批量、多种产品方式转化，柔性制造系统（FMS）和集成制造系统（CIMS）成为生产系统的发展趋势，具有很大的灵活性和很高的生产适应性，如包含数控机床、机器人等的自动化设备，通过结合 CAD/CAM 技术，由多层控制系统控制。但是，系统是一个连续协调工作的整体，其中任何一个生产要素停止工作都必将使整个系统的生产工作停止。例如，用示教编程控制机器人，在示教或修改程序时需要让整体生产线停下来，占用了生产时间。

此外，FMS 和 CIMS 是大型的复杂系统，采用机器人语言编程，往往需要将编好的程序进行离线仿真验证，否则很可能引起干涉、碰撞，有时甚至会造成生产系统的损坏。机器人离线编程方式于是应运而生，它是独立于机器人的、在计算机系统上实现的一种编程方法。

机器人离线编程系统利用计算机图形学的成果，建立起机器人及其工作环境的几何模型，再利用一些规划算法，通过对图形的控制和操作，在离线的情况下进行轨迹规划。通过对编程结果进行三维图形动画仿真，来检验编程的正确性，最后将生成的代码传到机器人控制器，以控制机器人运动完成给定任务。机器人离线编程系统已被证明是一个有力的工具，可以增加安全性、减少机器人不工作的时间和降低成本。机器人离线编程系统是机器人编程语言的拓展，通过该系统可以建立机器人和 CAD/CAM 之间的联系。

1. 离线编程的现状

工业机器人是在 20 世纪 60 年末由美国研发出来的，国外对工业机器人离线编程的研究起步于 20 世纪 70 年代，而国内则起步于 20 世纪 90 年代。相对来说，国外对工业机器人离线编程的研究比较深入，例如，加拿大的 Robotmaster 软件、以色列的 RobotWorks 软件、德国西门子的 ROBCAD 软件和库卡公司的 KUKA Sim Pro 软件、英国的 GRASP 软件、法国的 DELMIA 软件、日本发那科公司的 ROBOGUIDE 软件和安川电机株式会社的 MotoSimEG 软件、瑞士 ABB 公司的 RobotStudio 软件等在面向对象方面做得比较好，在生成轨迹、仿真、后置处理等方面有着自己的优势。我国相对较好的离线编程软件是 RobotArt 软件，能应用于大部分主流工业机器人，也能很好地生成相应的轨迹，在国内机器人离线编程软件领域是比较先进的。

2. 离线编程的优点

1）减少机器人停机的时间，当对下一个任务进行编程时，机器人仍可在生产线上工作。

2）使编程者远离危险的工作环境，改善了编程环境。由于机器人是一个高速的自动执行机构，而且作业现场环境复杂，如果采用示教器编程方法，编程人员必须在作业现场靠近机器人末端执行器才能很好地观察其位姿，机器人的运动可能给操作者带来危险，而离线编程则不必在作业现场进行。

3）离线编程系统使用范围广，可以对各种机器人进行编程。

4）便于构建 FMS 和 CIMS 系统。FMS 和 CIMS 系统中有许多搬运、装配等工作需要由预先进行离线编程的机器人来完成，机器人与 CAD/CAM 系统相结合，实现了机器人及 CAD/CAM 的一体化。

5）可使用高级机器人语言对复杂系统及任务进行编程。

6）程序修改方便。借助人工智能技术，可以自动生成控制决策和进行轨迹规划。

3. 离线编程的过程

机器人离线编程是一个复杂的工作过程，需要用到多学科交叉的知识：不仅需要掌握机器人的有关知识，还需要掌握数学、计算机以及通信的相关知识，另外，必须对生产过程及环境了解透彻。机器人离线编程的过程如下：

1）对生产过程及机器人作业环境进行全面的了解。

2）构造出机器人及作业环境的三维实体模型。

3）选用通用或专用的基于图形的计算机语言。

4）利用几何学、运动学及动力学的知识，进行轨迹规划、算法检查、屏幕动态仿真，检查关节超限及传感器碰撞的情况，规划机器人在动作空间的路径和运动轨迹。

5）进行传感器接口连接和仿真，利用传感器信息进行决策和规划。

6）实现用户接口，提供有效的人机界面，便于进行系统操作。

离线编程及仿真还需考虑理想模型和实际机器人系统之间的差异。通过预测两者之间的误差，对离线编程进行修正，使误差在允许范围内。

4. 离线编程系统的构成

离线编程系统是实现机器人实际应用的一个必要手段，也是开发和研究任务级规划方式的有力工具。离线编程系统主要由用户接口、机器人系统三维几何构造、运动学计算、轨迹规划、三维图形动态仿真、通信接口和误差校正等部分组成。

（1）用户接口　用户接口即人机界面，友好的人机界面、直观的仿真演示及人性化的语言信息都是必需的，它是计算机和操作人员进行之间信息交互的唯一途径，其方便与否直接决定了离线编程系统质量的优劣。设计离线编程系统方案时，就应该考虑建立一个方便实用、界面直观的用户接口，通过它产生机器人系统编程的环境并快捷地进行人机交互。

离线编程系统的用户接口一般要求具有图形仿真界面和文本编辑界面。文本编辑界面用于对机器人程序进行编辑、编译等，而图形仿真界面用于对机器人及环境的图形进行仿真和编辑。用户可以通过操作鼠标等交互工具改变屏幕上的机器人及环境几何模型的位置和形态。通过通信接口联机至用户接口可以实现对实际机器人的控制，使其位姿与图形界面上机器人的位姿一致。

（2）机器人系统三维几何构造　离线编程系统的一个基本功能是利用图形描述对机器人和工作单元进行仿真，这就要求对工作单元中机器人的所有夹具、零件和刀具等进行三维实体几何构造。目前，用于机器人系统三维几何构造的方法主要有三种：结构立体几何表示、边界表示和扫描变换表示。其中最便于计算机运算、修改和显示的是边界表示方法，而结构立体几何表示方法所覆盖的形体种类较多，扫描变换表示方法则便于生成轴对称的形体。机器人的三维几何构造一般采用这三种方法的综合。三维几何构造时要考虑用户使用的方便性，构造后要能够自动生成机器人系统的图形信息和拓扑信息，且便于修改，并能保证构造的通用性。

三维几何构造的核心是机器人及其环境的图形构造。为了构造机器人系统的三维模型，最好采用零件和工具的CAD模型，直接从CAD系统获得这些模型，使CAD数据共享。由于对从设计到制造的CAD集成系统的需求越来越迫切，大部分离线编程系统囊括了CAD建模子系统，把离线编程系统本身作为CAD系统的一部分；如果把离线编程系统作为单独的系统，则必须具有适当的接口，以实现与外部CAD系统间的模型转换。

构建三维几何模型时，最好将机器人系统进行适当简化，仅保留其外部特征和构件间的相互关系，而忽略构件内部细节。这是因为三维构造的目的不是研究其内部结构，而是用图形方式模拟机器人的运动过程，检验运动轨迹的正确性和合理性。

（3）运动学计算　运动学计算是利用运动学方法，在给出机器人运动参数和关节变量值的情况下，计算出机器人的末端位姿；或者是在给定末端位姿的情况下，计算出机器人的关节变量值。

在机器人的运动学求解中，人们一直在寻求一种正、逆解的通用方法，这种方法能适用于大多数机器人运动学的求解。这一目标如果能在机器人离线编程系统中实现，即在该系统中能自动生成运动学方程并求解，则系统的适应性强，容易推广。

（4）轨迹规划　轨迹规划的目的是生成关节空间或直角空间内机器人的运动轨迹。在离线编程系统中，除需要对机器人的静态位置进行运动学计算之外，还需要对机器人的空间运动轨迹进行仿真。

离线编程系统中的轨迹规划是生成机器人在虚拟工作环境下的运动轨迹，不同机器人生产厂家所采用的轨迹规划算法有较大差别，因此，离线编程系统需要根据机器人控制器所采用的算法进行仿真。机器人的运动轨迹有两种：一种是点到点的自由运动轨迹，这样的运动轨迹只要求起点和终点的位姿及速度、加速度，对中间过程的机器人运动参数没有要求，离线编程系统自动选择各关节状态最佳的一条路径来实现；另一种是对路径形态有要求的连续路径轨迹，离线编程系统在实现这种轨迹时，轨迹规划器接受预定路径和速度、加速度要求，当路径为直线、圆弧等形态时，除了保证路径起点和终点的位姿及速度、加速度以外，还必须按照路径形态和误差的要求用插补的方法求出一系列路径中间点的位姿及速度、加速度。连续路径控制中，离线系统还必须进行障碍物的防碰撞检测。

（5）三维图形动态仿真　离线编程系统的一个重要作用是离线调试程序，而离线调试程序最直观有效的方法是在不接触实际机器人及其工作环境的情况下，利用图形仿真技术模拟机器人的作业过程，提供一个与机器人进行交互的虚拟环境。计算机三维图形动态仿真是机器人离线编程系统的重要组成部分，它将机器人仿真的结果以图形的形式显示出来，直观地显示出机器人的运动状况，从而可以得到从数据曲线或数据本身难以分析出来的许多重要信息，离线编程的效果正是通过这个模块来验证的。随着计算机技术的发展，在PC的Windows平台上可以方便地进行三维图形处理，并以此为基础完成CAD、机器人任务规划和动态模拟图形仿真。一般情况下，用户在离线编程模块中为作业单元编制任务程序，经编译连接后生成仿真文件。在仿真模块中，系统解释控制执行仿真文件的代码，对任务规划和路径规划的结果进行三维图形动态仿真，模拟整个作业的完成情况，检查发生碰撞的可能性及机器人的运动轨迹是否合理，并计算机器人每个工步的操作时间和整个工作过程的循环时间，为离线编程结果的可行性提供参考。

（6）通信接口　在离线编程系统中，通信接口起着连接软件系统和机器人控制器的桥梁作用，利用通信接口，可以实现仿真系统生成的机器人控制器接受代码。

（7）误差校正　离线编程系统中的仿真场景和实际的机器人工作环境之间存在一定的误差，如机器人自身构造的误差、机器人与工件间的相对位置误差等，如何有效地消除误差是离线编程系统的应用关键。目前，校正误差的方法主要有两种：一是基准点方法，即在实际工作空间内选择基准点（一般是 3 个点以上），通过离线编程系统的计算，得出两者之间的差异补偿函数，这种方法主要用于喷涂等对精度要求不高的场合；二是利用传感器形成的反馈，即在离线编程系统提供的机器人位置的基础上，通过传感器进行精确定位，这种方法主要用于装配等对精度要求高的场合。

8.3.3　机器人编程语言

1. 机器人编程语言的发展

相对于工业机器人，机器人语言的诞生和发展要晚一些。20 世纪 50 年代，出现了工业机器人的概念，1973 年斯坦福大学人工智能实验室最早研究和开发了 WAVE 语言，用于控制机械手的动作。WAVE 语言不仅描述了机械手的基本动作，还能配合力和视觉进行一些协同控制。1974 年，该实验室在 WAVE 语言的基础上开发了 AL 语言，这是一种编译形式的语言，可以控制多台机器人联合协调工作，该语言对以后机器人语言的发展产生了较大的影响。

最早实现商业应用的语言是美国 Unimation 公司于 1979 年研发完成的 VAL 语言，它发展于 BASIC 语言，故其结构也类似于 BASIC 语言。

与此同时，欧洲的机器人技术也得到了很大发展，出现了许多机器人语言。其中比较有代表性的有 1978 年意大利 Olivetti 公司推出的非文本型语言 SIGLA、英国爱丁堡大学开发的 RAPT 语言，以及 1980 年意大利 DEA 公司推出的用于控制该公司 PRAGMAA3000 装配机器人的编程语言 HELP 等。

20 世纪 80 年代，日本的机器人技术发展很快，开发出了多种机器人语言。1981 年在日本东京举行的第十一届国际工业机器人讨论会上，日本推出了两种机器人语言，即东京大学开发的 GeoMap 语言和小松（Komatsu）公司用于焊接机器人编程的 PLAW 语言。

1984 年，日立公司推出类似于 Pascal 语言的 ARL 语言。日本的发那科公司和美国的 GMFanuc 公司共同推出 Karel 语言，用于控制机器人、视觉系统和机器人工作单元。

在机器人语言发展历程中，有人也对普通计算机程序设计语言在机器人上的应用做了一些探索和研究。例如，普渡大学的 R. P. Paul 等人在 1983 年用 C 语言编写了一些专门用于机器人控制的库函数，并整合 C 语言系统将之命名为 RCCL。最初，RCCL 是在 VAX-11/780 小型计算机上实现的。后来，加拿大麦吉尔大学智能机器研究中心等机构扩展了 RCCL，实现了对多个机器人的控制。这是机器人语言发展史上的重大进步。

随着机器人技术的不断发展，机器人语言也不断地向前推进，其功能不断扩展，在使用上也更加容易理解和操作。现在应用比较广泛且有代表性的工业机器人编程语言是 ABB 公司开发的 RAPID 语言。它是一种英文编程语言，所包含的指令可以移动机器人、设置输出、读取输入，还能实现决策、重复其他指令、构造程序、与系统操作人员进行交流等功能，是有较强功能的机器人语言。在 RAPID 语言中提供了丰富的指令集，同时还可以根据自己的需要编制专属的指令集来满足在具体应用中的需要，这样一种具有高度灵活性的编程语言为机器人的各种应用提供了无限的潜能。而且可以通过示教器和 ABB 公司提供的 Robot Studio Online 进行程序在线编辑，也可以使用文本编辑软件在计算机中进行离线编辑，完成编辑后使用存储介质或网络便可快捷地上传到机器人控制系统中。所以可以说，ABB 公司的 RAPID 语言代表了现今机器人语言发展的最高水平，目前已在其 20 多种机器人产品上得到应用。

国内从 20 世纪 80 年代后期开始进行机器人语言的研究，也开发出了一些机器人语言。其中比较有代表性的是哈尔滨工程大学在 AST486 机中用 Turbo PASCAL 语言实现的 ROBOT-L 语言系统，它将编辑、编译、运行三个模块组合在一起构成了一个集成环境，用菜单进行驱动，为用户提供了一个良好的界面，使用方便。ROBOT-L 已经在其机器人路径规划系统中得到应用。

2. 机器人语言的种类

作为人机交互的重要接口，机器人语言已经变得越来越重要，它从软件层面显示了机器人系统的水平。到目前为止，已经有多种机器人语言问世，其中有的为实用的机器人语言，一般运行在特定的机器人中，还有些是研究室的实验语言，国外主要的机器人语言见表 8-3。

表 8-3　国外主要的机器人语言

语言名称	国　家	研究单位	简要说明
AL	美国	斯坦福大学人工智能实验室	动作级描述，兼有对象级语言特征
AUTOPASS	美国	IBM 公司	组装机器人语言
VAL	美国	Unimation 公司	PUMA、UNIMATION 机器人配置
WAVE	美国	斯坦福大学人工智能实验室	多传感器协调语言
MCL	美国	麦克唐纳·道格拉斯公司	机器人、NC 机床综合语言
RAPT	英国	爱丁堡大学	类似于 NC 语言 APT
ROBEX	德国	亚琛工业大学	脱机编程语言
SIGLA	意大利	Olivetti 公司	用于装备的非文本语言
IML	日本	九州大学	现场操作可人机交互动作级语言
RAPID	美国	ABB 公司	高度灵活性的编程语言

机器人语言可以按照其作业描述水平分为动作级编程语言、对象级编程语言和任务级编程语言三类。

（1）动作级编程语言　动作级编程语言是以机器人的运动为描述中心，通常由指挥末端执行器从一个位置到另一个位置的一系列命令组成。动作级编程语言的每一个指令对应一个动作。典型的动作级编程语言为 VAL 语言，如 VAL 语言语句"MOVETO（destination）"的含义为机器人从当前位姿运动到目的位姿。

用动作级编程语言编程时，可以分为关节级编程和末端执行器级编程两种。

1）关节级编程。关节级编程是以机器人的关节为对象，编程时给出机器人各关节位置的一系列时间序列，在关节坐标系中进行的一种编程方法。对于直角坐标型机器人和圆柱坐标型机器人，由于直角关节和圆柱关节的表示比较简单，这种编程方法较为适用；而对于具有回转关节的关节型机器人，由于关节位置时间序列的表示困难，即使一个简单的动作也要经过许多复杂的运算，故这一方法并不适用。关节级编程可以通过简单的编程指令来实现，也可以通过示教盒示教和键入示教来实现。

2）末端执行器级编程。末端执行器级编程在机器人作业空间的直角坐标系中进行。在此直角坐标系中给出机器人末端执行器的一系列位姿，组成位姿的时间序列，连同其他一些辅助功能如力觉、触觉、视觉等的时间序列，同时确定作业量、作业工具等，协调地进行机器人动作的控制。

这种编程方法允许有简单的条件分支，有感知功能，可以选择和设定工具，有时还有并行功能，数据实时处理能力强。

（2）对象级编程语言 所谓对象即作业及作业物体本身。对象级编程语言是比动作级编程语言高一级的编程语言，它不需要描述机器人手爪的运动，只需由编程人员用程序的形式给出作业本身顺序过程的描述和环境模型的描述，即描述操作物与操作物之间的关系。通过编译程序，机器人即能知道如何动作。

这类语言的典型例子有 AML 及 AUTOPASS 等，它们具有以下特点：①具有动作级编程语言的全部动作功能；②具有较强的感知能力，能处理复杂的传感器信息，可以利用传感器信息来修改、更新环境的描述和模型，也可以利用传感器信息进行控制、测试和监督；③具有良好的开放性，语言系统提供了开发平台，用户可以根据需要增加指令，扩展语言功能；④数字计算和数据处理能力强，可以处理浮点数，能与计算机进行即时通信等。

（3）任务级编程语言 任务级编程语言是比前两类语言更高级的一种语言，也是最理想的机器人高级语言。这类语言不需要用机器人的动作来描述作业任务，也不需要描述机器人对象物的中间状态过程，只需要按照某种规则描述机器人对象物的初始状态和最终目标状态，机器人语言系统即可利用已有的环境信息和知识库、数据库自动进行推理、计算，从而自动生成机器人详细的动作、顺序和数据。例如，一个装配机器人要完成某一螺钉的装配，螺钉的初始位置和装配后的目标位置已知，当发出抓取螺钉的命令时，语言系统从初始位置到目标位置之间寻找路径，在复杂的作业环境中找出一条不会与周围障碍物产生碰撞的合适路径，在初始位置处选择恰当的姿态抓取螺钉，沿此路径运动到目标位置。在此过程中，作业中间状态作业方案的设计、工序的选择、动作的前后安排等一系列问题都由计算机自动完成。

任务级编程语言的结构十分复杂，需要人工智能的理论基础和大型知识库、数据库的支持，目前还不是十分完善，是一种理想状态下的语言，有待于进一步的研究。但随着人工智能技术及数据库技术的不断发展，任务级编程语言必将取代其他语言成为机器人语言的主流，使机器人的编程应用变得十分简单。

3. 编程指令

编程语言的功能决定了机器人的适应性和带给用户的方便性。目前，世界各制造厂商都有各自的标准和平台，没有实现统一的机器人编程语言，这样就无法实现软件的可重用以及硬件的可互换，导致产品开发周期长，降低了开发效率。这些因素无疑会阻挡机器人产业化的发展脚步。

为了克服以上问题，我国的行业专家针对我国工业机器人的发展现状，制定了工业机器人产品的编程指令标准 GB/T 29824—2013，为工业机器人离线编程系统的发展提供了必要的基础，推动了我国工业机器人产业的发展。

该编程指令标准面向弧焊、点焊、搬运、装配等作业机器人，主要包括以下内容：

（1）运动指令（Move Instructions） 与工业机器人各关节转动、移动运动控制相关的指令。运动指令中记录了目的位置、运动速度以及插补方法等信息。

（2）信号处理指令（Signal Processing Instruction）　对工业机器人信号输入/输出通道进行操作的指令。通过信号处理指令，可以对单个信号通道和多个信号通道进行设置、读取等操作。

（3）流程控制指令（Flow Control Instructions）　对机器人操作指令顺序产生影响的指令。

（4）数学运算指令（Math Instructions）　对程序中相关变量进行运算的指令。

（5）逻辑运算指令（Logic Operation Instructions）　完成程序中相关变量布尔运算的指令。

（6）文件管理指令（File Manager Instructions）　实现编程指令相关文件管理的指令。

（7）声明变量指令（Declaration Data Instructions）　工业机器人编程指令中的数据声明指令。

（8）数据编辑指令（Data Editing Instructions）　对后台位姿坐标数据进行相关编辑管理的指令。

（9）操作符（Operation Sign）　简化使用的一些数学运算、逻辑运算的操作符号。

（10）数据结构文件（Structure Of Data File）　用来保存工业机器人操作任务及运动中示教点的有关数据文件。工业机器人文件分为任务文件和数据文件：任务文件是机器人完成具体操作的编程指令程序，为前台运行文件；数据文件是机器人编程示教过程中形成的相关数据，以规定的格式保存，运行形式是后台运行。

每种指令的名称、功能、格式及具体应用实例，可以参考标准中的相关内容，这里不进行大篇幅的介绍。

8.4　Delta 并联机器人运动控制

8.4.1　运动控制系统硬件搭建

根据机器人控制系统开放性的要求，以及高速并联机器人运动控制的特点，可以采用"IPC+实时核"作为控制系统的核心部分，软件系统采用基于 PC 的软 PLC，搭建并联机器运动控制平台。系统硬件部分主要包括以下模块。

1. 倍福嵌入式 PC 模块

以安装了倍福公司 TwinCAT3 控制系统开发软件的嵌入式 PC CX5140 为系统核心控制部分，通过 CANopen 现场总线和 EtherCAT 工业以太网与伺服驱动器和外部 I/O 设备进行通信；同时通过 GigE 接口与工业摄像头通信采集图像信息，实现并联机器人控制系统的逻辑控制、运动控制、人机交互等功能。

2. CAN 耦合模块

采用倍福的 EL6751CAN 耦合器，实现 CX5140 与三个从站伺服驱动器的通信，通信协议采用 CANopen 通信协议，设备规约为 CiA402 伺服通信协议。

3. 伺服模块

这里采用三套图科的伺服驱动，控制伺服电动机驱动并联机器人的三个连杆。伺服驱动器为 CANopen 总线型，与主站控制器组成线性网络，形成位置闭环，接收位置指令驱动机器人运动。

4. 视觉传感器

该系统采用 basler230w 的 COMS 工业相机，通过 GigE 千兆以太网接口将拍摄的图片信息传递给控制器系统，由 TwinCAT 的 Vision 模块进行图像分析处理。

8.4.2 运动控制系统软件开发

1. 软件简介

TwinCAT 软件是德国倍福公司基于 Windows 开发的自动化控制软件。它的作用是把工业 PC 或者嵌入式 PC 变成一个功能强大的 PLC 或者运动控制器（Motion Controller）来控制生产设备。

TwinCAT 完全利用 PC 标配的硬件，实现逻辑运算和运动控制。倍福公司的 IPC 或者 EPC（嵌入式 PC）安装 TwinCAT 运行核后，其功能就相当于一台计算机加上一个逻辑控制器"TwinCAT PLC"和一个运动控制器"TwinCAT NC"。对于运行在多核 CPU 上的 TwinCAT3（以下简称 TC3），还可以集成机器人、视觉等更多、更复杂的功能。TwinCAT 软件系统可将任何一个基于 PC 的系统转换为一个具有多 PLC、NC、CNC 和机器人实时操作系统的实时控制系统。它的工程环境完全集成在微软公司的 Visual Studio 框架中，除了系统配置、运动控制、I/O 和 IEC 61131-3PLC 编程语言之外，还支持如 C++ 等高级语言的混合编写，可以进行编程和调试。TC3 软件结构如图 8-28 所示。

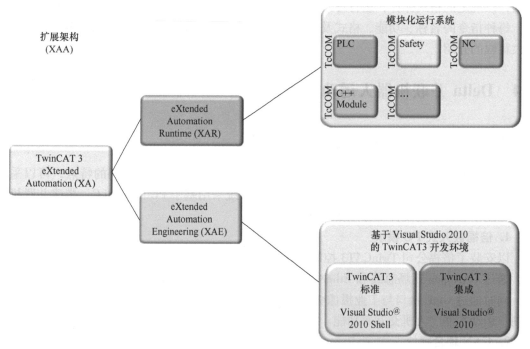

图 8-28 TC3 软件结构

TwinCAT 运行核是 Windwos 底层优先级最高的服务，同时它又是所有 TwinCAT PLC、NC 和其他任务的运行平台。TC3 分为开发版（XAE）和运行版（XAR）。XAE 安装运行在开发 PC 上，既可以作为一个插件集成到标准的 Visual Studio 软件中，也可以独立安装。XAR 运行在控制器上，必须购买授权且为出厂预装。XAE 作为开发环境，开发者可以在其中进行多种语言的编程和硬件组态；XAR 作为实时运行环境，在其中对 TwinCAT 模块进行加载、执行、管理、实时运行与调用。

TwinCAT NC 是基于 PC 的纯软件的运动控制，它的功能与传统的运动控制模块、运动控制卡类似。由于 TwinCAT NC 与 PLC 运行在同一个 CPU 上，运动控制和逻辑控制之间的数据交换更直接、快速,因此,TwinCAT NC 比传统的运动控制器更加灵活和强大。TwinCAT NC 的另一个特点是完全独立于硬件,用户可以选择不同厂家的驱动器和电动机,而控制程序不变。程序的运动控制指令集遵循 PLCopen 组织关于运动控制功能模块的定义规范 V1.0 和 V2.0。

TwinCAT NC PTP 把一台电动机的运动控制分为三层:PLC 轴、NC 轴和物理轴。在 PLC 程序中定义的轴变量,叫作 PLC 轴;在 NC 配置界面定义的轴,叫作 NC 轴;在 I/O 配置中扫描或者添加的运动执行和位置反馈硬件,叫作物理轴。它们的关系如图 8-29 所示。

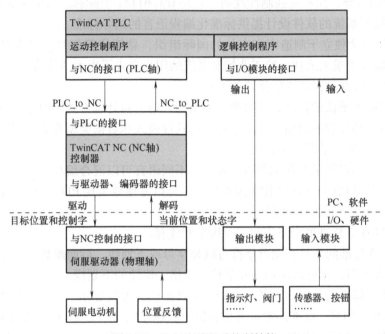

图 8-29 TwinCAT 运动控制结构

PLC 程序对电动机的控制需要经过两个环节:PLC 轴到 NC 轴,NC 轴到物理轴。PLC 轴的控制,是指在 PLC 程序中编程,调用运动控制库的功能块。

NC 轴不需要编程,它的运算分为三部分:轨迹规划、PID 运算和 I/O 接口处理。其中轨迹规划和 PID 运算是固定的,与硬件无关;I/O 接口处理随接口类型不同而不同。这些运算都在后台进行,用户只需要进行参数设置。这些参数可以固化在 TwinCAT 系统管理器配置文件中,也可以在 PLC 程序中通过 ADS 指令读写。

物理轴是指驱动器、电动机和编码器。物理轴的配置,主是对驱动器的设置。在驱动器中,要配置好正确型号的电动机、编码器、电子齿轮比,还要调整位置环、速度环、电流环的 PID 参数。如果是总线接口,还要设置好接口变量和通信参数。

TwinCAT NC 做轨迹规划,是指接收到 PLC 指令以某个速度运动到某个位置后,计算出每个 NC 周期(如 2ms)伺服轴应该到达的位置。I/O 接口处理是指根据轴的硬件类型和相应的参数设置进行单位换算,将 NC 运算得出的目的位置换算成驱动器可接受的输出变量值。

后面基于 TwinCAT 控制器的项目实例,就是利用 TwinCAT 的 NC 功能,通过 PLC 调用 NC 运动控制库中的 Kinematic 机器人库来实现 Delta 并联机器人的运动控制的。

2. IEC 61131-3 标准编程语言

（1）IEC 61131-3 标准编程语言的发展和优势　　在开发可编程序逻辑控制器（PLC）的早期阶段没有统一的标准。例如，德国公司早期使用功能块图和语句表语言，与早期它们用晶体管逻辑电路完成控制功能有关。美国公司早期使用梯形图和控制鼓（Control Drum），梯形图语言是从继电器控制逻辑延伸而来的。法国公司除了用梯形图语言外，还用 GRAFCET 语言，这种语言特别适合完成顺序控制的功能。这种编程语言不统一的情况，给用户带来了极大的不便。随着自动化系统的发展，IEC 制定了 IEC 61131-3 标准，该标准只作为 PLC 编程的指导，而不是强制性规则。它是 IEC 61131 国际标准的第 3 部分，是第一个为工业自动化控制系统的软件设计提供标准化编程语言的国际标准。

PLCopen 是一个独立于制造商和产品的国际组织，总部位于荷兰，它致力于 IEC 61131 标准的推广并取得了很大成功，给工业控制系统的用户带来了很大的价值。

IEC 61131-3 标准编程语言的优势如下：

1）它是国际上承认的标准，具有统一的结构、语言和处理方式，便于学习和应用。

2）它节省了开发者的时间，提出了统一的软件模式和数据类型概念，对不同的 PLC 类型只需学习一次，减少了误解和错误。

3）对每个问题提供了 5 种编程语言规范，不同语言可以混合编程。

TwinCAT3 采用 IEC 61131-3 作为编程标准，可以方便地实现 PLC 程序设计。

（2）IEC 61131-3 标准的内容

1）IEC 61131-3 标准的变量声明、关键字和注释。

IEC 61131-3 标准的变量声明首字符可以是字母或下划线，后面跟数字、字母、下划线，不区分字母的大小写，不可以使用特殊字符、空格、连续的下划线。

IEC 61131-3 标准的关键字在 TwinCAT3 中以蓝色、大写显示。例如，标准的逻辑运算操作：AND、OR、NOT；标准的数据类型关键字：BOOL、INT、REAL；程序和功能块的关键字：FUNCTION、FUNCTION_BLOCK、PROGRAM；结构体数据相关的关键字：TYPES-TRUCT。

关键字是不可以声明做变量名的。

2）IEC 61131-3 标准中的数据类型。IEC 61131-3 标准中的基本数据类型、数据范围和数据大小见表 8-4，声明变量数据类型时可做参考。

关于数据类型应用的相关知识，参见 TwinCAT3 的帮助文档，这里不做过多的介绍。

3）IEC 61131-3 标准中程序单元的组成。程序单元由程序（Program）、功能块（Function Block，FB）和函数（Function）组成，它们的主要特点如下：

① 程序。由任务调用（一个程序能够调用另一个程序），可以调用功能块、函数和程序。

局部变量：静态，即局部变量数据可以在下个周期使用。

输入：一般是没有输入的变量，在 VAR_INPUT 中定义输入变量。

输出：一般是没有输出的变量，在 VAR_OUTPUT 中定义输出变量。

输入输出型变量：在 VAR_IN_OUT 中定义。

监视：在线状态下，变量的值是实时可见的。

② 功能块。由程序或者其他功能块调用，可以调用功能块和函数。

局部变量：静态，即局部变量数据可以在下个运行周期使用，多个功能块中，每个功能块都有自己的局部变量。

表 8-4　IEC 61131-3 标准中的基本数据类型

数 据 类 型	最　小　值	最　大　值	数据大小/bit
BOOL	False	True	1
BYTE	0	255	8
WORD	0	65535	16
DWORD	0	4294967295	32
SINT	−127	127	8
USINT	0	255	8
INT	−32768	32767	16
UINT	0	65535	16
DINT	−2147483648	2147483647	32
UDINT	0	4294967295	32
LINT	−263	263-1	64
ULINT	0	264-1	64
TIME_OF_DAY	TOD#00：00：00	TOD#23：59：59	32
DATE	D#1970-01-01	D#2106-02-07	32
DATE_AND_TIME	DT#1970-01-01-00：00：00	DT#2106-02-07-06：28：15	32
TIME	T#0s	T#49d17h2m47s295ms	32
REAL	−3.4 ∗ 1038	3.4 ∗ 1038	32
LREAL	−1.7 ∗ 10308	1.7 ∗ 10308	64
STRING	ASCII 码的字符串，一个字符占一个 BYTE 位，最多可以有 255 个字符		
WSTRING	Unicode 码的字符串，一般情况下一个字符占两个 BYTE 位，它本身对字符串长度没有限制		

输入：多个输入，在 VAR_INPUT 中定义。

输出：多个输出，在 VAR_OUTPUT 中定义。

输入输出：多个输入输出变量，在 VAR_IN_OUT 中定义。

监视：在线状态下，对于每个指定的功能块，局部变量是可见的。

③函数。由程序、功能块和其他函数调用，可以调用函数。

局部变量：临时的，即局部变量数据仅在当前函数执行时可以使用，之后这个数据将被用于其他函数。

输入：多个输入变量，在 VAR_INPUT 中定义。

输出：只有一个输出。

输入输出：可以有多个输入输出型变量，在 VAR_IN_OUT 中定义。

监视：在线状态下仅能看到 "???"，使用断点可以监视其局部变量值。

4）IEC 61131-3 标准 ST 语言中的条件选择、循环和函数调用。

ST 语言中主要包括以下几种语句：IF 条件语句、CASE 选择语句、FOR 循环语句、WHILE 循环语句和 REPEAT 循环语句。

关于这几种语句的相关知识，参见 TwinCAT3 的帮助文档，这里不做过多的介绍。

5）ST 语言中功能块的调用。首先在变量声明区域声明一个功能块实例；然后在程序编写区域按下键盘上的〈F2〉键选择声明好的实例，会自动调出相应的功能块；将所需参数填入相应位置，就完成了功能块的调用。还可以直接在程序编写区域按下键盘上的〈F2〉键，找到相应的功能块，之后会弹出"实例化对"话框，在其中填写实例名称，选择声明的区域，然后按下"确定"按钮完成调用。下面是调用功能块的例子：

```
1. TON1(IN:=,PT:=,O=>,ET=>);
```

TON1 便是功能块 TON 的实例，( ) 中的内容是输入输出参数，根据需要进行读写。可以通过下面的方式访问功能块中的单独项：

```
1. TON1.IN:=BON;
2. TON1.PT:=T#10MS;
3. out:=TON1.Q;
```

以上内容为 IEC 61131-3 标准中的基础内容，更深入的用法可以参照 TwinCAT3 的信息系统手册。

8.4.3 Delta 机器人控制程序设计

TwinCAT3 提供了 Kinematic 机器人库，支持 Delta 并联机器人，其结构和参数示意图如图 8-30 所示，主要参数为上臂长度、下臂长度、静平台半径和动平台半径。

在 Delta 机器人模型中，M1 电动机的轴线方向与并联机器人静平台坐标系的 X 方向平行。从顶部看，M1、M2、M3 沿逆时针方向分布。

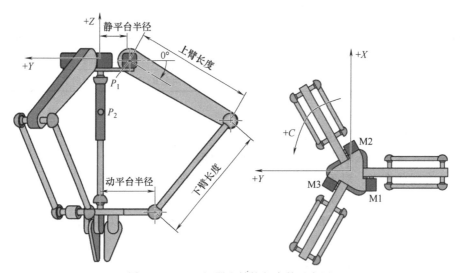

图 8-30　Delta 机器人结构与参数示意图

1. 建立一个 TwinCAT 项目

以 Delta 机器人为例建立一个 TwinCAT 项目，具体步骤如下：

1）单击"文件"→"新建"→"项目"，以"Delta"为名称建立一个项目，并选择目标系统，如图 8-31 所示。

2）如图 8-32 所示，右键单击 I/O 中的"Devices"（EtherCAT）进行扫描，可以扫描到所有 EtherCAT 从站和 CANopen 从站，并自动为"THINKVO i3 Driver"驱动模块创建了 3 个轴。

3）如图 8-33 所示，将生成的"ACS_M1""ACS_M2"和"ACS_M3"分别连接到物理轴上，并添加笛卡儿坐标轴"MCS_X""MCS_Y""MCS_Z"以及"传送带轴（AxisBelt）"。

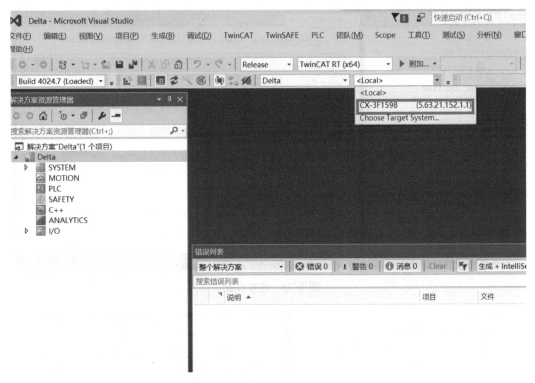

图 8-31 建立一个 TwinCAT 项目

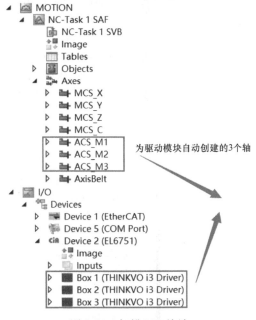

图 8-32 扫描 I/O 从站

4）如图 8-34 和图 8-35 所示，对 3 个关节轴设置 NC 参数：①设置"Scaling Factor"= 360/减速比/编码器旋转一周的脉冲数；②根据电动机性能设置 ACS 轴的速度 ReferenceVelocity = 110% * RateVelocityMaximumVelocity = 100% * RateVelocityManualVelocity（Fast）= 30% * RateVelocityManualVelocity（slow）= 5% * RateVelocity。

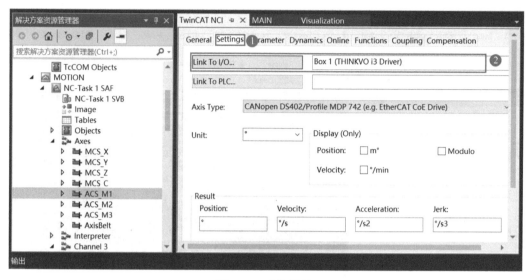

图 8-33　连接设置

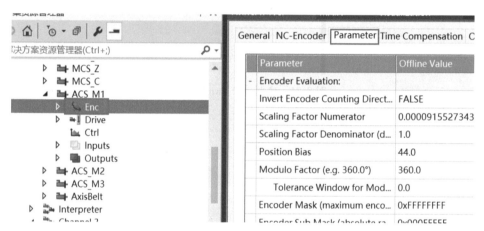

图 8-34　NC 参数设置

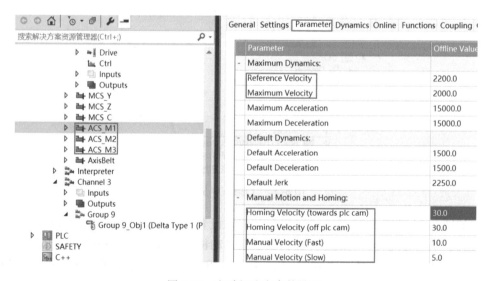

图 8-35　电动机速度参数设置

5）如图 8-36 所示，单击"NC-Task1 SAF"→"添加新项"，选择"NC-Channel（for Kinematic Transformation）"选项，并将新项的名称更改为"Kinematic"。

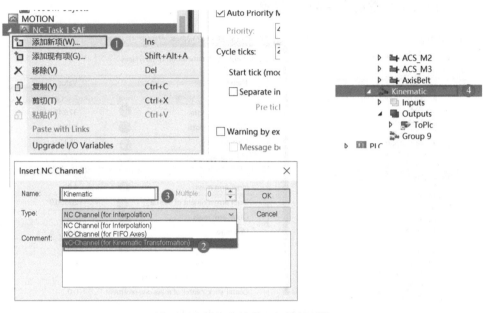

图 8-36　添加运动学坐标转换系统

6）在 Kinematic 坐标系统中，单击"Group 9"→"Append Object(s)"，如果已经安装机器人软件，则可以找到"Motion Control"和"Kinematic Transforms"，单击"+"打开选择"Delta Type 1"完成添加，如图 8-37 所示。

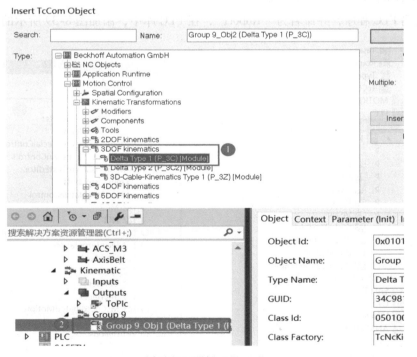

图 8-37　添加"Group"

7）如图 8-38 所示，分别对 Delta 机器人的上臂长度、下臂长度、上铰链中心点到机器人中心点的距离、相邻下铰链中心点到机器人中心点的距离、上臂的重量、上臂的惯量、下臂的重量以及下平台的重量等参数进行设置。

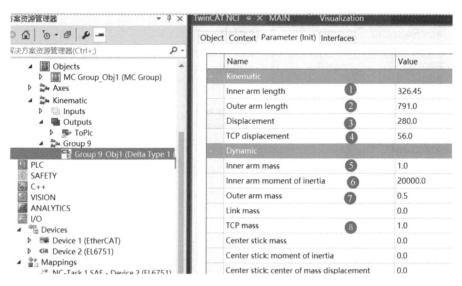

图 8-38　并联机器人参数设置

2. 配置 PLC 控制程序

在 TwinCAT 中，PLC 程序对电动机的控制必须经过两个环节：PLC 轴到 NC 轴，NC 轴再到物理轴。这里，通过在 PLC 程序中调用 NC 运动控制库的功能块和机器人模型运动学变换，实现对 Delta 并联机器人的控制。

1）新建 PLC 程序，并命名为"Robot1"，在 PLC 库中，添加图 8-39 所示的库文件。

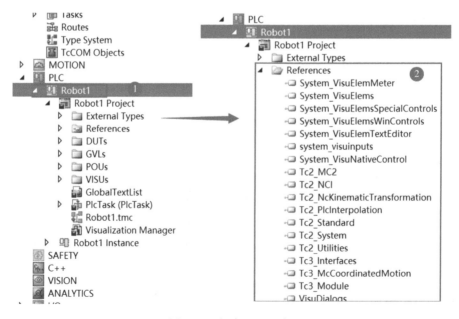

图 8-39　新建 PLC 程序

2）按照图 8-40 中的序号顺序创建轴功能块 "FB_Axis"，将基本的轴变量与 MC 运动库中的功能块封装到功能块 "FB_Axis" 中。单击 "GVLs"→"添加"→"全局变量表"，新建全局变量文件 "GVL"，在文件中建立轴变量（全局变量 ACS、MCS，与 NC 轴对应），在 "POUs"→"MAIN" 中建立机器人输入输出结构体变量。

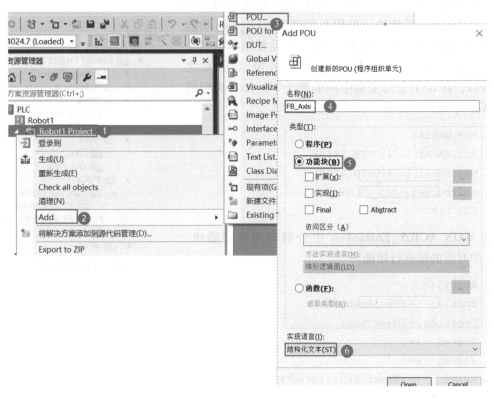

图 8-40　创建轴功能块

3）按图 8-41 中的序号顺序将 "PLc Task Inputs" 中的轴变量 Acs、Mcs 连接到 NC 轴上，并将 "MAIN" 函数中的 2 个全局变量分别连接到 NC 中对应的变量上。同理，Outputs 中的变量同样操作。

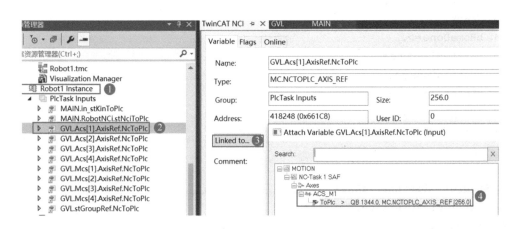

图 8-41　变量与 NC 轴连接

完成以上步骤后，即完成了 PLC、物理轴以及 NC 轴之间的连接，进而可以在 PLC 程序中进行程序编写，通过调用 NC 中的库函数来控制机器人电动机多轴联动，从而实现并联机器人的运动控制。

3. 编写控制程序

PLC 程序采用 ST 语言编写，其功能块如图 8-42 所示。

（1）FB_Axis 功能块 在 PLC 程序中，FB_Axis 功能块将 AXIS_REF 轴变量以及 TC2_MC2 运动控制库中的功能块封装在相关的 Action 中。该功能块是 NC 与 PLC 之间的接口，在 GVL 全局变量中声明两个 FB_Axis 类型的数组 Acs 与 Mcs。

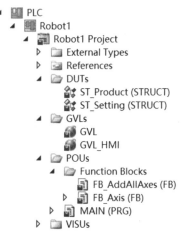

图 8-42　PLC 程序功能块

```
1. VAR_GLOBAL
2. Acs:ARRAY[1..4]OFFB_AXIS;
3. Mcs:ARRAY[1..4]OFFB_AXIS;
4. stGroupRef:AXES_GROUP_REF;
5. END_VAR
```

在 MAIN. ACT05_EnableAxis 中分别调用该功能块，对 NC 中对应的轴进行使能。

```
1. Acs[i](
2. Enable    :=xUserEnableAxes,
3. Override:=fOverride,
4. JogFwd   :=,
5. JogBwd   :=,
6. Reset    :=xResetORxUserResetKinGroup,
7. HmiReset :=xUserResetAxes,
8. HomeExe:=,
9. CalibrationCam:=,
10. CamPos  :=,
11. SetBiasExe :=,
12. SetBias  :=,
13. Ready   =>,
14. bHomeDone=>,
15. bWriteBiasDone=>,
16. bMotionDone=>,
17. bResetDone  =>,
18. bStopDone=>,
19. bError=>);
```

```
1. Mcs[i](
2. Enable:=xUserEnableAxes,
3. Override:=fOverride,
4. JogFwd:=,
5. JogBwd:=,
```

```
6. Reset:=xResetORxUserResetKinGroup,
7. HmiReset:=xUserResetAxes,
8. HomeExe:=,
9. CalibrationCam:=,
10. CamPos:=,
11. SetBiasExe:=,
12. SetBias:=,
13. Ready=>,
14. bHomeDone=>,
15. bWriteBiasDone=>,
16. bMotionDone=>,
17. bResetDone=>,
18. bStopDone=>,
19. bError=>);
```

前面介绍的 FB_Axis 功能块中定义了几个主要的动作（Action）与 Method，它们主要实现以下功能。

1）与声明的运动控制相关的结构体变量及功能块。在 FB_Axis 主程序声明区，定义了结构体变量及功能块，PLC 通过调用这些功能块对相应的 NC 轴进行运动控制。

```
1. AxisRef:AXIS_REF;
2. fbMcPower:MC_Power;
3. fbMcReset:MC_Reset;
4. fbMcStop:MC_Stop;
5. fbMcMoveAbs:MC_MoveAbsolute;
6. fbJogAxisX:MC_Jog;
7. fbHome:MC_Home;
```

2）结构体 AXIS_REF。AXIS_REF 型变量包含 NC 轴的信息，是 NC 与 PLC 之间的接口，内部又嵌套了另外一些结构体。当调用 MC 功能块时，需要控制对应轴的 AXIS_REF 变量。在 FB_Axis 主程序中声明了 AxisRef，通过 PLC 配置可以通过访问该变量对 NC 轴 ACS_M1、ACS_M2 和 ACS_M3 以及 MCS_X、MCS_Y、MCS_Z 进行控制及监视。具体程序如下：

```
8. AxisRef:AXIS_REF;
```

3）功能块 MC_Power。MC_Power 用来对轴进行使能控制。将该功能块的实例封装在 FB_Axis 中，每次对 FB_Axis 类型实例的调用，都会自动调用该功能块。Axis 代表要控制的轴，Enable 是功能块触发位。具体程序如下：

```
1. fbMCPower(
2. Enable:=Enable,
3. Enable_Positive:=EnablePos,
4. Enable_Negative:=EnableNeg,
5. Override:=Override,
6. Axis:=AxisRef,
7. Status=>Ready,);
```

4）功能块 MC_Reset。MC_Reset 用来对 NC 轴进行复位，具体程序如下：

```
1. fbMcReset(
2. Axis    :=AxisRef,
3. Execute :=TRUE,
4. Done        =>,
5. Busy        =>,
6. Error       =>,
7. ErrorID  =>);
```

将该功能块的实例封装在 FB_Axis. ACT03_Reset 中，该 Action 用于当轴出现报错时，对错误代码进行复位。Axis 代表需要控制的轴，Enable 是功能块触发位。

5）功能块 MC_MoveAbsolute。MC_MoveAbsolute 功能块对轴进行位置控制，Execute 是功能块触发位，Position 是移动到的绝对位置，Velocity 为运动速度，Axis 代表所控制的轴。该功能块在 FB_Axis 主程序中声明，其实例在 FB_Axis. M_MoveAbs 中调用。具体程序如下：

```
1. fbMcMoveAbs(
2. Axis      :=AxisRef,
3. Execute  :=Exe,
4. Position:=Pos,
5. Velocity:=Velocity,
6. Acceleration:=,
7. Deceleration:=,
8. Jerk      :=,
9. BufferMode:=,
10. Options   :=,
11. Done        =>bMotionDone,
12. Busy        =>,
13. Active  =>,
14. CommandAborted=>,
15. Error   =>bError,
16. ErrorID =>);
```

6）功能块 MC_Jog。MC_Jog 控制轴进行 JOG 点动。其中，Axis 代表所要控制的轴；JogForward 与 JogBackwards 为正、反方向运动触发位；Mode 为 JOG 的运动模式；Velocity 为 JOG 点动时的速度。该功能块的实例被放在 FB_Axis 的主程序中调用。具体程序如下：

```
1. fbJogAxisX(
2. Axis          :=AxisRef,
3. JogForward   :=JogFwd,
4. JogBackwards:=JogBwd,
5. Mode           :=MC_JOGMODE_CONTINOUS,
6. Position     :=,
7. Velocity     :=lrJogVelo,
8. Acceleration:=,
9. Deceleration:=,
```

```
10. Jerk       :=,
11. Done       =>,
12. Busy       =>,
13. Active  =>,
14. CommandAborted =>,);
```

（2）MAIN 主程序　在 PLC 程序中，只有 MAIN 主程序是被 PLCtask 周期调用的，其余所有的子程序及功能块等都是被主程序调用的。MAIN 中定义了若干个 Action，用于执行相关的机器人功能。MAIN 中主要完成以下几个功能：

1）定义了机器人控制中需要的各个功能块及变量。具体程序如下：

```
1. in_stKinToPlcAT%I*:NcToPlc_NciChannel_Ref;
2. out_stPlcToKinAT%Q*:PLCTONC_NciChannel_Ref;
3. stAxesConfig:ST_KinAxes;
4. fbConfigKinGroup:FB_KinConfigGroup;
5. fbResetKinGroup:FB_KinResetGroup;
6. fbCheckActualKinStatus:FB_KinCheckActualStatus;
7. xUserConfigRobotGroup:BOOL:=FALSE;
8. xUserCartesianMode:BOOL:=FALSE;
9. xUserCartesianModeOld:BOOL;
10. xUserResetKinGroup:BOOL:=FALSE;
11. xUserkinGroupReadStatus:BOOL;
12. eKinStatus:E_KINSTATUS;
```

2）对主程序进行定义。在 MAIN 函数的程序区对下面 3 个 Action 进行调用，实现相关的机器人运动及抓取控制。具体程序如下：

```
1. ACT05_EnableAxis();
2. ACT03_Robot();
3. ACT06_PickAndPlace();
```

其中，ACT05_EnableAxis（）用来使能关节电动机；ACT03_Robot（）用来对机器人坐标系进行切换，同时对机器人的状态进行读取；ACT06_PickAndPlace（）则实现机器人抓放功能。

3）机器人输入输出结构体变量。声明了机器人输入输出结构体变量，并对该变量与机器人组的输入输出变量进行链接。具体程序如下：

```
1. in_stKinToPlcAT%I*:NcToPlc_NciChannel_Ref;
2. out_stPlcToKinAT%Q*:PLCTONC_NciChannel_Ref;
```

4）结构体 ST_KinAxes。添加机器人轴结构体 ST_KinAxes，Delta 机器人有 3 个关节坐标系轴和 3 个笛卡儿坐标系轴参与运算，把这些轴的 AxisId 赋值给 ST_KinAxes 型变量 stAxesConfig。将 stAxesConfig 传递给 FB_KinConfigGroup 型功能块进行坐标系切换，将关节轴 Acs 的角度值转换为笛卡儿坐标值 Mcs。该赋值过程放到 ACT03_Robot 中，具体程序如下：

```
1. stAxesConfig.nAxisIdsAcs[1]:=Acs[1].AxisRef.NcToPlc.AxisId;
2. stAxesConfig.nAxisIdsAcs[2]:=Acs[2].AxisRef.NcToPlc.AxisId;
3. stAxesConfig.nAxisIdsAcs[3]:=Acs[3].AxisRef.NcToPlc.AxisId;
```

```
4. stAxesConfig.nAxisIdsMcs[1]:=Mcs[1].AxisRef.NcToPlc.AxisId;
5. stAxesConfig.nAxisIdsMcs[2]:=Mcs[2].AxisRef.NcToPlc.AxisId;
6. stAxesConfig.nAxisIdsMcs[3]:=Mcs[3].AxisRef.NcToPlc.AxisId;
```

5）功能块 FB_KinConfigGroup。功能块 FB_KinConfigGroup 将关节轴与笛卡儿轴进行耦合，对机器人进行笛卡儿坐标系模式和关节坐标系模式的切换。当 bCartesianMode 为 True 时，bExecute 收到上升沿信号后，把机器人切换到世界坐标系模式；当 bCartesianMode 为 False 时，bExecute 收到上升沿信号后，把机器人切换到关节坐标系模式。该切换过程放到 ACT03_Robot 中，具体程序如下：

```
1. fbConfigKinGroup(
2. bExecute       :=xUserConfigRobotGroup,
3. bCartesianMode  :=xUserCartesianMode,
4. stAxesList      :=stAxesConfig,
5. stKinRefIn      :=in_stKinToPlc);
```

6）功能块 FB_KinResetGroup。功能块 FB_KinResetGroup 是当机器人报错时对机器人 Group 进行复位。该功能块的调用同样放到 ACT03_Robot 中，具体程序如下：

```
1. fbResetKinGroup(
2. bExecute        :=xUserResetKinGroup,
3. nItpChannelId:=,
4. stKinRefIn      :=in_stKinToPlc,
5. stAxesList      :=stAxesConfig);
```

7）功能块 FB_KinCheckActualStatus。功能块 FB_KinCheckActualStatus 用于检测当前机器人的状态，bExecute 为触发位，上升沿触发。具体程序如下：

```
1. fbCheckActualKinStatus(
2. bExecute    :=xUserkinGroupReadStatus,
3. stAxesListReference    :=stAxesConfig,
4. stKinRefIn   :=in_stKinToPlc,
5. eKinStatus  =>eKinStatus,
6. bDone       =>,
7. bError      =>,
8. nErrorId    =>);
```

KinStatus 对应值的含义见表 8-5。

表 8-5　KinStatus 对应值的含义

枚举变量值	类　型	含　义
KinStatus_Error	Int	错误
KinStatus_Empty	Int	机器人未激活或者切换到关节坐标系模式时的状态
KinStatus_Unknown	Int	未知状态
KinStatus_StartPending	Int	挂起，如电动机位使能激活机器人时，可能出现这个状态
KinStatus_Ready	Int	机器人准备，切换到世界坐标系模式时的状态
KinStatus_InvalidItVersion	Int	无效的版本，需要安装对应模型的机器人安装包

将以上功能块封装在 MAIN 函数的 Action-ACT03_Robot 中，在 MAIN 函数中周期调用，可以实现机器人坐标系的转换与状态监控。

4. 设计人机界面

通过对 PLC 程序主要功能的设计，可以对并联机器人进行调试。为了便于调试，需要设计一个人机界面，集成机器人示教器上常用的按钮及显示界面功能。

TwinCAT3 是基于 Microsoft Visual Studio 开发的，故在人机界面上除了自带的控件外，整体风格承袭 Microsoft Visual Studio。TwinCAT3 存在两种设计方式：一是通过在项目中新建"VISUs"视图文件进行简单的绘制，此功能简洁方便，适用于简单的调试和应用；二是应用 TwinCAT3 HMI 组件进行设计，该组件是全新的人机界面设计模块，HMI 的架构完全基于 HTML5 和 JavaScript，因此，网络解决方案具有"自适应"能力，可以运行于多种不同的环境，适用于多种操作系统、浏览器或设备，这种方式适合商业程序的设计风格。下面以第一种设计方式为例进行介绍。

（1）添加人机界面　如图 8-43 所示，按照序号标识的顺序添加人机界面。

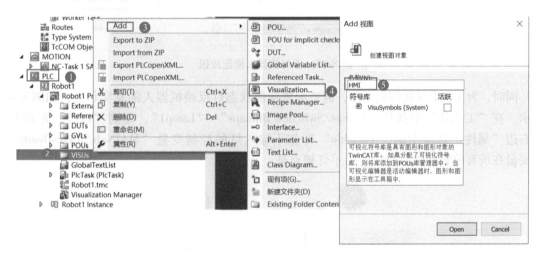

图 8-43　添加人机界面

（2）人机界面的功能设计　设计的并联机器人调试主界面如图 8-44 所示。

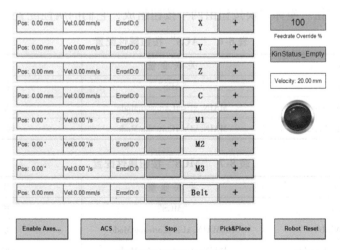

图 8-44　调试主界面

1）添加机器人使能按钮"Enable Axis"。如图 8-45 所示，在"工具箱"中找到"Button"控件，拖拽至"HMI"界面中，在该"Button"的"属性"中找到"Text"，并键入其名称"EnableAxis"，然后在"Text variable"中将该控件与 MAIN 函数中的变量进行关联，这样这个按钮就可以控制 BOOL 变量"xUserEnableAxes"。

图 8-45　添加机器人使能按钮

同时，为了配合使能按钮应用，需要配置使能状态灯反映机器人的真实状态，如图 8-46 所示。在"工具箱"中找到"Lamps/Switches/Bitmaps"→"Lamp1"，拖到"HMI"界面中，在右边"属性"选项卡的"Variable"标签下输入灯的控制变量"MAIN. bAllAxesReady"，该变量在所有的轴使能后置位，指示灯被点亮。

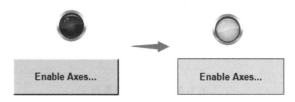

图 8-46　使能状态灯

2）坐标切换按钮。坐标切换按钮由两个按钮组成，它们的属性配置见表 8-6。

表 8-6　"ACS"按钮属性配置

属　　性	关 联 变 量	作　　用
Texts—Text	"ACS"	按钮名称
状态变量—Visible	MAIN. xUserCartesianMode	是否可见
输入配置—Toggle. Variable	MAIN. xUserCartesianMode	触发的变量

表 8-7　"MCS"按钮属性配置

属　　性	关 联 变 量	作　　用
Texts—Text	"MCS"	按钮名称
状态变量—Visible	NotMAIN. xUserCartesianMode	是否可见
输入配置—Toggle. Variable	MAIN. xUserCartesianMode	触发的变量

3）轴操作界面。通过声明自定义控件创建界面中需要的特殊控件类型。设计该控件用于实现单轴的 JOG 正反转运动，同时可以实时地显示轴的当前位置与运行速度。

① 如图 8-47 所示，按照前面介绍的方法添加一个空白的"Visu"界面"BASE_0_STA-TUS_Axis"，在界面编辑器中编辑输入输出变量"m_Input_Axis"。

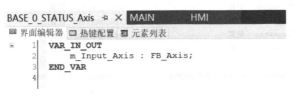

图 8-47　控件编辑界面

② 将"工具箱"中的"Rectangle"和"Button"控件拖入界面中，排列组合为图 8-48 所示的形式。

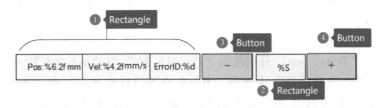

图 8-48　控件组成

③ 针对图 8-48 中的"①Rectangle"控件，在"属性"菜单中找到"Texts"，双击后在对话框中输入图 8-49 所示字符串；然后找到"Text variables"，双击后在对话框中输入实例化的结构体"m_Input_Axis"，通过点索引的方式调用结构体中的元素，按照顺序分别调用"AxisRef. NcToPlc. ActPos""AxisRef. NcToPlc. ActVelo"和"AxisRef. Status. ErrorID"。

属性	值	值	值
⊟ Texts			
Text	Pos:%6.2f mm	Vel:%4.2f mm/s	%s
Tooltip			
⊞ Text properties			
⊞ Absolute movem...			
⊞ Relative moveme...			
⊟ Text variables			
Text variable	m_Input_Axis.AxisRef.NcToPlc.ActPos	m_Input_Axis.AxisRef.NcToPlc.ActVelo	m_Input_Axis.AxisRef.Status.ErrorID
Tooltip variable			

图 8-49　"Rectangle"控件属性配置

④ 按同样的方法对图 8-48 中"②Rectangle"的属性进行配置。找到"Color Variable"下面的"Toggle color"属性，双击后在对话框中输入实例化的结构体，调用结构体中的元素"Ready"作为控件改变颜色的触发条件；然后找到"Text variables"，选择"m_Input_Axis"中的元素"m_Input_Axis. sName"作为关联数据。

⑤ 对图 8-48 中的"Button"控件进行属性配置，首先在属性菜单栏中找到"输入配置"，在其中的"Tap｜Variable"中分别设置"m_Input_Axis. JogBwd"和"m_Input_Axis. JogFwd"，如图 8-50 所示，每次按下两个按钮会将两个 BOOL 变量置 1，松开按钮时恢

复为 0；然后在"Texts｜Text"中输入"－"和"＋"，代表 JOG 反转和正转。

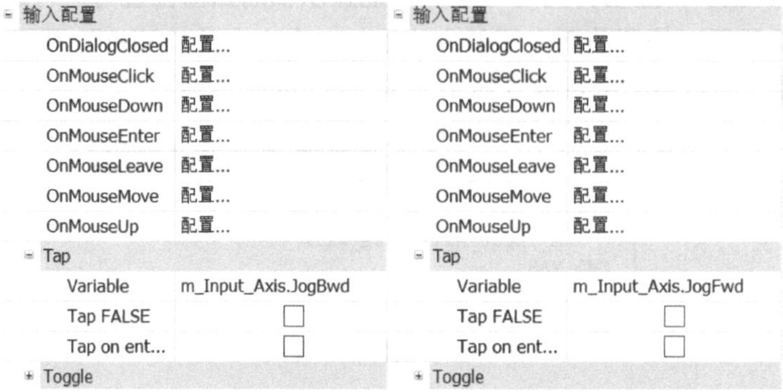

输入配置		输入配置	
OnDialogClosed	配置…	OnDialogClosed	配置…
OnMouseClick	配置…	OnMouseClick	配置…
OnMouseDown	配置…	OnMouseDown	配置…
OnMouseEnter	配置…	OnMouseEnter	配置…
OnMouseLeave	配置…	OnMouseLeave	配置…
OnMouseMove	配置…	OnMouseMove	配置…
OnMouseUp	配置…	OnMouseUp	配置…
Tap		Tap	
Variable	m_Input_Axis.JogBwd	Variable	m_Input_Axis.JogFwd
Tap FALSE	☐	Tap FALSE	☐
Tap on ent…	☐	Tap on ent…	☐
Toggle		Toggle	

图 8-50 "Button"控件属性配置

⑥ 将一个新的"Rectangle"控件添加到界面中，并将上面组合的控件整体拖拽到该"Rectangle"上排列好并保存界面。

⑦ 采用同样的方式再制作一个界面并命名为"BASE_0_STATUS_Axis1"，其中"Pos"与"Vel"的属性"Texts｜Text"分别改为"Pos:%6.2f°"与"Vel:%4.2f°/s"。

⑧ 从"工具箱｜当前项目"中选择"BASE_0_STATUS_Axis"和"BASE_0_STATUS_Axis1"作为框架添加到 HMI 中，在右边的"属性"菜单中找到"Reference｜BASE_0_STATUS_Axis"和"Reference｜BASE_0_STATUS_Axis1"链接程序中实例化的结构体完成控件的变量链接。按照 Delta 机器人的结构与前面构建的 NC 轴，共需要 6 个同类型的控件，然后将它们分别链接到 Mcs[1]~Mcs[3]、Acs[1]~Acs[3]。

⑨ 选择菜单栏"TwinCAT｜Activate Configration"，激活整个工程的配置；然后选择 PLC 工程，单击右键选择"生成"，编译 PLC 程序，接着选择菜单栏中的"PLC｜登录到"，将生成的程序下载到 PLC 中；最后单击"运行"，即可以通过 HMI 控制并联机器人进行运动。

5. 试运行及原点标定

（1）机器人试运行　控制系统搭建完成后，需要对各个关节的电动机进行试运行，从而判断系统参数是否设置正确。

1）电动机的方向。Delta 并联机器人的 ACS_M1、ACS_M2 和 ACS_M3 的机械臂以角度（°）为单位，以顺时针往下为正；Axis Belt 轴为平行于传送带方向的轴；旋转轴 MCS_C 也是以角度（°）为单位，绕 Z 轴旋转，如图 8-30 所示。

如果发现方向有误，需要调整"Enc Parameter"下的"Invert Encoder Counting Direction"和"Drive Parameter"下的"Invert Motor Polarity"。注意：务必在切换到配置模式去掉使能后进行调整，然后再激活和使能，确保两个参数同时为 True 或者 False，否则会造成飞车等严重后果。

2）设置跟随误差限制和软限位。根据机器人的机械限位，设置软限位和跟随误差限制，如图 8-51 所示。

在关节坐标系中，通过对每个关节轴单独试运行来得到对应的限位值。但是，当切换到笛卡儿坐标系中时，X、Y、Z 三个轴的极值要根据实际的工程应用进行调整设置。

3）调节电动机参数。在保持电动机循环运行的情况下，通过调整 PID 参数使电动机运行平稳，详细步骤与控制原理中参数的调节相同，这里不再赘述。

Limit Switches:				
Soft Position Limit Minimum ...	TRUE	TRUE	B	
Minimum Position	-15.0	-15.0	F	°
Soft Position Limit Maximum ...	TRUE	TRUE	B	
Maximum Position	85.0	85.0	F	°
Monitoring:				
Position Lag Monitoring	TRUE	TRUE	B	
Maximum Position Lag Val...	5.0	5.0	F	°
Maximum Position Lag Filt...	0.02	0.02	F	s
Position Range Monitoring	TRUE	TRUE	B	
Position Range Window	5.0	5.0	F	°
Target Position Monitoring	TRUE	TRUE	B	
Target Position Window	2.0	2.0	F	°
Target Position Monitoring...	0.02	0.02	F	s

图 8-51　软限位与跟随误差设置

（2）原点标定　将 Delta 机器人三条主动臂水平时处于的位置作为机械臂的原点，工程实际中需要通过工具进行精确标定。在进行首次原点标定时，需要在外部特殊机械装置的辅助下使电动机到达固定位置，该位置是机械臂的零角度位置；当机械臂到达该位置时，将此时的电动机位置值设为该机械臂的角度值并保存，这样就完成了机械臂原点标定。

利用人机界面中的机器人使能按钮对机器人进行使能，同时选择关节坐标系。在关节坐标系中，通过对 3 个电动机进行 JOG 点动，将机器人的 3 个主动臂调整至与水平面平行的位置，选择这个位置作为机器人的原点。如果此时 NC 轴"Online"界面中的当前位置值不为 0，则需要调整图 8-52 中的"Position Bias"参数，使当前位置值为 0。其修改步骤为：

1）将"Position Bias"设置为 0。

2）查看"Online"界面中的当前位置值。

3）将当前位置值取负数填入"Position Bias"，保存并下载。当机械臂都处于水平位置时，"Online"界面中的当前位置值为 0 即可。

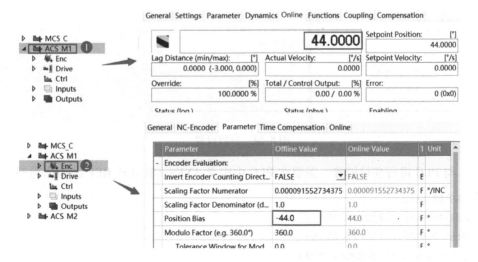

图 8-52　原点标定界面

8.4.4 Delta 机器人抓放功能设计

1. 软件配置

TwinCAT 提供了 TF5420 TC3 Motion Pick-And-Place 功能库，可以执行多维的空间插补运动，其程序编辑在 TwinCAT3 的 PLC 中进行。抓放（Pick And Place）功能主要用于机械手的抓放运动，通常，在一些高速、高精度场合优先选择抓放功能。

（1）添加抓放对象　根据图 8-53 所示序号顺序添加抓放对象进行软件配置，对"MC Group_Obj1"的参数"Axes Conventions"进行设置，如图 8-54 所示。有三种类型的约定可供设置，分别对应 2D、3D 和 4D，可以根据插补轴的数量进行选择。

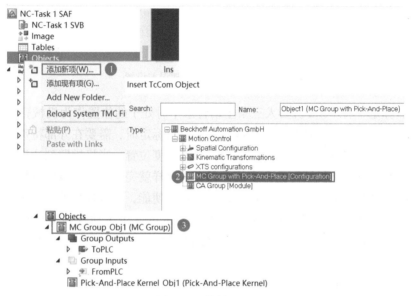

图 8-53　软件配置

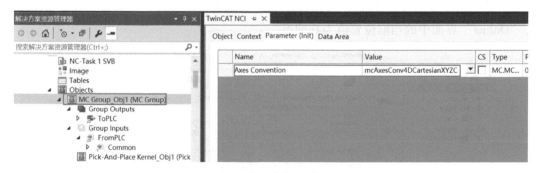

图 8-54　参数设置

（2）与 PLC 进行变量链接　需要在 PLC 中定义 AXES_GROUP_REF 结构体类型。

```
1. VAR_GLOBAL
2. Acs:ARRAY[1..4]OFFB_AXIS;
3. Mcs:ARRAY[1..4]OFFB_AXIS;
4. stGroupRef:AXES_GROUP_REF;
5. END_VAR
```

如图 8-55 所示，将抓放的组（Group）对象"MC Group_Obj1"中的变量"ToPLC"和"FromPLC"分别链接到 PLC 程序的"stGroupRef. NcToPlc"和"stGroupRef. PlcToNc"上，PLC 程序即可调用抓放功能库中的功能块，实现抓取功能。

（3）PLC 程序编写　使用抓放功能库实现 Delta 并联机器人控制时，需要遵循其定义的运动组（Motion Group）状态机，如图 8-56 所示。根据运动组状态机，PLC 程序中需要添加多个功能块，以实现状态机的切换。

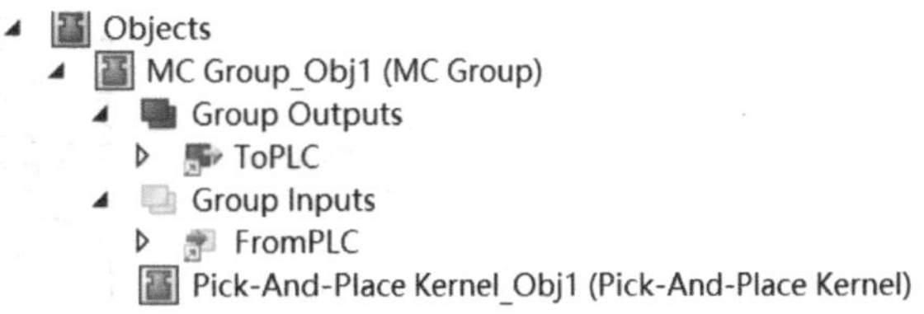

图 8-55　Group 对象的配置

1）添加 Group 结构体类型。添加"AXES_GROUP_REF"变量"stGroupRef"，与添加的 Group 对象做变量链接。

2）MC_AddAxisToGroup 功能块。MC_AddAxisToGroup 功能块将轴添加到 Group 中，可以通过调用相关功能块来实现抓放路径的规划。如图 8-57 所示，"AxesGroup"对应上文定义的"AXES_GROUP_REF"类型"stGroupRef"；"Axis"为添加轴变量；"Execute"为上升沿触发；"IdentInGroup"是为该轴指定一个身份标识，这里根据添加的每个"NC Axis"的名称进行赋值。

将该功能块封装在自定义的功能块 FB_AddAllAxes 中，可以通过调用一个功能块来实现对多个轴的添加动作。具体程序如下：

```
1.  fbAddAxis[1].IdentInGroup:=MCS_X;
2.  fbAddAxis[2].IdentInGroup:=MCS_Y;
3.  fbAddAxis[3].IdentInGroup:=MCS_Z;
4.  fbAddAxis[4].IdentInGroup:=MCS_C1;
5.  FORi:=1TOcAxesCountDO
6.  fbAddAxis[i](
7.  AxesGroup    :=stGroupRef,
8.  Axis        :=Mcs[i].AxisRef,
9.  Execute    :=Execute,
10. IdentInGroup:=,
11. Done      =>,
12. Busy      =>,
13. Error      =>,
14. ErrorId =>);
15. IF(NOTfbAddAxis[i].Done)THEN
16. Done:=FALSE;
17. END_IF
18. IF(fbAddAxis[i].Busy)THEN
19. Busy:=TRUE;
20. END_IF
21. IF(fbAddAxis[i].Error)THEN
22. Error:=TRUE;
23. END_IF
24. END_FOR
```

239

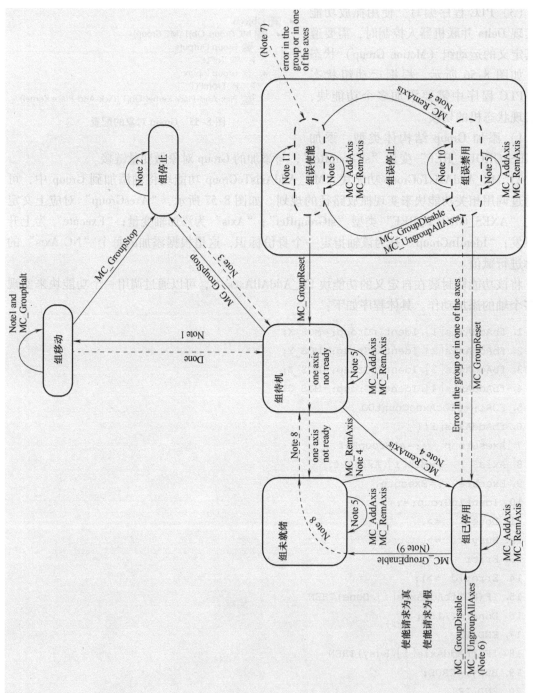

图 8-56　运动组状态机

图 8-57　MC_AddAxisToGroup 功能块

3）MC_GroupEnable 功能块。如图 8-58 所示，MC_GroupEnable 功能块的作用是对 Group 进行使能。"AxesGroup" 对应上文定义的 "AXES_GROUP_REF" 类型；"Execute" 为上升沿触发。

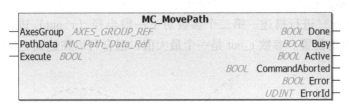

图 8-58　MC_GroupEnable 功能块

4）MC_MovePath 功能块。如图 8-59 所示，MC_MovePath 功能块用于触发执行一个曲线运动，该曲线运动的特征点数据存放在 "PathData" 中。"AxesGroup" 对应上文定义的 "AXES_GROUP_REF" 类型；"Execute" 为上升沿触发；"PathData" 为路径特征点数组，可以做以下定义：

```
buffer:ARRAY[1..4096]OFBYTE;
path:MC_PATH_DATA_REF(ADR(buffer),SIZEOF(buffer));
```

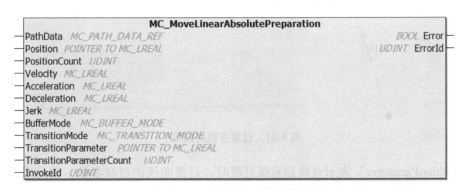

图 8-59　MC_MovePath 功能块

5）MC_MoveLinearAbsolutePreparation 功能块。如图 8-60 所示，MC_MoveLinearAbsolutePreparation 功能块将绝对直线运动的特征点添加到结构体 "PathData" 的段表中。创建表之后，可以通过 "MC_MovePath" 执行。每个循环周期可以多次调用该功能块，功能块变量描述见表 8-8。

图 8-60　MC_MoveLinearAbsolutePreparation 功能块

表 8-8　MC_MoveLinearAbsolutePreparation 功能块变量描述

变 量	描 述
PathData	路径特征点数组
Position	位置数组的指针地址
PositionCount	配置到 Group 中的轴的数量
Velocity	曲线运动的最大速度，需要设置为大于 0
Acceleration	最大加速度
Deceleration	最大减速度
Jerk	加加速度
BufferMode	放弃当前运动或者重置目标位置时的曲线转换方式，可参考 NC PTP 的 BufferMode
TransitionMode	曲线的过渡转换方式
TransitionParameter	曲线过渡转换参数的指针
TransitionParameterCount	曲线过渡转换参数的数量
InvokeId	过渡点的 ID，用于程序调试分析

其中，"TransitionMode"表示曲线的过渡转换方式，通常使用"mcTransModeNone"和"mcTransModeCornerDistanceAdvanced"两种方式："mcTransModeNone"方式不执行混合过渡，在过渡段停止；而"mcTransModeCornerDistanceAdvanced"方式在两段直线之间执行混合运动。

如图 8-61 所示，过渡参数采用不遵循程序路径的容差球描述。第一个参数对开始混合的前一段半径（r_in）进行描述。第二个参数对下一段半径（r_out）进行描述，它定义了一个确保完成混合的位置。参数 r_out 是一个最大值，混合可以在达到 r_out 之前结束。

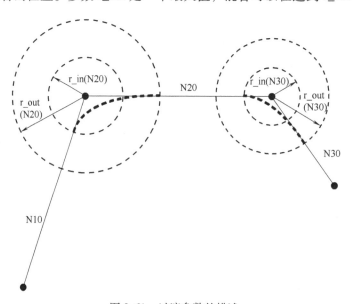

图 8-61　过渡参数的描述

"TransitionParameter"表示直线到直线过渡时，过渡曲线的过渡参数，其元素分别对应 r_in 和 r_out。通过以下程序将该数组的指针链接到输入变量。

```
1. aTransitionParam:ARRAY[1..2]OFMC_LREAL;
2. aTransitionParam[1]:=SET.rBlendInRadius;
3. aTransitionParam[2]:=SET.rBlendOutRadius;
4. fbMoveLinPrep.TransitionParameter     :=ADR(aTransitionParam);
5. fbMoveLinPrep.TransitionParameterCount:=2;
```

6）MC_UngroupAllAxes 功能块。如图 8-62 所示，MC_UngroupAllAxes 对应于 MC_GroupEnable 功能块，在需要解除 Group 耦合时使用。"AxesGroup" 对应上文定义的 "AXES_GROUP_REF" 类型；"Execute" 为上升沿触发。

图 8-62　MC_UngroupAllAxes 功能块

7）MC_GroupStop 功能块。如图 8-63 所示，MC_GroupStop 功能块的作用是在运行过程中以指定减速度停止。"AxesGroup" 对应上文定义的 "AXES_GROUP_REF" 类型；"Execute" 为上升沿触发；"Deceleration" 表示最大减速度；"Jerk" 表示加加速度。

图 8-63　MC_GroupStop 功能块

2. 抓放示教与再现

1）在前文界面的基础上，增加示教界面 "Teach"，如图 8-64 所示。

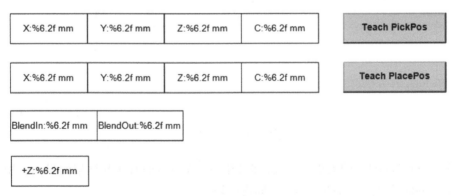

图 8-64　示教界面

在图 8-64 中，"Teach PickPos" 按钮用于示教抓取点的位置，而 "Teach PlacePos" 按钮用于示教放置点的位置。将两个按钮的 "Tap｜Variable" 分别与 "bRobotTechPick" 和 "bRobotTechPlace" 两个变量关联。其余 "Rectangle" 类型控件见表 8-9，从左至右、从上至下依次进行属性配置。

表8-9　示教界面控件属性配置

序号	Texts. Text	Text. Variable	说　明
1	X：%6. 2f mm	SET. rPickPosX	记录抓取点 X 轴位置
2	Y：%6. 2f mm	SET. rPickPosY	记录抓取点 Y 轴位置
3	Z：%6. 2f mm	SET. rPickPosZ	记录抓取点 Z 轴位置
4	C：%6. 2f mm	SET. rPickPosC	—
5	X：%6. 2f mm	SET. rPlacePosX	记录放置点 X 轴位置
6	Y：%6. 2f mm	SET. rPlacePosY	记录放置点 Y 轴位置
7	Z：%6. 2f mm	SET. rPlacePosZ	记录放置点 Z 轴位置
8	C：%6. 2f mm	SET. rPlacePosC	—
9	BlendIn：%6. 2f mm	SET. rBlendInRadius	设置路径曲线过渡参数
10	BlendOut：%6. 2f mm	SET. rBlendOutRadius	设置路径曲线过渡参数
11	+Z：%6. 2f mm	SET. rHoistingDepth	Z 轴提升高度

2）新建可视化界面，从工具箱中拖拽一个"Tab Control"，然后按照图 8-65 所示顺序单击鼠标右键选择"框架选择"，并在实例中依次选择"HMI"和"Teach"，最后单击"确定"按钮完成界面组合。

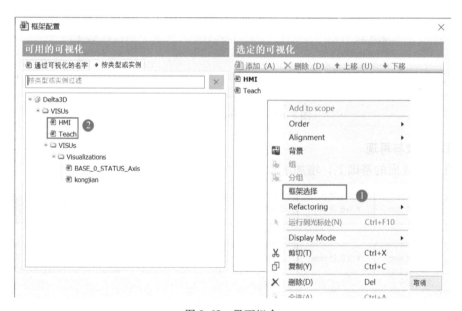

图 8-65　界面组合

调整"Tab Control"的大小与位置，得到图 8-66 所示的有 Tab 框架的界面，用户可以在"Main Window"与"Teach Pannel"间进行切换。

3）在"Main Window"中选择笛卡儿坐标系，利用 X、Y、Z 轴的 JOG 将机械臂移动到需要抓取的工具处。然后单击"Teach Pannel"内的"Teach Pick Pos"按钮，记录抓取位置，将此位置对应的三个轴的坐标值保存到"SET"变量的相关变量中，如图 8-67 所示。同理，可以采用相同方式示教放置点的位置。

4）返回"Main Window"，单击"Pick&Place"按钮，实现抓放功能的再现。

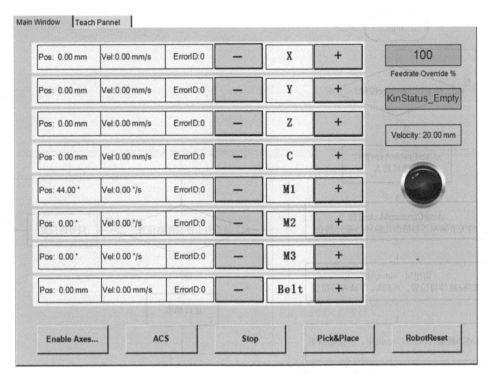

图 8-66 组合后的人机界面

SET	ST_Setting	
rPickPosX	LREAL	0
rPickPosY	LREAL	260
rPickPosZ	LREAL	-200
rPickPosC	LREAL	0
rPlacePosX	LREAL	0
rPlacePosY	LREAL	-260
rPlacePosZ	LREAL	-200
rPlacePosC	LREAL	0
rIdlePosX	LREAL	0
rIdlePosY	LREAL	0
rIdlePosZ	LREAL	-100
rBlendInRadius	LREAL	50
rBlendOutRadius	LREAL	50
rHoistingDepth	LREAL	100

图 8-67 "SET"变量设置

3. 实现抓放的程序流程

通过示教可以记录下一个运动路径的起始点与终点，而两个点间的路径规划则需要调用一系列的功能块来实现。具体的程序流程如图 8-68 所示。

根据流程设计，在 MAIN 中添加 4 个新的动作：A_PrepareGoPathIdle、A_PrepareGoPath-Pick、A_PreparePathPick 和 A_PreparePathPlace。每个动作都调用了 fbMoveLinPrep 功能块，通过调用该功能块实现对运动路径的配置。并联机器人进行抓放的过程如图 8-69 所示，并给出 4 个动作的部分代码。

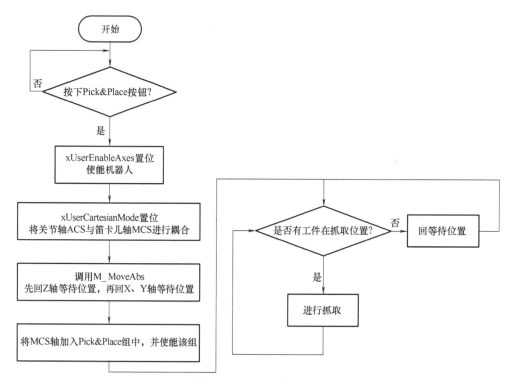

图 8-68　抓放程序流程

（1）A_PrepareGoPathIdle 部分代码

1. aTargetPos[1]:=SET.rPlacePosX;
2. aTargetPos[2]:=SET.rPlacePosY;
3. aTargetPos[3]:=SET.rIdlePosZ;
4. aTransitionParam[1]:=0;
5. aTransitionParam[2]:=0;
6. fbMoveLinPrep(PathData:=path,Velocity:=lrVelo,InvokeId:=10);
7. bMovePrepError:=bMovePrepErrorORfbMoveLinPrep.Error;
8. aTargetPos[1]:=SET.rIdlePosX;
9. aTargetPos[2]:=SET.rIdlePosY;
10. aTargetPos[3]:=SET.rIdlePosZ;
11. aTransitionParam[1]:=SET.rBlendInRadius;
12. aTransitionParam[2]:=SET.rBlendOutRadius;
13. fbMoveLinPrep(PathData:=path,Velocity:=lrVelo,InvokeId:=20);
14. bMovePrepError:=bMovePrepErrorORfbMoveLinPrep.Error;

（2）A_PrepareGoPathPick 部分代码

1. aTargetPos[1]:=SET.rPickPosX;
2. aTargetPos[2]:=SET.rPickPosY;
3. aTargetPos[3]:=SET.rIdlePosZ;
4. aTransitionParam[1]:=0;
5. aTransitionParam[2]:=0;

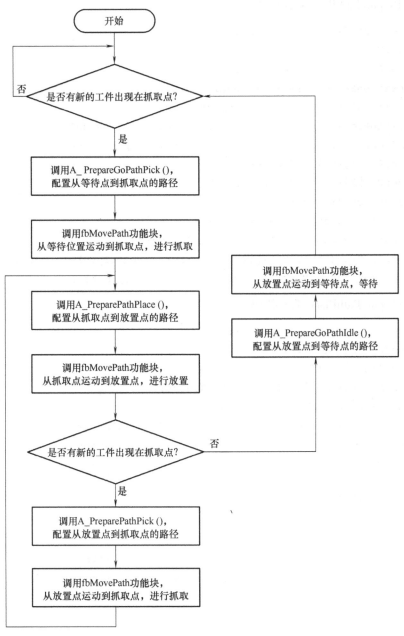

图 8-69　抓放过程

```
6.  fbMoveLinPrep(PathData:=path,Velocity:=lrVelo,InvokeId:=10);
7.  bMovePrepError:=bMovePrepErrorORfbMoveLinPrep.Error;
8.  aTargetPos[1]:=SET.rPickPosX;
9.  aTargetPos[2]:=SET.rPickPosY;
10. aTargetPos[3]:=SET.rPickPosZ;
11. aTransitionParam[1]:=SET.rBlendInRadius;
12. aTransitionParam[2]:=SET.rBlendOutRadius;
13. fbMoveLinPrep(PathData:=path,Velocity:=lrVelo,InvokeId:=20);
14. bMovePrepError:=bMovePrepErrorORfbMoveLinPrep.Error;
```

（3）A_PreparePathPick 部分代码

```
1. aTargetPos[1]:=SET.rPickPosX;
2. aTargetPos[2]:=SET.rPickPosY;
3. aTargetPos[3]:=SET.rIdlePosZ;
4. aTransitionParam[1]:=SET.rBlendInRadius;
5. aTransitionParam[2]:=SET.rBlendOutRadius;
6. fbMoveLinPrep(PathData:=path,Velocity:=lrVelo,InvokeId:=20);
7. bMovePrepError:=bMovePrepErrorORfbMoveLinPrep.Error;
8. aTargetPos[1]:=SET.rPickPosX;
9. aTargetPos[2]:=SET.rPickPosY;
10. aTargetPos[3]:=SET.rPickPosZ;
11. aTransitionParam[1]:=SET.rBlendInRadius;
12. aTransitionParam[2]:=SET.rBlendOutRadius;
13. fbMoveLinPrep(PathData:=path,Velocity:=lrVelo,InvokeId:=30);
14. bMovePrepError:=bMovePrepErrorORfbMoveLinPrep.Error;
```

（4）A_PreparePathPlace 部分代码

```
1. aTargetPos[1]:=SET.rPlacePosX;
2. aTargetPos[2]:=SET.rPlacePosY;
3. aTargetPos[3]:=SET.rIdlePosZ;
4. aTransitionParam[1]:=SET.rBlendInRadius;
5. aTransitionParam[2]:=SET.rBlendOutRadius;
6. fbMoveLinPrep(PathData:=path,Velocity:=lrVelo,InvokeId:=20);
7. bMovePrepError:=bMovePrepErrorORfbMoveLinPrep.Error;
8. aTargetPos[1]:=SET.rPlacePosX;
9. aTargetPos[2]:=SET.rPlacePosY;
10. aTargetPos[3]:=SET.rPlacePosZ;
11. aTransitionParam[1]:=SET.rBlendInRadius;
12. aTransitionParam[2]:=SET.rBlendOutRadius;
13. fbMoveLinPrep(PathData:=path,Velocity:=lrVelo,InvokeId:=30);
14. bMovePrepError:=bMovePrepErrorORfbMoveLinPrep.Error;
```

参 考 文 献

［1］ 夏广岚，胡晓平，李彩花，等. 并联机器人发展现状与展望［J］. 中国科技信息，2005（22）：28.

［2］ 林华杰. 一种连续体并联抓取机器人的设计与研究［D］. 北京：北京交通大学，2019.

［3］ 徐超. Delta 并联机器人的优化设计与运动/视觉控制技术研究［D］. 武汉：华中科技大学，2015.

［4］ 梁香宁. Delta 机器人运动学建模及仿真［D］. 太原：太原理工大学，2008.

［5］ 杨东超，赵明国，陈恳，等. 机器人一般自由度计算公式的统一认识［J］. 机械设计，2002（8）：24-27.

［6］ 赵杰，朱延河，蔡鹤皋. Delta 型并联机器人运动学正解几何解法［J］. 哈尔滨工业大学学报，2003，35（1）：25-27.

［7］ 胡国胜. 并联机器人的工作空间研究现状［J］. 仪器仪表用户，2004，11（6）：1-3.

［8］ DASGUPTA B，MRUTHYUNJAYA T S. Closed-form dynamic equations of the general stewart platform through the Newton-Euler approach［J］. Mechanism and Machine Theory，1998，33（7）：993-1012.

［9］ JI Z M. Dynamics decomposition for stewart platforms［J］. Journal of Mechanical Design，1994，116（1）：67-69.

［10］ GALLARDO J，RICO J M，FRISOLI A，et al. Dynamics of parallel manipulators by means of screw theory［J］. Mechanism and Machine Theory，2003，38（11）：1113-1131.

［11］ PANG H，SHAHINPOOR M. Inverse dynamics of a parallel manipulator［J］. Journal of Robotic Systems，1994，11（8）：693-702.

［12］ YANG C F，HAN J W，ZHENG S T. Dynamic modeling and computational efficiency analysis for a spatial 6-DOF parallel motion system［J］. Nonlinear Dynamics，2012，67（2）：1007-1022.

［13］ ZHANG C D，SONG S M. An efficient method for inverse dynamics of manipulators based on the virtual work principle［J］. Journal of Robotic Systems，2010，10（5）：605-627.

［14］ TSAI L W. Solving the inverse dynamics of a stewart-gough manipulator by the principle of virtual work［J］. Journal of Mechanical Design，2000，122（1）：3-9.

［15］ WANG J G，CLÉMENT G. A new approach for the dynamic analysis of parallel manipulators［J］. Multibody System Dynamics，1998，2（3）：317-334.

［16］ MILLER K. Mechanics of the new UWA robot［M］. Sydney：Springer Nature，2000.

［17］ MILLER K. Experimental verification of modeling of DELTA robot dynamics by direct application of Hamilton's principle［C］. Proceedings of 1995 IEEE international conference on robotics and automation，1995（1）：532-537.

［18］ 张利敏. 基于动力学指标的 Delta 高速并联机械手集成优化设计方法研究［D］. 天津：天津大学，2011.

［19］ 杨小龙. 六自由度并联机器人运动学，动力学与主动振动控制研究［D］. 南京：南京航空航天大学，2018.

［20］ 蒋延杰. 六自由度微重力模拟平台的构型优化和控制方案研究［D］. 南京：南京航空航天大学，2016.

［21］ TAKEGAKI M，ARIMOTO S. A new feedback method for dynamic control of manipulators［J］. Journal of Dynamic Systems Measurement and Control，1981，103（2）：119.

［22］ 焦晓红，李运锋，方一鸣，等. 一种机器人鲁棒自适应控制法［J］. 机器人技术与应用，2002（3）：

40-43.

［23］ CERVANTES I, ALVAREZ R J. On the PID tracking control of robot manipulators ［J］. Systems & Control Letters, 2001, 42 (1)：37-46.

［24］ 刘欢欢. 基于 TwinCAT 平台的 SCARA 机器人运动控制算法研究 ［D］. 哈尔滨：哈尔滨工业大学, 2015.

［25］ 杨犇. 一种七自由度机械手的运动控制研究 ［D］. 杭州：中国计量学院, 2012.

［26］ 郭晓彬, 刘冠峰, 张国英, 等. Delta 并联机器人计算力矩解耦控制与仿真 ［J］. 计算机仿真, 2015, 32 (11)：352-357.

［27］ NGUYEN C C, ANTRAZI S S, ZHOU Z L, et al. Adaptive control of a stewart platform-based manipulator ［J］. Journal of Robotic Systems, 2010, 10 (5)：657-687.

［28］ 梁娟, 赵开新, 陈伟. 自适应神经模糊推理结合 PID 控制的并联机器人控制方法 ［J］. 计算机应用研究, 2016, 33 (12)：3586-3590.

［29］ 孙立宁, 徐文军, 蔡鹤皋. 基于模糊 CMAC 神经网络的并联机器人自适应力控制研究 ［J］. 机器人, 1999, 21 (3)：198-202.

［30］ UZUNOVIC T, VELAGIC J, OSMIC N, et al. Neural networks for helicopter azimuth and elevation angles control obtained by cloning processes ［C］// IEEE International Conference on Systems Man and Cybernetics. IEEE, 2010.

［31］ TSAI M C, TOMIZUKA M. Model reference adaptive control and repetitive control for robot manipulators ［C］// IEEE International Conference on Robotics and Automation. IEEE, 1989.

［32］ 董超君. 2-DOF 并联机器人的智能模糊滑模控制研究 ［D］. 镇江：江苏大学, 2008.

［33］ 曹沁婕, 梁兆瑞, 贾梧桐, 等. 基于模糊 PI 的 Delta 机器人运动控制系统 ［J］. 测控技术, 2015, 34 (7)：90-93.

［34］ 王丰尧. 滑模变结构控制 ［M］. 北京：机械工业出版社, 1995.

［35］ 高为炳. 变结构控制的理论及设计方法 ［M］. 北京：科学出版社, 1996.

［36］ 崔亚龙, 杨永浩, 曹立佳, 等. 高超声速飞行器的滑模边界层模糊自适应控制方法研究 ［J］. 计算机测量与控制, 2014, 22 (5)：1426-1429.

［37］ SUN S D. Variable structure model reference adaptive control system with application in robots ［J］. CIRP Annals -Manufacturing Technology, 1989, 38 (1)：475-479.

［38］ YANG C F, HUANG Q T, JIANG H Z, et al. PD control with gravity compensation for hydraulic 6-DOF parallel manipulator ［J］. Mechanism and Machine Theory, 2010, 45 (4)：666-677.

［39］ DASGUPTA B, MRUTHYUNJAY T S. A Newton-Euler formulation for the inverse dynamics of the stewart platform manipulator ［J］. Mechanism and Machine Theory, 1998, 33 (8)：1135-1152.

［40］ JIANG H Z, HE J F, TONG Z Z. Characteristics analysis of joint space inverse mass matrix for the optimal design of a 6-DOF parallel manipulator ［J］. Mechanism and Machine Theory, 2010, 45 (5)：722-739.

［41］ KLEIN C A, HUANG C H. Review of pseudo-inverse control for use with kinematically redundant manipulators ［J］. IEEE Transactions on Systems Man and Cybernetics, 1983, SMC-13 (2)：245-250.

［42］ NAKAMURA Y, HANAFUSA H. Inverse kinematic solutions with singularity robustness for robot manipulator control ［J］. Journal of Dynamic Systems Measurement and Control, 1986, 108 (3)：163-171.

［43］ TAGHIRAD, H D, BELANGER R P, et al. H ［sub infinity］-based robust torque control of harmonic drive systems ［J］. Journal of Dynamic Systems, 2001.

［44］ TAGHIRAD H D, JAMEI E. Robust performance verification of adaptive robust controller for hard disk drives ［J］. IEEE Transactions on Industrial Electronics, 2008, 55 (1)：448-456.

［45］ 塔吉拉德. 并联机器人机构学与控制 ［M］. 刘山, 译. 北京：机械工业出版社, 2018.

［46］ 刘金琨. 滑模变结构控制 MATLAB 仿真 ［M］. 北京：清华大学出版社，2012.

［47］ 李春文，冯元琨. 多变量非线性控制的逆系统方法 ［M］. 北京：清华大学出版社，1991.

［48］ 戴先中. 多变量非线性系统的神经网络逆控制方法 ［M］. 北京：科学出版社，2005.

［49］ RAIBERT M H, CRAIG J J. Hybrid position/force control of manipulators ［J］. Journal of Dynamic Systems Measurement and Control，1980，103（2）：126-133.

［50］ HOGAN N. Impedance control：an approach to manipulation—Theory. Journal of dynamic systems measurement and control. 1985，107（1）：1-24.

［51］ SICILIANO B. 机器人学：建模，规划与控制 ［M］. 影印版. 西安：西安交通大学出版社，2015.

［52］ SICILIANO B, SCIAVICCO L, VILLANI L, et al. Robotics：modelling, planning and control ［M］. Berlin：Springer，2011.

［53］ 李文科. 基于机器视觉的 Delta 机器人工件分拣系统的研究 ［D］. 天津：天津工业大学，2019.

［54］ 浦琳. 视觉引导的并联机器人精度分析和改进研究 ［D］. 南京：南京林业大学，2017.

［55］ 康存锋，郑玉坤，高媛媛. 并联机器人视觉抓取系统快速标定方法的研究 ［J］. 机床与液压，2018，46（11）：16-20.

［56］ 汪喆远. 基于机器视觉的机械臂抓取系统研究 ［D］. 徐州：中国矿业大学，2019.

［57］ 曾武. CANopen 协议在伺服控制系统中的应用研究 ［D］. 湘潭：湘潭大学，2017.

［58］ HUNT K H. Structural kinematics of in-parallel-actuated robot-arms ［J］. J. Mech. Transmiss and Automation，1983，105（4）：705-712.

［59］ 王若冰. 6-UPS 并联机构的主动柔顺控制研究 ［D］. 南京：南京航空航天大学，2020.

［60］ ROBINVISTA. 工业机器人控制器 ［OL］. https://blog.csdn.net/robinvista/article/details/88085020.

［61］ 姚舜. 工业机器人控制器实时多任务软件设计与实现 ［D］. 南京：东南大学，2017.

［62］ 杨杏. 基于 ARM-Linux 的机器人示教器系统的研究与开发 ［D］. 南京：南京航空航天大学，2015.

［63］ 王沛东，秦宇飞，王俭，等. 基于 ARM Cortex-A8 处理器的工业机器人示教器设计 ［J］. 电子产品世界，2016，23（08）：47-50.

［64］ 钱巍，戴安刚. 工业机器人专用交流伺服系统发展趋势 ［J］. 机器人产业，2016（01）：85-88.

［65］ 支萌辉，尹泉，吕松垒，等. 基于 ARM+FPGA 的数字交流伺服驱动器设计 ［J/OL］. 电气传动：1-8 ［2020-08-01］. https://doi.org/10.19457/j.1001-2095.dqcd20409.

［66］ 韩鸿鸾，蔡艳辉，卢超. 工业机器人现场编程与调试 ［M］. 北京：化学工业出版社，2017.

［67］ 陈利君. TwinCAT 3.1 从入门到精通 ［M］. 北京：机械工业出版社，2020.